多路径网络资源分配与业务管理

李世勇　孙　微　著

科学出版社
北　京

内 容 简 介

本书简要介绍多路径网络资源分配与业务管理的理论知识和主要成果，从经济学资源效用优化的角度，建立多路径网络资源分配模型，提出分布式的流量控制算法。内容主要包括多路径网络的资源公平分配与流量控制、并行多路径网络的资源公平分配与流量控制、动态主路径上的资源公平分配与流量控制、资源公平分配算法与稳定性分析、弹性服务的资源分配与流量控制、非弹性服务的资源分配与流量控制、多路径网络异构服务的资源分配、基于效用最优化的网络跨层映射、一体化网络服务层映射模型与资源分配。本书内容是作者近年来的研究成果。

本书可供计算机科学、自动化、系统科学、管理科学等专业的科研人员、高校教师和相关专业研究生使用，也可作为网络管理技术人员的参考书。

图书在版编目（CIP）数据

多路径网络资源分配与业务管理/李世勇，孙微著. —北京：科学出版社，2018.1

ISBN 978-7-03-055258-7

Ⅰ. ①多… Ⅱ. ①李… ②孙… Ⅲ. ①计算机网络–资源分配–研究 ②计算机网络–业务管理–研究 Ⅳ. ①TP393

中国版本图书馆 CIP 数据核字（2017）第 275653 号

责任编辑：任　静　董素芹 / 责任校对：孙婷婷
责任印制：张　伟 / 封面设计：迷底书装

科学出版社 出版
北京东黄城根北街 16 号
邮政编码：100717
http：//www.sciencep.com

北京九州迅驰传媒文化有限公司 印刷
科学出版社发行　各地新华书店经销

*

2018 年 1 月第　一　版　开本：720 × 1000　B5
2018 年 1 月第一次印刷　印张：12 1/2
字数：232 000

定价：75.00 元

（如有印装质量问题，我社负责调换）

作 者 简 介

李世勇，博士，副教授，燕山大学经济管理学院教师，先后主持国家自然科学基金面上项目 1 项，国家自然科学基金青年项目 1 项，中国博士后科学基金特别资助项目 1 项，教育部高等学校博士学科点专项科研基金 1 项，教育部人文社会科学项目 1 项，中国博士后科学基金面上项目 1 项，河北省自然科学基金 1 项，以第一作者/通信作者身份在多个国际高水平学术期刊上发表学术论文 50 余篇，包括 *Electronic Commerce Research*、*Performance Evaluation*、*International Journal of Systems Science*、*International Journal of Communication Systems*、*Informatica*、*Asia-Pacific Journal of Operational Research*、*Applied Mathematics and Computation*、*Applied Mathematical Modelling*、*Top*、*Quality Technology & Quantitative Management* 等国际学术期刊，入选河北省第二批青年拔尖人才支持计划、河北省宣传文化系统“四个一批”人才工程、河北省“三三三人才工程”第三层次人选及河北省高等学校青年拔尖人才计划。

孙微，博士，副教授，燕山大学经济管理学院教师，先后主持国家自然科学基金青年项目 1 项，教育部人文社会科学项目 1 项，中国博士后科学基金面上项目 1 项（一等资助），河北省自然科学基金优秀青年基金 1 项，河北省自然科学基金青年基金 1 项，以第一作者/通信作者身份在多个国际高水平学术期刊上发表学术论文 40 余篇，包括 *European Journal of Operational Research*、*Asia-Pacific Journal of Operational Research*、*Performance Evaluation*、*International Journal of Systems Science*、*Electronic Commerce Research*、*Applied Mathematics and Computation*、*Top*、*Applied Mathematical Modelling*、*4OR: A Quarterly Journal of Operations Research*、*Central European Journal of Operations Research*、*Quality Technology & Quantitative Management* 等国际学术期刊，入选河北省第二批青年拔尖人才支持计划及河北省高等学校青年拔尖人才计划。目前担任中国运筹学会行为运筹与管理分会理事。

前　言

网络资源管理是计算机网络领域的重要研究内容，得到了国内外广大学者的广泛关注，许多资源分配模型和流量控制策略被相继提出。但由于网络资源的相对稀缺性，网络所能提供的传输能力毕竟是有限的，无法跟上网络中业务量的爆发式增长。

早期的资源分配机制和流量控制算法基本上都是为了提高网络资源的宏观利用率，如系统吞吐量、链路利用率等。而网络资源分配理应包含两个层面的含义：一是如何充分利用现有的有限网络资源，提供用户所需的数据传输服务，完成用户传输数据的需要；二是如何将网络的传输服务能力在要求服务的用户间进行分配。前者主要考虑资源使用的效率，后者更多地关注于资源分配的公平。早期的资源分配机制主要实现了第一个层面的内容，近年来学者才更为关注第二个层面的内容。由于网络最终是为广大用户的应用服务的，网络资源分配和流量控制必须也要考虑到微观层面，如用户满意度、网络系统效益等，从而以一定的指标将网络资源在需求用户间进行合理有效的分配，网络用户之间的公平性、网络服务的质量保证作为网络资源分配的重要指标引起了广大学者的兴趣。为了兼顾网络资源分配的效率和公平两方面的要求，同时满足用户的服务质量，需要从用户满意度的角度实现网络资源的最优分配。作为一个重要的理论成果，网络资源效用优化模型为资源分配和流量控制提出了有益的研究思路和方法。

效用指消费者从消费产品中所获得的主观上的满足，在经济学中通常用效用函数来定量描述消费量和效用值之间的关系。对于网络用户而言，当获得网络服务时，更为关心的是服务的实际效果，如多媒体视频是否连贯清晰、音频有无明显滞后或抖动等，用户对于所获得服务实际效果的这种满意度就可以用效用来刻画。显然，从网络系统的角度追求用户效用最大化，比系统吞吐量、链路利用率等传统的系统性能指标，更加贴近用户实际需求，这也就是面向服务、以用户为中心的资源分配目标。更重要的是，这一目标不仅体现了资源分配的效率要求，同时体现了一定的公平性思想，而且描述了用户获得服务的实际效果，因此得到了国内外学者的广泛关注。

本书简要介绍多路径网络资源分配与业务管理的理论知识和主要成果，从经济学资源效用优化的角度，建立多路径网络资源分配模型，提出分布式的流量控制算法。内容包括多路径网络资源公平分配、并行多路径网络资源公平分配、动态主路径上资源公平分配、资源公平分配算法稳定性分析、弹性服务资源分配、非弹性服务资源分配、异构服务资源分配、网络跨层映射与资源分配。由于篇幅的限制，同时考虑到读者的广泛性，作者舍弃了不少更深入的理论问题和某些虽然重要但较特殊的资源分配模型。

阅读本书只需具备计算机网络、运筹学、微观经济学等基础知识，因此一些基础的预备知识在本书中不再赘述。对有志于从事网络资源管理的读者，这是一本较为合适的基础性书籍。

作者衷心感谢导师北京交通大学张宏科教授多年的鼓励和支持，感谢燕山大学的杨军教授、田乃硕教授、华长春教授在课题研究方面提供的无私帮助，感谢香港理工大学郭鹏飞教授的长期合作和指导。同时，感谢燕山大学经济管理学院李春玲教授、李泉林教授、张亚明教授的支持和鼓励。感谢鄂成国博士、刘佳博士、刘海鸥博士在课题研究过程中做的大量工作。最后感谢家人长年累月无私的支持和奉献，没有他们的一贯支持，这项工作是不可能完成的。

作者关于网络资源管理的研究得到了国家自然科学基金青年项目、面上项目的连续资助（批准号：71301139、71671159）。在此，对国家自然科学基金委员会表示感谢。

由于作者水平所限，不足之处在所难免，欢迎广大读者批评指正，以求改进。

李世勇　孙　微

2017 年 7 月

于秦皇岛燕山大学

简略符号注释表

ACK	Acknowledgment	应答
AID	Access Identifier	接入标识
AIMD	Additive Increase and Multiplicative Decrease	加性增长/乘性递减
AQM	Active Queue Management	主动队列管理
ASR	Access Switching Router	接入交换路由器
AVQ	Adaptive Virtual Queue	自适应虚拟队列
BIC	Binary Increase Congestion Control	二元增式拥塞控制
CID	Connection Identifier	连接标识
CMT	Concurrent Multipath Transfer	并行多路径传输
cmpSCTP	concurrent multi-path SCTP	并行多路径 SCTP
GSR	General Switching Router	广义交换路由器
HSTCP	HighSpeed TCP	高速 TCP
HTTP	HyperText Transfer Protocol	超文本传输协议
IETF	Internet Engineering Task Force	互联网工程任务组
IP	Internet Protocol	网际协议
ISP	Internet Service Provider	互联网服务提供商
MCMP	Multiple Connection Management Protocol	多连接管理协议
MPTCP	Multipath TCP	多路径传输控制协议
MNUM	Multipath Network Utility Maximization	多路径网络效用最大化
M/TCP	Multipath Transmission Control Protocol	多路径传输控制协议
NACK	Negative Acknowledgment	否定应答
NGI	Next Generation Internet	下一代互联网
NUM	Network Utility Maximization	网络效用最大化

OSI	Open System Interconnect	开放系统互连（标准）
PI	Proportional Integral	比例积分
POA	Proximal Optimization Algorithms	近似优化算法
PSO	Particle Swarm Optimization	粒子群优化
pTCP	parallel TCP	并行 TCP
QoS	Quality of Service	服务质量
RED	Random Early Detection	随机早期检测
REM	Random Exponential Marking	随机指数标记
RID	Routing Identifier	路由标识
RTT	Round Trip Time	往返传输时间
SID	Service Identifier	服务标识
TCP	Transmission Control Protocol	传输控制协议
UDP	User Datagram Protocol	用户数据报协议
VoIP	Voice over Internet Protocol	网络电话
W-PR-SCTP	Westwood Stream Control Transmission Protocol with Partial Reliability	具有部分可靠性的 Westwood 流控制传输协议
XCP	eXplicit Control Protocol	显式控制协议
21CN	21st Century Network	21 世纪网络

目　录

前言
简略符号注释表
第 1 章　绪论……1
1.1　背景与意义……1
1.1.1　资源分配的研究进展……3
1.1.2　网络效用最大化理论……4
1.2　相关工作……7
1.2.1　多路径传输协议的研究……7
1.2.2　多路径网络的资源分配……8
1.3　本书主要内容……10
第 2 章　多路径网络的资源公平分配与流量控制……13
2.1　问题的提出……13
2.2　多路径网络资源公平分配模型……14
2.2.1　公平性与效用函数……14
2.2.2　资源公平分配模型……17
2.2.3　模型分析……18
2.3　分布式算法……21
2.3.1　算法描述……22
2.3.2　在网络中的实现……23
2.4　仿真与分析……25
2.4.1　比例公平性……26
2.4.2　调和平均公平性……27
2.5　本章小结……28
第 3 章　并行多路径网络的资源公平分配与流量控制……30
3.1　问题的提出……30
3.2　并行多路径网络的资源分配模型……31
3.2.1　并行多路径网络……31
3.2.2　资源公平分配模型……32
3.2.3　模型分析……34

3.3 分布式算法……37
3.3.1 算法描述……37
3.3.2 平衡点与稳定性……38
3.3.3 在网络中的实现……41
3.4 仿真与分析……42
3.4.1 比例公平性……43
3.4.2 调和平均公平性……45
3.5 本章小结……47
第 4 章 动态主路径上的资源公平分配与流量控制……48
4.1 问题的提出……48
4.2 资源公平分配模型……49
4.2.1 模型描述……49
4.2.2 模型分析……50
4.2.3 最优带宽分配……52
4.3 分布式算法……53
4.3.1 算法描述……53
4.3.2 平衡点与稳定性……54
4.3.3 在网络中的实现……55
4.4 仿真与分析……56
4.4.1 比例公平性……57
4.4.2 调和平均公平性……58
4.5 本章小结……60
第 5 章 资源公平分配算法与稳定性分析……61
5.1 问题的提出……61
5.2 多路径网络资源公平分配模型……62
5.2.1 模型描述……62
5.2.2 模型分析……63
5.3 无随机丢包的分布式算法……64
5.3.1 算法描述……64
5.3.2 算法局部稳定性……65
5.3.3 队列时延分析……68
5.4 具有随机丢包的分布式算法……69
5.4.1 模型描述……70
5.4.2 分布式算法……71
5.4.3 收敛速度……73

5.4.4 算法稳定性 ··· 73
5.4.5 ECN 标记 ··· 76
5.5 仿真与分析 ··· 78
5.5.1 无随机丢包的分布式算法 ··· 78
5.5.2 具有随机丢包的分布式算法 ··· 80
5.6 本章小结 ··· 81
第 6 章　弹性服务的资源分配与流量控制 ··· 82
6.1 问题的提出 ··· 82
6.2 弹性服务的资源分配模型 ··· 83
6.2.1 弹性服务与效用函数 ··· 83
6.2.2 资源分配模型 ··· 85
6.2.3 最优带宽分配 ··· 86
6.2.4 流量控制算法 ··· 88
6.3 并行多路径网络中弹性服务的资源分配 ··· 90
6.3.1 资源分配模型 ··· 90
6.3.2 最优带宽分配 ··· 91
6.4 仿真与分析 ··· 93
6.4.1 并行多路径网络 ··· 94
6.4.2 一般多路径网络 ··· 96
6.5 本章小结 ··· 97
第 7 章　非弹性服务的资源分配与流量控制 ··· 98
7.1 问题的提出 ··· 98
7.2 非弹性服务的资源分配模型 ··· 99
7.2.1 非弹性服务与效用函数 ··· 99
7.2.2 资源分配模型 ··· 100
7.3 软实时非弹性服务 ··· 101
7.3.1 资源分配模型 ··· 101
7.3.2 模型分析 ··· 103
7.3.3 最优带宽保障 ··· 105
7.3.4 并行网络模型 ··· 106
7.3.5 最优带宽分配 ··· 108
7.4 硬实时非弹性服务 ··· 109
7.4.1 资源分配模型 ··· 109
7.4.2 最优带宽保障 ··· 110
7.4.3 并行网络模型 ··· 113

7.4.4　最优带宽分配 …… 114
7.5　基于 PSO 的非凸优化算法 …… 116
7.5.1　PSO 算法 …… 116
7.5.2　非凸优化算法描述 …… 117
7.5.3　非凸优化算法实现 …… 118
7.6　仿真与分析 …… 119
7.6.1　弹性服务仿真与分析 …… 120
7.6.2　软实时非弹性服务仿真与分析 …… 120
7.6.3　硬实时非弹性服务仿真与分析 …… 122
7.7　本章小结 …… 124
第 8 章　多路径网络异构服务的资源分配 …… 125
8.1　问题的提出 …… 125
8.2　多路径网络异构服务的资源分配模型 …… 126
8.2.1　资源分配模型 …… 126
8.2.2　近似优化模型 …… 126
8.2.3　模型分析 …… 128
8.3　分布式算法 …… 130
8.3.1　算法描述 …… 130
8.3.2　算法性能分析 …… 132
8.4　仿真与分析 …… 133
8.4.1　弹性服务仿真与分析 …… 133
8.4.2　异构服务仿真与分析 …… 133
8.5　本章小结 …… 136
第 9 章　基于效用最优化的网络跨层映射 …… 137
9.1　问题的提出 …… 137
9.2　相关工作 …… 138
9.2.1　多连接多路径 …… 138
9.2.2　网络效用优化 …… 139
9.3　网络跨层映射 …… 140
9.3.1　服务到连接的映射 …… 141
9.3.2　连接到路径的映射 …… 141
9.4　网络跨层映射模型 …… 142
9.4.1　效用函数 …… 142
9.4.2　映射模型 …… 142
9.4.3　模型分析 …… 143

9.4.4 协议栈与映射参数……147
9.5 映射算法……148
9.5.1 分布式算法……148
9.5.2 稳定性分析……149
9.5.3 具体实现……151
9.6 映射的性能分析……152
9.6.1 安全性……152
9.6.2 可靠性……153
9.7 仿真与分析……154
9.7.1 分布式算法……154
9.7.2 安全性……156
9.7.3 可靠性……157
9.8 本章小结……160
第 10 章　一体化网络服务层映射模型与资源分配……161
10.1 问题的提出……161
10.1.1 互联网体系架构研究……161
10.1.2 一体化网络体系架构……162
10.2 一体化网络服务层映射模型……163
10.2.1 服务层映射关系……163
10.2.2 基于效用最大化的映射模型……165
10.2.3 各类服务的资源分配……167
10.3 标识的设计与服务的 QoS 保证……169
10.3.1 标识的设计……169
10.3.2 服务的 QoS 保证……170
10.4 流量控制算法……171
10.4.1 弹性服务的流量控制算法……171
10.4.2 非弹性服务的流量控制算法……172
10.5 本章小结……173
参考文献……175

第1章 绪　论

1.1 背景与意义

近年来，互联网无论在规模上还是在业务上都获得了飞速发展，网络在社会的各个方面都得到了极为广泛的应用，成为社会和生活中越来越重要的部分。目前，互联网作为全球通信的重要网络基础设施，支持越来越多的不同种类的通信服务。伴随着互联网规模的迅猛发展、业务的爆炸式增长，网络正呈现出资源相对稀缺、服务形式多样化、资源分布化和应用商业化等特点[1]。尤其是最近几年来用户利用多路径传输协议，可以通过多条路径同时传输数据，从而形成了多路径网络，数据流量更是迅猛增长，而且这种现象在可见的未来仍将持续，由此也产生一些新的问题。

（1）网络通信资源的相对稀缺。互联网中的资源宏观上大致包括处理器（计算）资源、存储器资源、软件和数据资源、网络通信资源等。由于现在硬件的不断发展和性能的不断提高，一般来说网络节点的处理能力和计算能力不会成为网络传输的瓶颈。本书中的网络资源主要是指用于数据传输的通信资源，包括链路带宽和缓冲区，其中带宽为数据传输的基础资源，缓冲区为辅助资源，主要用于平滑数据流的突发状况，提高链路的利用率。由此，链路带宽和缓冲区资源的量以及它们的组合方式，决定了网络的数据传输能力，这种抽象的传输服务能力可以用丢包、时延、抖动等 QoS 特性进行描述。

互联网中一些新的带宽敏感的应用越来越多，如实时的多媒体视频、音频应用等，这些实时业务对网络带宽的需求越来越大。事实已经表明，网络资源的增长总是跟不上网络中业务量需求的增长，用户对网络资源的需求是无止境的，而网络资源对于用户来说永远是稀缺的，单纯靠增加网络基础设施解决不了网络资源分配中的根本问题，用这种途径来解决资源分配问题也是不恰当的。未来通信网络的一个重要问题是如何有效地分配有限的网络资源，从而调和用户对资源的极大需求与网络资源相对稀缺之间的矛盾，最大限度地实现资源的潜在价值。

（2）用户之间的公平性问题。由于互联网本身是一个开放式、资源共享的网络，如何实现使用网络资源的用户之间的公平性成为互联网一直以来研究的一个重要内容，其中较为明显的一个公平性问题是由于采用不同传输协议所造成的不公平。当前网络流量中的主要协议类型为 TCP（Transmission Control Protocol）与

UDP（User Datagram Protocol），但是当二者同时竞争网络资源时，突出问题就是UDP流会压倒TCP流，抢占较多的网络资源[2]。这是由于UDP本身没有拥塞控制机制，当网络发生拥塞时，TCP流根据拥塞机制进行退避，而UDP流则没有拥塞退避机制。这种情况就造成对采用TCP的用户的不公平性。而且，即使是采取相同传输协议的用户，由于少量自私的用户为了最大化自己的利益，通过建立多线程或者发送非TCP友好的流抢占资源，也会对共享资源的其他用户产生不公平性。因此，为了实现用户之间网络资源的公平分配，设计一种公平有效的流量控制机制对于共享资源的用户尤为重要。

（3）实时服务的质量保证问题。当前互联网的研究重点正在从传统的互联互通，向现代服务和应用过渡，高可用性成为网络发展的主要特征和必然要求，其核心是如何合理有效地利用网络资源，为用户提供所需而又可控同时具有一定质量保证的服务，为网络的健康发展提供坚实的基础。网络中的服务按照服务所体现出来的效用特性大致分为两类[3]：非实时的数据服务和实时的多媒体服务（即本书研究的弹性服务和非弹性服务）。非实时的数据服务（如数据传输、E-mail等）对网络的带宽和时延要求并不是非常敏感，一般而言可以根据网络资源的实际情况进行动态调整。而实时的多媒体服务（如多媒体视频、音频等）对网络带宽和时延要求非常敏感，当网络带宽较小时服务质量将会出现较大的抖动。例如，多媒体视频服务通常要求较高的带宽，对数据的丢包非常敏感；多媒体音频服务要求较为稳定的吞吐量，对时延非常敏感，但允许少量的丢包。因此，如何根据各类服务的不同特性，分析网络中的带宽资源，得到链路带宽应该满足的阈值，从而保证实时多媒体服务一定的服务质量也是资源分配问题需要考虑的重要问题。

（4）用户的支付与获得的满意度问题。互联网中的用户并没有真正的机会来表达他们对于获得的应用的真实价值，几乎所有的用户应用都被看作平等的价值。在当前网络上所有的用户都以固定的速率支付（除了物理层上的不同接入，如拨号上网和专线上网），网络提供近似相等的网络容量。这种网络资源分配策略严重地限制了用户能够得到网络服务的满意度，尤其是那些愿意为较高的速率和QoS支付更多费用的用户。下一代互联网中，从用户角度来说，用户已不再满足原有互联网的尽力而为型服务方式，而是希望网络能够“按质估价”或者“据价给质”。用户希望获得高质量服务时，愿意以较高的费用支付换取服务质量保证，从而获得较高的满意度；而在用户支付能力有限，或者对服务质量不敏感时，用户也愿意牺牲部分服务质量以换取支付费用的降低，而仅获得一定程度的满意度[4]。所以，如何根据用户的支付动态地调整网络资源分配，满足各类用户对于服务的不同满意度，是当前网络资源分配要考虑的重要问题。

上述问题是互联网现有机制在发展进程中无法回避的问题，对互联网的进一步快速发展形成一定的挑战。实际上，这些问题基本都可以归结为如何以一定的评价指标更有效地实现网络资源的分配，即网络资源的最优分配问题。该问题得到了国内外广大研究学者的广泛关注，许多资源最优分配模型及相应的流量控制机制被相继提出，其中较为突出的就是基于微观经济学中的效用理论建立的模型，也就是本书的主要内容。

1.1.1 资源分配的研究进展

当前互联网的资源分配主要是通过源端的流量控制与链路端的拥塞预测或标记相互合作实现的。源端根据目的端反馈的网络拥塞状况，利用一定的流量控制算法调整其传输速率，而链路端根据其负载情况判断是否发生拥塞，并将该信息以反馈的 ACK 形式通告给源端。

对于采用具有拥塞控制机制的传输协议的源端，可以利用端到端的、分布式流量控制算法探索网络中的可用带宽资源，当网络中没有发生拥塞时，就提高传输速率以获得更多的可用资源，而当网络中出现拥塞后，就降低传输速率以避免更多的丢包。这种基于包丢失的 ACK 反馈机制，也称为“包平衡原理”或“自时钟机制”，这种“端到端”（end-to-end）的拥塞控制框架是互联网拥塞控制设计的基本原则[5]。目前应用非常成功的 TCP 采用的就是基于 ACK 反馈机制的加性增长/乘性递减（Additive Increase and Multiplicative Decrease，AIMD）[6]的窗口变化模型，同时后续的 TCP 改进版本基本上都沿用了这种传输模式，如 TCP Reno[7]、TCP NewReno[8]、TCP SACK（Selective Acknowledgment）[9]、T/TCP（Transaction TCP）[10]等，而随着网络资源的不断增加和网络用户对资源要求的不断提高，近年来出现了适用于高速网络的拥塞控制协议与算法，如 HSTCP[11]、Scalable TCP[12]、HTCP[13]、Westwood TCP[14]、Fast TCP[15, 16]、BIC TCP[17]、Compound TCP[18]、EHSTCP[19]等。为了提高用户的数据传输能力，目前已经在网络中得到应用的多路径传输协议也具有内在的拥塞控制机制，如 mTCP[20]、MPTCP（Multipath TCP）[21]、SCTP（Stream Control Transmission Protocol）[22, 23]、CMT（Concurrent Multipath Transfer）[24]、LS-SCTP（Load-Sharing SCTP）[25]、cmpSCTP[26]等，当在某条路径上发生拥塞时，源端就降低该路径上的传输速率，从而通过不断调整传输速率达到最优的资源分配。在网络的链路端，路由器除了为数据包选路和转发，还要根据途经链路的流量进行相应的拥塞预测。路由器通过当前的路由信息（队列及输入和输出速率）对网络拥塞进行预测与标记，在队列溢出之前随机选择包进行丢弃或标记，并以反馈的 ACK 形式及时通知源端来调整传输速率。路由器的这种根据负载或者队长对网络拥塞进行的预测也称为主动队列管理（Active Queue Management，AQM）[27]。比较典型的 AQM 算法包括 RED（Random

Early Detection）[28]、REM（Random Exponential Marking）[29]、CHOKe[30]、AVQ（Adaptive Virtual Queue）[31]、PI（Proportional Integral）[32]、BLUE[33]、GREEN[34]、YELLOW[35]等。这样，通过源端的流量控制算法和链路端的拥塞预测，竞争网络资源的各个用户最终得到了最优资源分配。

资源分配机制和流量控制算法基本上都是为了提高网络资源的宏观利用率，如系统吞吐量、链路利用率等。而网络资源分配问题应该包含两个层面的含义：一是如何充分利用有限的资源，提供用户所需的数据传输服务；二是如何将网络的传输服务能力在要求服务的用户间进行分配。前者主要考虑资源使用的效率，后者更多地关注于资源分配的公平。早期的资源分配机制主要实现了第一个层面的内容，但较少深入分析第二个层面的内容。由于网络传输最终是为用户应用服务的，网络资源分配和流量控制必须要考虑到微观层面，如用户满意度、系统效益等，从而以一定的指标将网络资源在用户间进行合理有效的分配。为了达到资源分配的效率和公平两方面的要求，需要协调用户和网络之间的交互行为，实现网络资源优化分配的目标。作为一个重要的理论成果，网络效用最大化模型为资源分配和流量控制提出了新的研究思路和方法。

1.1.2　网络效用最大化理论

效用（utility）是经济学中的基本概念[36]，指消费者从消费产品中所获得的主观上的满足，在经济学中通常用效用函数来定量描述消费量与效用值之间的关系。对于网络中的用户，当获得网络中的服务时，真正关心的是服务的实际效果，如多媒体视频是否连贯清晰、音频有无明显滞后或抖动等，而用户对于所获得服务的这种满意度就可以用效用来刻画。

关于网络资源分配的优化目标，对于网络来说，通常以系统吞吐量、链路利用率或者无线网络的频谱利用率等作为网络系统的优化指标，其核心思想是实现网络资源最大限度的利用，可以认为是以网络为中心的资源分配目标。但是对用户来说，目的是利用网络资源传输数据完成所需要的服务，从而满足其通信和获取信息等方面的实际需求，至于链路利用率如何，并不是用户所直接关心的。效用概念能够很好地描述服务的实际效果或用户的满意程度。显然，从整个系统的角度追求用户总效用最大化，比系统吞吐量、链路利用率等传统的系统性能指标更加贴近实际需求，这也就是面向服务、以用户为中心的资源分配目标。更重要的是，这一目标不仅体现了资源分配的效率要求，还体现了一定的公平性思想。

1）模型的经济学含义

为了实现面向服务、以用户为中心的资源分配目标，同时兼顾资源分配的效率与用户之间的公平性，文献[37]首次提出了网络效用最大化（Network Utility Maximization，NUM）框架，在该框架中，网络的资源分配可看作一个关于效用的经济学模型，并引入了“影子价格”（shadow price）来调节资源的供需关系，同时指出了源端用户和网络各自要实现的经济学目标。基于该模型设计了源端拥塞控制算法，通过该算法得到了资源的最优分配，实现了竞争资源的用户之间的公平性。网络效用最大化模型的含义是，在网络每种资源均有限的前提下，最大化网络中所有用户的聚合效用。这里的用户狭义上讲是网络中请求服务的源端，广义上讲可以是一对通信主机、一个具体服务甚至一个具体的数据流。若不特殊说明，本书的用户指的就是请求服务的源端。网络效用最大化的理论广泛应用于网络资源分配、互联网协议设计与优化、用户行为模型和网络效率公平性分析等研究中。文献[38]简化了文献[37]中的网络效用最大化模型，从该模型的对偶问题（dual problem）角度进行了考虑，利用对偶原理分析了资源分配模型，借鉴最优化理论中的梯度算法[39]设计了一种链路端算法，该算法能够收敛到模型的全局最优点，即各个链路的最优价格，而利用最优带宽与最优价格之间的关系就可得到最优带宽分配。若将网络效用最大化模型看作原问题，那么它的对偶问题的含义是，在满足网络各用户一定效用的前提下，最小化网络中所有链路的聚合价格。

2）在传输协议分析与资源公平分配方面

利用网络效用最大化可以分析现有的传输协议，文献[40]从原-对偶问题（primal-dual problem）角度分析了TCP/AQM，将TCP源端算法作为求解原问题的算法，而将AQM链路端算法作为求解对偶问题的算法，得到了TCP Reno、TCP NewReno的效用函数表达式，并在文献[41]中分析了TCP Vegas协议，得到了该协议的效用函数表达式，为基于网络效用最大化理论框架分析网络协议与架构提供了重要的研究方法。在网络效用最大化模型的基础上，文献[42]分析了TCP/IP跨层优化问题，当路由动态变化时，指出了资源分配的平衡点与路由之间的关系。而文献[43]分析了具有异构网络拥塞控制协议的网络，各个拥塞控制协议均具有不同的拥塞控制策略，讨论了此情形下网络效用最大化问题的平衡点，并在文献[44]中指出平衡点是不稳定的。文献[45]分析了自适应动态路由情形下的网络资源分配问题，并讨论了此时流量控制算法的最优解和稳定性。文献[46]利用一类对时延敏感的效用函数，从逆向工程的角度分析了TCP/IP网络中链路价格和路由的关系。文献[47]分析了XCP[48, 49]的平衡点和公平性，得到了一种最大最小公平的最优资源分配。

上述研究均是基于网络效用最大化理论来研究现有网络协议的，在利用网络效用最大化设计网络协议方面，文献[29]改进了文献[38]的链路端算法，考虑链路负载和队长两个因素，设计了AQM算法，即REM，文献[35]利用求解对偶问题的链路端算法，设计了具有“主从”特性的 AQM 算法 YELLOW；而文献[15]和文献[16]利用网络效用最大化模型设计了 Fast TCP 协议，指出该协议的平衡点就是模型的最优点，从而实现了用户之间资源分配的比例公平性。

3）在具体业务的资源分配方面

针对网络中存在的具体应用，文献[50]分析了弹性业务的资源分配问题，得到了最优带宽和缓冲区分配的平衡点。文献[51]讨论了弹性服务和非弹性服务的资源分配模型，分析了流量控制算法和公平性问题。文献[52]从传输层与网络层的跨层角度考虑了弹性业务的资源分配问题，并分析了模型的最优解。文献[53]分析了非弹性业务的资源分配和流量控制问题，得到了最优资源分配存在的充分性条件。文献[54]考虑多类型业务的资源分配问题，基于网络效用最大化的思想，设计了一种具有“自适应”机制的流量算法，实现了最优资源分配。文献[55]也分析了多类业务的资源分配问题，将模型简化为仅在一条链路上的多业务资源分配，得到了各业务的最优分配。

4）在网络跨层分析与综合方面

为了求解网络效用最大化模型的最优解，文献[56]～文献[58]非常系统地给出了网络效用最大化模型的分解方法，指出网络效用最大化模型可以分解为多个子模块，而子模块均可以看作各层的资源分配问题，为基于网络效用最大化框架研究网络资源分配问题，设计网络协议和架构提供了重要的理论支持。文献[59]对网络效用最大化框架的研究进行了综述，提出网络分层其实就是网络效用最大化优化问题的分解，分别从垂直分解和水平分解两方面对基于网络效用最大化框架的网络协议和架构分析进行了系统性的阐述，形成了利用网络效用最大化来分析和设计网络协议与网络架构的系统性理论，对今后网络协议与网络架构的分析、设计和优化具有重要的指导意义。尤其是在无线网络中，文献[60]～文献[62]基于网络效用最大化的设计思想，综合考虑无线网络中的拥塞控制、接入控制和能量控制，借鉴上述的跨层分析与综合方法，提出了无线网络协议的跨层设计框架，并给出了分布式的实现算法。

5）在无线网络资源分配方面

利用网络效用最大化的方法可以实现资源分配的效率与公平性，还可以为无线网络的跨层设计与优化提供系统的数学方法，因此在无线网络中也得到了广泛关注，如基于效用的无线网络的跨层设计与优化[60-62]、基于效用优化的媒体访问控制算法[63-65]、利用几何规划实现的功率控制[66]、具有快速收敛特性和性能的速率控制[67]、数据包大小及路由具有一定随机特性的随机网络资源分配[68]等。

由此可见，基于网络效用最大化的思想，通过选择一定的效用函数，设计相应的流量控制算法，就可以为用户提供所需的具有一定质量保证的数据传输服务，同时实现将网络资源在要求服务的用户间进行合理分配，兼顾了资源分配的效率与公平性两个方面。这为网络资源分配赋予了新的内涵，为网络资源分配、互联网协议设计以及用户行为分析提供了重要的理论方法。

1.2 相关工作

本书内容来源于国家自然科学基金面上项目“企业多类型应用云迁移效益优化模型与资源分配算法研究”（71671159）与国家自然科学基金青年项目“对等网络中异构服务资源分配的效用优化模型及算法研究”（71301139）的研究成果。上述项目的研究目标是针对目前网络资源分配研究的不足，全面深入地探讨多路径网络资源公平分配、资源分配算法的稳定性、异构服务资源分配、网络跨层映射与资源分配等问题，实现面向服务、以用户为中心的资源分配目标，最终为企业应用云迁移中的资源分配提供可借鉴的技术方案。

首先回顾一下多路径传输协议的发展现状与进展。

1.2.1 多路径传输协议的研究

由于能够为服务明显提高数据传输能力[69]，显著增强数据传输的可靠性、鲁棒性和负载均衡[70]，并且如果路径之间相互协调合作，可以明显降低数据传输的开销，有效提高网络传输性能[71, 72]，所以多路径数据传输协议与算法近年来备受关注。

通过修改传统的TCP，建立多个套接口与连接，就可以实现数据的多路径传输，从而降低应用完成的时间，提高数据传输的吞吐量。mTCP[20]解决了多路径传输带来的乱序问题，实现了在弹性重叠网（Resilient Overlay Networks，RON）[73]上的并行多路径传输。由于接入技术的多样化和接入成本的不断降低，现在一个主机拥有多个独立的接入设备已经很普遍，即主机具有了多宿的特性，可以通过多个接入设备同时接入到互联网。MPTCP[21]利用源端和目的端的多宿特性，在源端和目的端之间建立多条可用路径，实现了多路径数据传输。M/TCP[74]利用源端和目的端经由不同ISP而建立的多条路径，实现了数据在多路径上传输。pTCP[75]在传输层实现了数据分割，利用源端的多宿特性探测可用路径，并在多条路径上传输数据。

SCTP[22, 23]是已经被IETF标准化的一个传输协议，可以在具有多宿地址的主机间实现并行多路径传输，但标准的SCTP只使用多路径中的某一条来传输数据，其余的路径仅作为备用。通过修改SCTP的发送端机制，文献[24]引入了一个可以跨路径记录数据包顺序的序号，实现了并行多路径数据传输。LS-SCTP[25]可以在通信两端动态地添加一些新的可用路径，实现了并行多路径的数据传输。通过修改 SCTP 数据包的格式，文献[76]引入了一个记录路径内数据包顺序的序号，将 SCTP 的拥塞控制从面向关联扩展到面向路径，实现了并行多路径传输。W-PR-SCTP[77]利用多条并行路径为实时业务传输数据，从而满足了实时业务对带宽的较高要求。

由于利用多路径传输数据能够明显提高网络的传输性能，所以它在下一代互联网架构和协议的设计中备受关注。文献[78]～文献[80]在一体化网络中利用标识映射设计了多连接管理协议（Multiple Connection Management Protocol，MCMP），提高了服务层服务完成的效率，很好地支持了普适服务对网络带宽的较高要求。文献[81]以提供普适服务为目标，通过将多连接抽象表示为服务多样化、多路径抽象表示为接入多样化，提出了满足新一代网络要求的传输层架构，并且给出了多路径数据传输的理论性能分析。

由此可见，在互联网规模不断发展的同时，用户在获取服务时对资源的要求也越来越高，尤其是多媒体服务的不断增多，增加了对网络带宽的需求，而多路径技术在提高数据传输可靠性的同时，通过在多条路径上传输数据而增加了多媒体服务的可用资源，使该类服务能够得到一定的服务质量。当网络中的用户都采用多路径技术进行数据传输时，网络资源的最优分配又变得非常重要，尤其是兼顾资源分配的效率和公平性两方面，实现网络资源的合理有效分配。

1.2.2　多路径网络的资源分配

借鉴传统单路径网络中资源分配的网络效用最大化模型，可以将多路径网络中的资源分配问题归结为多路径网络效用最大化（Multipath Network Utility Maximization，MNUM）问题。

文献[82]首次讨论了利用多路径传输协议的网络中的流量控制和路由问题，并将该问题归结为多路径网络效用最大化问题，针对资源分配的比例公平性设计了一种流量控制算法。文献[83]针对资源分配的公平性，分析了多路径网络效用最大化问题，为了得到唯一的最优分配，利用近似优化算法（Proximal Optimization Algorithms，POA）[84]设计了一种异步迭代的源-链路端流量控制算法。文献[85]考虑了由于源端和目的端接入到不同 ISP 而产生的多路径资源分配问题，从 ISP 的角度分析了如何获得最优的系统效益（即网络用户的效用与网络代价的差额）。文献[86]为了得到多路径网络效用最大化问题的唯一最优解，对模型中的目标函数进行变形，提出了一类流量控制算法，来逐步逼近原效用最大化问题的最优解。文献[87]分析了多路径网络中资源分配的最大最小公平性问题，并提出了满足最大最小公平性的流量控制算法。文献[88]指出了网络资源分配应该实现的社会效益目标，从整个网络系统的角度分析了网络整体效益与路径上的动态负载分配之间的关系。

以上研究成果主要是针对多路径网络的效用最大化问题，根据不同的具体目标函数，设计满足一定公平性指标的拥塞控制算法，这些都是从网络流量工程的角度考虑的，均没有探讨该问题所蕴含的更深层次的经济学含义以及网络各层所要实现的经济学目标，也没有分析具体的各类服务所对应的资源分配问题。文献[89]和文献[90]从面向服务、以用户为中心的角度分析了多路径网络中的资源公平分配，并提出了分布式资源公平分配算法。多路径网络中一种非常重要的情形就是并行多路径网络，为此文献[91]与文献[92]分别分析了并行多路径网络与主路径网络的资源公平分配问题，并提出了相应的流量控制算法。由于实际网络中存在往返传输时延，文献[93]分析了多路径网络中具有传输时延的流量控制算法在平衡点处的稳定性，得到了算法局部稳定的充分性条件，而文献[94]则分析了具有随机丢弃现象的多路径网络中的资源分配问题，探讨了此时具有传输时延的算法的稳定性。

针对网络中存在的多种不同服务，文献[95]首次分析了多路径网络中各类服务的资源分配问题，针对非弹性服务讨论了服务质量与路径瓶颈链路带宽的关系，并且针对弹性服务设计了一类流量控制算法[96]。文献[97]探讨了多路径网络异构服务资源分配问题，该问题是典型的非凸优化问题，传统的基于子梯度的算法无法有效得到最优点，该文献则利用粒子群优化（Particle Swarm Optimization，PSO）算法设计了多路径网络中异构服务资源分配算法，尤其是针对非弹性服务，该算法能有效收敛到最优点。同时，文献[98]则利用近似优化理论，将多路径网络异构服务资源分配的非凸优化问题转换为近似的等价优化问题，设计了一类分布式资源分配算法得到近似优化问题的最优点，而该最优点能有效逼近原非凸优化问题的最优点，并利用仿真结果验证了算法的有效性。

针对网络的分层与映射，文献[99]和文献[100]考虑了层间映射时服务所具有的不同优先级，以服务所获得的效用为指标评价了不同映射方式的优劣。文献[101]首次从网络跨层的角度考虑了多路径网络的资源分配问题，通过分解网络效用最大化模型得到了各层所对应的经济学目标，利用用户支付的价格和路径收取的价格之间的博弈关系设计了一类流量控制算法。作为网络跨层映射的一个具体应用，文献[102]基于网络效用最大化的思想分析了一体化网络的层间映射，并根据映射要求提出了标识的设计目标。文献[103]深入探讨了基于网络效用最大化的资源分配问题，并提出了多类流量控制算法。

多路径网络资源分配是一个非常活跃的研究领域，选择不同的资源分配指标就可以得到相应的资源分配方案，而且多路径网络的资源分配还有许多需要进一步深入研究和完善的地方，如多路径网络动态路由下的资源分配、数据包大小及路由具有一定随机性的多路径随机网络资源分配问题、多路径无线网络的跨层优化与资源分配问题、多路径网络传输可靠性和资源分配问题等，这些都是本领域下一步要逐步开展的工作。

1.3　本书主要内容

本书在充分分析现有互联网资源分配的研究进展后，针对多路径网络的资源分配问题进行研究，兼顾资源分配的效率与公平性两个方面，既满足了用户所需的具有一定质量保证的数据传输服务，又实现了资源在用户之间的合理公平分配。主要内容与工作可以归结为如下九个方面。

（1）多路径网络的资源公平分配与流量控制。从互联网跨层的角度分析多路径网络的资源分配，将所对应的多路径网络效用最大化问题分解为多个独立的子问题，得到子问题所对应的网络各层的经济学模型。分析用户所支付的价格和路径所收取的价格之间的博弈关系，当实现网络资源的最优分配时，上述两类最优价格是相等的，而且同一用户所使用的多条不同路径的最优价格是相等的。针对资源分配的公平性，通过选择不同的效用函数，得到多种公平分配方案，包括比例公平性、最大最小公平性等，并设计相应的分布式流量控制算法，实现资源的公平分配（见本书第 2 章）。

（2）并行多路径网络的资源公平分配与流量控制。当源端和目的端之间存在多条并行路径时，分析此时的并行多路径网络效用最大化模型。针对资源分配的多种不同公平性，分别得到用户最优带宽分配的具体表达式，该最优分配与用户愿意提供的支付有关，这正体现了用户获得的效用和用户的支付之间的关系。为了达到该最优带宽分配，设计一类分布式流量控制算法，而算法的平衡点就是资源的最优分配，同时利用李雅普诺夫稳定性理论证明该算法在稳定点处的全局渐近稳定性（见本书第 3 章）。

（3）动态主路径上的资源公平分配与流量控制。源端和目的端之间存在多条并行路径，但根据路径传输能力、往返传输时延、丢包率等评价指标，它们有时却仅选择其中的一条作为主路径，而其他路径作为备用路径。针对动态主路径上的资源公平分配问题，分析此时的网络效用最大化模型，得到用户最优带宽分配的具体表达式，并设计一类流量控制算法，讨论算法的平衡点，得到算法在平衡点处的全局渐近稳定性（见本书第 4 章）。

（4）资源公平分配算法与稳定性分析。目前多路径网络资源分配算法的研究中，大多并没有考虑网络传输时延对算法的影响。实际上，网络传输时延将影响到资源分配算法的稳定性和收敛性。针对多路径网络资源公平分配优化模型，利用子梯度方法建立分布式资源分配算法，该算法在不考虑网络传输时延时是全局稳定的，而当考虑网络传输时延时，得到算法在平衡点处局部稳定的充分条件，并探讨路由器上队列时延对算法稳定性的影响。同时，分析网络随机丢包对资源分配算法稳定性的影响，首先分析影响算法收敛速度的主要因素，得到随机丢包网络环境中，具有网络传输的算法在平衡点处局部稳定的充分条件，并分别以连续形式和离散形式给出（见本书第 5 章）。

（5）弹性服务的资源分配与流量控制。对于多路径网络中普遍存在的多类型服务，根据服务获得具体效用的不同，大致分为弹性服务和非弹性服务。对于弹性服务的资源分配问题，当实现资源最优分配时，服务所使用的多条路径是等价格的，且均等于请求服务的用户支付的价格。基于请求服务的用户所支付的价格和提供资源的路径所收取的价格之间的关系，提出一类流量控制算法，通过该算法就可得到最优的资源分配。同时针对并行多路径网络，得到各个服务最优资源分配的表达式（见本书第 6 章）。

（6）非弹性服务的资源分配与流量控制。由于非弹性服务的效用函数不是凹函数，所以非弹性服务的资源分配问题是一个非凸规划问题。针对该资源分配问题，分析非弹性服务所使用的多条路径的传输能力，为使服务能够获得非零的最优资源分配，得到瓶颈链路带宽应该满足的阈值。在瓶颈链路带宽阈值的前提下，得到具有一定服务质量保证的非弹性服务资源分配模型。基于 PSO 方法设计一类流量控制算法，可以实现非弹性服务的最优带宽分配（见本书第 7 章）。

（7）多路径网络异构服务的资源分配。多路径网络中异构服务的资源分配问题是一个较难处理的非凸规划问题，最优解不一定存在，而且利用传统算法也很难得到。本书将该模型进行转换，得到与此对应的近似优化问题，并讨论二者之间的关系。同时，提出一类分布式资源分配算法，该算法能够有效地收敛到满足异构服务资源分配模型 KKT（Karush-Kuhn-Tucker）条件的最优点。最后通过仿真验证算法的有效性和收敛性，并讨论该算法与其他类似算法的区别（见本书第 8 章）。

（8）基于效用最优化的网络跨层映射。互联网体系架构是近几年计算机网络领域的前沿和热点方向，为此基于网络效用最大化的思想，给出了从服务到连接的多对多映射和从连接到路径的多对多映射的数学描述，得到了多路径网络跨层映射的数学模型。该映射模型的目标就是合理地为服务选择路径并分配路径带宽，从而使请求服务的源端用户的聚合效用达到最优。针对这种多对多的网络跨层映射，分别从安全性和可靠性的角度分析映射的性能，理论分析和仿真结果均表明经过映射后，用户利用多路径进行数据传输提高了数据传输的安全性和可靠性（见本书第 9 章）。

（9）一体化网络服务层映射模型与资源分配。基于网络效用最大化的思想建立一体化网络服务层的映射模型，从微观经济学的角度得到服务层和网通层之间的映射关系，即在网通层建立的多条路径的各个链路带宽一定的前提下，最大限度地满足服务层中所有普适服务的满意度。分析非弹性服务应该满足的最低带宽阈值，得到网络对服务的接入控制策略与链路价格之间的关系。根据模块之间的参数和映射关系，提出标识设计应满足的要求（见本书第 10 章）。

第2章　多路径网络的资源公平分配与流量控制

网络资源分配除了要提高网络资源的利用率，还应该实现面向服务、以用户为中心的资源分配目标，从而达到网络资源的公平分配，最大限度地满足用户的满意度。为了实现上述分配目标，本章考虑多路径网络的资源公平分配问题，将多路径网络效用最大化模型分解为多个独立的子问题，从网络跨层的角度得到每个子问题其实对应于互联网体系结构的一层，并阐述每个子问题的经济学含义。通过分析用户所支付的价格和路径所收取的价格之间的博弈关系，得到当模型实现网络资源的最优分配时，上述两类最优价格相等的结论。通过选择不同的效用函数，并利用用户支付的价格和路径收取的价格之间的关系，设计一类流量控制算法，实现网络资源的最优公平分配。详细内容也可参考文献[89]和文献[90]。

2.1　问题的提出

针对网络资源分配的目标，从网络的角度考虑，通常以系统吞吐量、链路利用率等作为网络系统的优化指标，其核心思想是实现网络资源最大限度地利用，可以认为是以网络为中心的资源分配目标。但从用户角度考虑，目的是利用网络资源传输数据完成所需要的服务，从而满足其通信和获取信息等方面的实际需求，可以认为是以用户为中心的资源分配目标。效用就是从用户的角度描述所获得服务的实际效果或用户的满意度，而基于网络效用最大化的资源公平分配不仅体现了资源分配效率的要求，同时实现了资源在用户之间公平分配的目标。

针对单路径网络中的资源分配问题，文献[37]首次提出了网络效用最大化模型，通过选取对数型的效用函数实现了网络资源在用户之间分配的比例公平性(proportional fairness)，并提出了一类流量控制算法来实现该最优资源分配。随后，文献[104]继续讨论了资源分配的公平性，分析了具有时延的流量控制算法的稳定性。文献[105]和文献[106]讨论了网络资源分配的最大最小公平性（max-min fairness）[107, 108]，提出了一类效用函数来逐步逼近最大最小公平分配（即后面讨论的指数型效用函数），并在文献[106]中实现了具有一定权重的最大最小公平性。文献[59]对网络资源分配问题进行了综述，系统地给出了网络效用最大化模型的分解方法，指出子问题就是网络各层的资源分配问题。

对于多路径网络中的资源分配问题，文献[82]首次研究了多路径网络效用最大化问题，并针对资源分配的比例公平性提出了一类流量控制算法。文献[83]针对资源分配的公平性，设计了一种异步迭代的源-链路端流量控制算法。文献[85]考虑了由于源端接入到不同 ISP 而产生的多路径网络资源分配问题，分析了如何获得最优的系统效益（即网络用户的效用与网络代价的差额）。文献[86]为了得到多路径网络效用最大化问题的唯一最优解，构造了新的目标函数来逼近原问题中的效用函数。文献[87]分析了多路径网络中资源的最大最小公平分配问题。

多路径网络的资源公平分配已经得到广大学者的重视，但是现有的研究成果主要关注于该优化问题的求解，基本上都是利用非线性规划理论的子梯度算法，根据不同的公平性指标设计相应的流量控制算法。上述研究成果从网络流量工程的角度考虑了流量控制，但没有探讨该问题所蕴含的更深层次的经济学意义。本章首次分解了多路径网络效用最大化模型，得到了该模型所对应的三个子问题，指出了网络各层所对应的经济学目标，分析了用户支付的价格和路径收取的价格之间的博弈关系，并利用这两类价格设计了一类新的流量控制算法，为深入研究多路径网络资源分配问题提供了理论方法。

2.2　多路径网络资源公平分配模型

2.2.1　公平性与效用函数

网络资源分配的一个很重要的目标就是实现资源在相互竞争的用户之间公平分配，而衡量资源分配的公平性需要借助于公平性评价方法，这些方法包括最大最小公平性准则、比例公平性准则等。

最大最小公平性准则是经典的数据网络资源分配的公平原则，最初由 Jaffe[109] 和 Hayden[110]提出，然后被 Bertsekas 和 Callager[107]引入互联网的研究中，现在成为大多数网络资源分配的一个重要目标。最大最小公平性的分配原则是首先能够让所有的用户拥有相同的以及尽可能大的速率，然后在不浪费带宽的原则的基础上继续分配剩下的带宽。

最大最小带宽公平性作为资源分配目标的合理性受到 Kelly 的质疑，他提出了一种新的公平性准则，称为比例公平性，现在也已经成为资源分配的一个重要目标。比例公平性的分配是根据各用户的需求按比例为用户分配资源。

由此可见，资源分配的公平性分类较多，不同的公平性标准之间是冲突的，而且资源分配的公平性与有效性有时也是矛盾的。例如，考虑如图 2.1 所示的两条链路的简单网络，假设每条链路具有单位带宽。第一个用户仅使用第一条链路，第二个用户仅使用第二条链路，而第三个用户同时使用这两条链路。

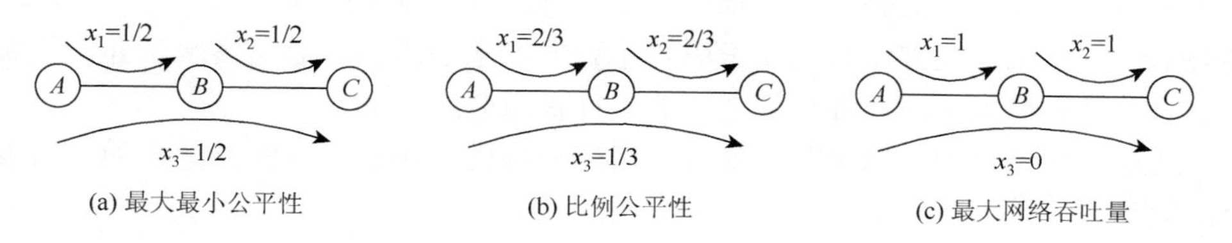

图 2.1　资源公平分配例子

最大最小公平性[107]作为一种常用的公平性指标，是将资源平均分配给各个用户。如图 2.1（a）所示，每个用户得到的带宽均是 1/2。这样，对于整个网络来说，用户获得的聚合速率是 3/2，并没有实现网络用户聚合速率的最大化。事实上，网络用户的最大聚合速率是 2，如图 2.1（c）所示，这种情况中，用户 1 和用户 2 获得的带宽都是 1，而用户 3 获得的带宽却为零，这种情况中对于用户 3 来说的确是不公平的。这个例子也充分说明了，网络资源分配不仅要考虑到分配的有效性，还要考虑到用户之间资源的公平性，这两者不能孤立地分析和考虑。

为了兼顾资源分配的公平性和有效性，Kelly 等[37]提出了比例公平性的概念，这成为目前广为接受的一种折中方案，也成为网络资源分配理论和算法中经常采用的一种公平性指标。如图 2.1 所示的例子中，用户 1 和用户 2 都仅使用了一条链路，而用户 3 同时使用了两条链路，并与用户 1 和用户 2 各共享一条链路。当达到比例公平性时，用户 1 在第一条链路上获得的资源是用户 3 在同一条链路上获得的资源的 2 倍，但此时各个用户获得总的带宽均为 2/3。这种情况下，每个用户均获得了相同的资源，实现了各个用户之间的公平性。

为了更加符合网络的实际场景，文献[37]又将上述公平性推广到了加权比例公平性。每个用户均具有一个权重 w_s，描述了用户为获得服务而愿意提供的支付（willingness-to-pay），用户获得资源分配与提供的支付是有关系的。为了能更清楚地理解比例公平性，给出如下的比例公平性定义。

定义 2.1　资源分配的比例公平性[37]。

一种资源分配方案 $y=(y_s,s\in S)$ 如果同时满足下列条件，那么这种资源分配就是满足比例公平性的。

（1）资源分配上可行，即在各条链路上为各个用户分配的资源之和不大于该链路的带宽。

（2）对于任何其他可行的带宽分配 $\tilde{y}=(\tilde{y}_s,s\in S)$，满足不等式：

$$\sum_{s:s\in S} w_s \frac{\tilde{y}_s - y_s}{y_s} \leqslant 0 \tag{2.1}$$

不同于资源分配的比例公平性，最大最小公平性主要是面向较小资源需求的用户，优先满足这些用户的需求，在此基础上再实现资源的平均分配。而相对于最大最小公平性，比例公平性依赖于两个可行的资源分配的比例差值。因此，比例公平性的资源分配并没有优先考虑较小资源需求的用户，而是实现了介于最大最小公平性和最大化用户吞吐量之间的一种资源分配。

通过选择用户的效用函数，就可以得到相应的资源公平分配，考虑如下的效用函数[59, 104, 105]：

$$U_s(y_s(t))=\begin{cases} w_s\ln(y_s(t)), & \alpha_s=1 \\ w_s\dfrac{y_s^{1-\alpha_s}(t)}{1-\alpha_s}, & \alpha_s\neq 1 \end{cases} \tag{2.2}$$

其中，参数α_s是公平性指标，可以实现用户间的各种公平性，统一了多种公平性的表达方式；w_s是用户为了获得资源而愿意提供的支付。将该效用函数作为用户的目标函数，而将网络中所有用户的聚合效用作为网络的整体目标，已经广泛应用于网络资源的公平分配中[59, 104, 105]。

当选择$\alpha_s=0$时，用户的效用函数为$U_s(y_s(t))=w_s y_s(t)$，网络的目标为

$$\max\sum_{s\in S} w_s y_s(t) \tag{2.3}$$

此时式（2.3）是数据传输时用户吞吐量的最大化问题。

当选择$\alpha_s=1$时，用户的效用函数为$U_s(y_s(t))=w_s\ln(y_s(t))$，网络的目标为

$$\max\sum_{s\in S} w_s\ln(y_s(t)) \tag{2.4}$$

此时式（2.4）是用户之间资源分配的比例公平性问题。

当选择$\alpha_s=2$时，用户的效用函数为$U_s(y_s(t))=-w_s/y_s(t)$，网络的目标为

$$\max\sum_{s\in S}-\frac{w_s}{y_s(t)} \tag{2.5}$$

或者等价于

$$\min\sum_{s\in S}\frac{w_s}{y_s(t)} \tag{2.6}$$

此时式（2.5）是用户之间资源分配的调和平均公平性（harmonic mean fairness）问题，其实式（2.6）也可以认为是用户在传输单位数据时的通信时延最小化问题。

当$\alpha_s=\infty$时，用户的效用函数为$U_s(y_s(t))=\lim\limits_{\alpha_s\to\infty} w_s\, y_s^{1-\alpha_s}(t)\big/(1-\alpha_s)$，网络的目标为

$$\max\min_{s\in S} y_s(t)\Big|_{m_s} \tag{2.7}$$

其中，m_s是用户s希望获得的资源阈值（即$y_s(t)\geqslant m_s$），此时式（2.7）是用户之

间资源分配的最大最小公平性问题，即优先考虑资源需求较小的用户，在逐个满足这些用户需要的基础上，再实现剩余资源的公平分配。

2.2.2　资源公平分配模型

考虑在一个多路径网络中，每个用户利用多条路径传输数据。这里，同一个用户使用的多条路径相互之间并不一定是链路分离（link-disjoint）的，也就是说，同一个用户使用的多条路径相互之间可能会共享一些相同的链路。但不可否认的是，链路分离的路径对于提高服务的吞吐量、增强数据传输的可靠性和安全性具有一定的积极作用。模型中用到的符号及其含义如表 2.1 所示。

表 2.1　多路径网络资源公平分配模型中的符号及其含义

符号	含义
S	用户的集合，元素是各个用户 $s\in S$
L	链路的集合，元素是各条链路 $l\in L$
P	路径的集合，元素是各条路径 $p\in P$
$S(p)$	使用路径 $p\in P$ 的用户的集合
$L(p)$	路径 $p\in P$ 的所有链路的集合
$P(s)$	用户 $s\in S$ 用到的路径的集合
$P(l)$	途经链路 $l\in L$ 的路径的集合
$U_s(\cdot)$	用户 s 的效用函数
$y_s(t)$	用户 s 的总传输速率
$x_{sp}(t)$	用户 s 在路径 p 上的传输速率
C_l	链路 l 的带宽

由于用户利用多条路径传输数据，所以每个用户 $s\in S$ 的总传输速率 $y_s(t)$ 满足关系式 $y_s(t)=\sum_{p:p\in P(s)} x_{sp}(t)$，同时，由于每条链路均有一定的带宽，所以在每条链路上数据流量总和不应超过链路带宽，满足不等式 $\sum_{p:p\in P(l)} x_{sp}(t)\leqslant C_l$。因此，多路径网络的资源问题可以归结为如下的多路径网络效用最大化问题：

$$\text{(P2.1)}: \max \quad \sum_{s:s\in S} U_s(y_s(t)) \tag{2.8}$$

$$\text{subject to} \quad \sum_{p:p\in P(s)} x_{sp}(t)=y_s(t), \quad \forall s\in S \tag{2.9}$$

$$\sum_{p:p\in P(l)} x_{sp}(t) \leqslant C_l, \quad \forall l \in L \tag{2.10}$$

$$\text{over} \qquad x_{sp}(t) \geqslant 0, \quad s \in S, \ p \in P \tag{2.11}$$

资源分配模型（P2.1）的目标函数，即式（2.8）是最大化用户的聚合效用，而用户的效用依赖于该用户获得的总的资源分配，因此式（2.2）是关于用户速率 $y_s(t)$而实现的资源公平分配，这也就意味着实现的是用户之间的公平性，不是用户的各个流之间的公平性（在流的公平性模型中，同一条路由上的各条流之间是公平的）。

当各个用户具有式（2.2）形式的效用函数时，考虑资源分配模型（P2.1），由凸规划理论[39, 111]可以得到下列定理。

定理 2.1　当用户具有式（2.2）形式的效用函数时，多路径网络资源公平分配模型(P2.1)是一个凸规划问题，各用户在路径上的最优带宽分配 $x=(x_{sp}, s\in S, p\in P)$ 存在但并不唯一，而各个用户的总的最优带宽分配 $y=(y_s, s\in S)$ 存在而且是唯一的。

证明：模型（P2.1）的约束条件是线性的，则约束域是凸集。同时，$\partial^2 U_s / \partial x_{sp}^2(t) < 0$，$\partial^2 U_s / (\partial x_{sp}(t)\partial x_{sq}(t)) < 0$，则目标函数关于原变量 $x(t)=(x_{sp}(t), s\in S, p\in P)$ 的 Hessian 矩阵是非正定矩阵，也就是说目标函数关于变量 $x(t)=(x_{sp}(t), s\in S, p\in P)$ 是凹函数但并不是严格的凹函数。由凸规划理论[39, 111]，此时模型（P2.1）是一个凸规划问题。各用户在路径上的最优带宽分配 $x=(x_{sp}, s\in S, p\in P)$ 是存在的，但并不唯一。由于 $\partial^2 U_s / \partial y_s^2(t) < 0$，则目标函数关于原变量 $y(t)=(y_s(t), s\in S)$ 是严格的凹函数。所以，各用户总的最优带宽分配 $y=(y_s, s\in S)$ 存在而且是唯一的。定理得证。　□

2.2.3　模型分析

为了得到资源分配模型（P2.1）的最优解，引入 Lagrange 函数：

$$L(x,y;\lambda,\mu;\delta^2) = \sum_{s:s\in S}\left(U_s(y_s(t)) + \lambda_s\left(\sum_{p:p\in P(s)} x_{sp}(t) - y_s(t)\right)\right) + \sum_{l:l\in L}\mu_l\left(C_l - \sum_{p:p\in P(l)} x_{sp}(t) - \delta_l^2\right) \tag{2.12}$$

其中，$\lambda=(\lambda_s, s\in S)$、$\mu=(\mu_l, l\in L)$ 是 Lagrange 乘子向量；$\delta^2=(\delta_l^2, l\in L)$ 是松弛因子向量；λ_s 可以理解为用户 s 请求服务时支付给它使用的路径 $P(s)$ 的价格；μ_l 可以理解为链路 l 对路径经过该链路的用户所收取的价格；$\sum_{p:p\in P(l)} x_{sp}(t)$ 是各个用户已经使用的链路 l 的带宽；$\delta_l^2 \geqslant 0$ 可以认为是链路 l 上的剩余带宽。

将式（2.12）进行变形后，可以写成

$$L(x,y;\lambda,\mu;\delta^2)=\sum_{s:s\in S}\left(U_s(y_s(t))-\lambda_s y_s(t)\right)$$

$$+\sum_{s:s\in S}\sum_{p:p\in P(s)}x_{sp}(t)\left(\lambda_s-\sum_{l:l\in L(p)}\mu_l\right)+\sum_{l:l\in L}\mu_l(C_l-\delta_l^2) \tag{2.13}$$

分析上述 Lagrange 函数，即式（2.13）的最大值问题，可以得到下述三个子问题。

（1）USER(U_s,y_s,λ_s)：

$$\begin{aligned}&\max\ U_s(y_s(t))-\lambda_s y_s(t)\\&\text{over}\ y_s(t)\geqslant 0,\quad s\in S\end{aligned} \tag{2.14}$$

（2）PATH(x_{sp},λ_s,μ_l)：

$$\begin{aligned}&\max\ x_{sp}(t)\left(\lambda_s-\sum_{l:l\in L(p)}\mu_l\right)\\&\text{over}\ x_{sp}(t)\geqslant 0,\quad p\in P(s),\ s\in S\end{aligned} \tag{2.15}$$

（3）LINK(μ_l)：

$$\begin{aligned}&\max\ \mu_l(C_l-\delta_l^2)\\&\text{over}\ \mu_l\geqslant 0,\quad l\in L\end{aligned} \tag{2.16}$$

可以从经济学的角度给出上述三个子问题的实际含义。

子问题 USER(U_s,y_s,λ_s)对应网络的服务层，由于网络中每个用户都是自私的，都想使自己的效用达到最大，而效用的大小依赖于它所获得的总速率大小 $y_s(t)$。同时，用户在获得相应带宽时，要支付其使用该带宽的费用。由于 λ_s 可以理解为用户支付的每单位带宽的费用，那么 $U_s(y_s(t))-\lambda_s y_s(t)$ 就是用户 s 获得的收益，即用户获得的效用与支付的费用之间的差值。

子问题 PATH(x_{sp},λ_s,μ_l)对应网络的传输层，将用户、路径与链路联系起来，决定了用户在路径上的传输速率和价格。$\lambda_s x_{sp}(t)$ 是用户 s 在使用路径 p 传输数据时，当获得资源为 $x_{sp}(t)$ 时支付给该路径的费用。$\sum_{l:l\in L(p)}\mu_l$ 是路径 p 上各条链路价格之和，即路径 p 收取的价格，则 $x_{sp}(t)\sum_{l:l\in L(p)}\mu_l$ 就是路径 p 为用户 s 提供带宽 $x_{sp}(t)$ 时收取的费用。后面分析可以得到，在多路径网络资源分配问题的最优点满足 $\lambda_s=\sum_{l:l\in L(p)}\mu_l$，即用户支付的价格与路径收取的价格是相等的。

子问题 LINK(μ_l)对应网络的网络层，松弛因子 δ_l^2 是链路 l 的剩余带宽，则 $C_l-\delta_l^2$ 就是已经分配给各个用户使用的带宽。由于 μ_l 是链路 l 收取的每单位带宽的价格，所以 $\mu_l(C_l-\delta_l^2)$ 就是链路 l 的收益。

多路径网络资源分配模型（P2.1）的对偶问题的目标函数为

$$D(\lambda,\mu)=\max_{x,y} L(x,y;\lambda,\mu;\delta^2)$$
$$=\sum_{s:s\in S}A_s(\lambda_s)+\sum_{s:s\in S}\sum_{p:p\in P(s)}B_{sp}(\lambda_s,q_{sp})+\sum_{l:l\in L}\mu_l(C_l-\delta_l^2) \quad (2.17)$$

其中

$$A_s(\lambda_s)=\max_{y_s(t)}\ U_s(y_s(t))-\lambda_s y_s(t) \quad (2.18)$$

$$B_{sp}(\lambda_s,q_{sp})=\max_{x_{sp}(t)}\ x_{sp}(t)(\lambda_s-q_{sp}),\quad q_{sp}=\sum_{l:l\in L(p)}\mu_l \quad (2.19)$$

所以，多路径网络资源分配模型（P2.1）的最优带宽分配可以表示为

$$y_s^*(\lambda_s)=\arg\max\ U_s(y_s(t))-\lambda_s y_s(t) \quad (2.20)$$

$$x_{sp}^*(q_{sp})=\arg\max\ x_{sp}^*(\lambda_s)(\lambda_s-q_{sp}) \quad (2.21)$$

其中，式（2.21）中的$x_{sp}^*(\lambda_s)$与式（2.20）中的$y_s^*(\lambda_s)$满足$\sum_{p:p\in P(s)}x_{sp}^*(\lambda_s)=y_s^*(\lambda_s)$。

多路径网络资源分配模型（P2.1）的对偶问题为（D2.1）

$$\text{(D2.1)：}\ \min\ D(\lambda,\mu) \quad (2.22)$$

$$\text{over}\ \lambda_s\geqslant 0,\ \mu_l\geqslant 0,\ s\in S,\ l\in L \quad (2.23)$$

上述的对偶问题（D2.1）可以理解为网络系统问题，目标就是在满足请求服务的用户获得一定满意度的前提下，最小化整个网络系统的链路价格。

假设多路径网络资源分配模型（P2.1）与其对偶问题（D2.1）的最优解是$(x^*,y^*,\mu^*,\lambda^*,\delta^2)$，则根据KKT条件[39, 111]，下列式子成立：

$$\sum_{p:p\in P(s)}x_{sp}^*=y_s^*,\quad \forall s\in S \quad (2.24)$$

$$\sum_{p:p\in P(l)}x_{sp}^*\leqslant C_l,\quad \forall l\in L \quad (2.25)$$

$$x_{sp}^*\geqslant 0,\quad \forall p\in P(s) \quad (2.26)$$

$$\mu_l^*\geqslant 0,\quad \forall l\in L \quad (2.27)$$

$$\mu_l^*\left(C_l-\sum_{p:p\in P(l)}x_{sp}^*\right)=0,\quad \forall l\in L \quad (2.28)$$

$$U_s'(y_s^*)-\lambda_s^*\Rightarrow\begin{cases}=0, & y_s^*>0\\ \leqslant 0, & y_s^*=0\end{cases},\quad \forall s\in S \quad (2.29)$$

$$\lambda_s^*-q_{sp}^*=\lambda_s^*-\sum_{l:l\in L(p)}\mu_l^*\Rightarrow\begin{cases}=0, & x_{sp}^*>0\\ \leqslant 0, & x_{sp}^*=0\end{cases},\quad \forall s\in S,\quad \forall p\in P(s) \quad (2.30)$$

$$\mu_l^*\Rightarrow\begin{cases}=0, & \delta_l>0\\ \geqslant 0 & \delta_l=0\end{cases},\quad \forall l\in L \quad (2.31)$$

其中，式（2.24）～式（2.26）说明了资源分配模型中原变量的可行性，式（2.27）说明了对偶问题中对偶变量的可行性，式（2.28）说明了最优解应该满足的互补松弛条件，而式（2.29）～式（2.31）是多路径网络资源分配模型（P2.1）存在最优解的必要条件。

对于多路径网络资源分配模型（P2.1）的最优解 $(x^*,y^*,\mu^*,\lambda^*,\delta^2)$，通过分析用户支付的价格和路径收取的价格，可以得到下列定理。

定理 2.2　考虑多路径网络资源分配模型（P2.1），当各个用户具有式（2.2）形式的效用函数时，假设 p_1 和 p_2 分别是用户 s 的两条路径，若在资源公平分配模型的最优点处，两条路径上的速率均非零，则这两条路径的价格是相等的，即若 $x^*_{sp_1}>0$，$x^*_{sp_2}>0$，其中 p_1，$p_2\in P(s)$，则 $\sum\limits_{l:l\in L(p_1)}\mu_l^*=\sum\limits_{l:l\in L(p_2)}\mu_l^*=\lambda_s^*$。

证明：当用户具有式（2.2）形式的效用函数时，在多路径网络资源分配模型（P2.1）的最优带宽分配处，根据 KKT 条件[39, 111]，下列式子成立：

$$U_s'(y_s^*)-\lambda_s^*=0,\quad y_s^*>0,\ \forall s\in S \tag{2.32}$$

$$\lambda_s^*-\sum_{l:l\in L(p)}\mu_l^*=0,\quad x_{sp}^*>0,\ \forall s\in S,\ \forall p\in P(s) \tag{2.33}$$

式（2.32）和式（2.33）是多路径网络资源分配模型（P2.1）存在最优解的必要条件。

因此，对于同一个用户使用的多条路径，如 p_1，$p_2\in P(s)$，若 $x^*_{sp_1}>0$，$x^*_{sp_2}>0$，则一定有

$$\sum_{l:l\in L(p_1)}\mu_l^*=\sum_{l:l\in L(p_2)}\mu_l^*=\lambda_s^*=\frac{w_s}{\left(\sum\limits_{p:p\in P(s)}x_{sp}^*\right)^{\alpha_s}} \tag{2.34}$$

定理得证。□

注 2.1　用户支付的价格与路径收取的价格之间构成了一种博弈，当模型（P2.1）达到最优资源分配时，上述博弈存在一个平衡点，该平衡点就是最优价格。

2.3　分布式算法

本章在考虑资源公平分配模型时，并没有假设同一个用户的多条路径之间是链路分离的，而链路分离的多路径网络能够更好地实现负载均衡，并且能够提高网络数据传输的可靠性。为了能在非集中式的一般网络环境中得到最优的资源公平分配，本节给出一种分布式流量控制算法，可以适用于大规模的网络环境中，即使路径之间有共享的链路，算法仍能收敛到最优带宽分配处。同时给出算法在网络中的具体实现。

2.3.1 算法描述

该算法是一种基于速率的流量控制算法，包括源端算法和链路端算法两部分，都是依赖于局部信息的分布式算法。

源端算法：在时间t，用户s在源端采用如下的速率算法，即

$$x_{sp}(t+1)=\left((1-\phi)x_{sp}(t)+\phi\tilde{x}_{sp}(t)+\phi\kappa x_{sp}(t)(\lambda_s(t)-q_{sp}(t))\right)^{+}_{x_{sp}(t)} \tag{2.35}$$

$$\tilde{x}_{sp}(t+1)=(1-\phi)\tilde{x}_{sp}(t)+\phi x_{sp}(t) \tag{2.36}$$

$$\lambda_s(t)=\frac{w_s}{y_s(t)^{\alpha_s}} \tag{2.37}$$

$$y_s(t)=\sum_{p:p\in P(s)} x_{sp}(t) \tag{2.38}$$

$$q_{sp}(t)=\sum_{l:l\in L(p)} \mu_l(t) \tag{2.39}$$

链路端算法：在时间t，链路l在链路端采用如下的价格算法，即

$$\mu_l(t+1)=\left(\mu_l(t)+\nu\frac{z_l(t)-C_l}{C_l}\right)^{+}_{\mu_l(t)} \tag{2.40}$$

$$z_l(t)=\sum_{p:p\in P(l)} x_{sp}(t) \tag{2.41}$$

其中，$\kappa>0$、$\nu>0$是算法的迭代步长，式（2.35）与式（2.40）右半部分具有如下函数形式：

$$a=(b)^{+}_{c}=\begin{cases} b, & c>0 \\ \max\{0,b\}, & c=0 \end{cases} \tag{2.42}$$

在上述的源端算法（式（2.35）～式（2.39））中，用户s根据目前的总速率$y_s(t)$，利用式（2.37）得到自己应该支付给路径p的价格$\lambda_s(t)$，通过式（2.39）得到路径p收取的端到端价格$q_{sp}(t)$，然后根据式（2.35）和式（2.36）调整其在该路径上的速率$x_{sp}(t)$，这里采用了滤波原理，参数$\phi>0$能消除由于最优解不唯一而带来的算法波动；在链路端算法（式（2.40）和式（2.41））中，链路l根据式（2.41）得到经过该链路的总流量$z_l(t)$，利用式（2.40）调整它在该链路上的价格$\mu_l(t)$。

由此可见，在源端算法中，用户s根据自己支付给路径的价格$\lambda_s(t)$与从各条路径p上反馈回来的价格信息$q_{sp}(t)$，及时地适当调整源端的传输速率$x_{sp}(t)$，最终得到速率和价格的平衡点；而在链路端算法中，链路l根据途经该链路的总流量$z_l(t)$，及时地调整该条链路上的价格$\mu_l(t)$，并将链路价格发送给目的端，目的端再将整条路径的端到端价格$q_{sp}(t)$用 ACK 的形式反馈给源端。

注 2.2　对于源端算法，每个用户在各条路径上仅需知道支付的价格和路径收取的价格，就可以调整下一时刻的传输速率；而对于链路端算法，每条链路仅需知道经过该链路的总流量，就可以调整自己下一时刻的价格。很明显，源端算法和链路端算法都仅依赖各自的局部信息，因此算法是分布式的。

注 2.3　由式（2.40）可以看出，这里选取的链路价格迭代函数类似于链路上的丢包率[112]，当然也可以选择其他的价格函数，如队列长度[29]等。同时，路径价格函数，即式（2.39）可以理解为该路径上的端到端丢包率。

注 2.4　由非线性规划理论[111]可以得到，源端算法和链路端算法均属于优化理论中的梯度算法，因此，当选择合适的步长时，算法是收敛的。同时，当每个用户仅有一条可用路径时，并且仅考虑资源分配的比例公平性时，源端算法就变成类似于单路径网络中的速率控制算法[37]。

上述实现资源公平分配的速率算法的实现流程可以归结如下。

用户 s 的算法：在时刻 $t=1,2,\cdots$，用户 s 执行以下步骤。

（1）根据式（2.39）接收到路径 p 上反馈回来的端到端的路径价格 $q_{sp}(t)$。

（2）根据式（2.38）计算得到当前时刻在各条路径上的总速率 $y_s(t)$。

（3）根据当前时刻的总速率 $y_s(t)$，利用式（2.37）得到应支付给路径 p 的价格 $\lambda_s(t)$。

（4）根据式（2.35）和式（2.36）更新下一时刻在路径 p 上的速率 $x_{sp}(t+1)$。

（5）在路径 p 上的每条链路 $l\in L(p)$ 上，以速率 $x_{sp}(t+1)$ 发送数据包。

链路 l 的算法：在时刻 $t=1,2,\cdots$，链路 l 执行以下步骤。

（1）根据式（2.41）检测使用该链路的各条路径，得到当前时刻链路上的总流量 $z_l(t)$。

（2）根据式（2.40）更新下一时刻该链路的价格 $\mu_l(t+1)$。

（3）将链路价格 $\mu_l(t+1)$ 标记在数据包头内，反馈给使用该链路的用户。

该算法是一个逐步迭代的过程，直至得到算法的平衡点，即资源公平分配模型的最优点。

2.3.2　在网络中的实现

在实际网络中具体实现时，基于窗口的流量控制算法要比基于速率的算法更加方便。当接收到对端反馈回来的 ACK 时，说明网络没有发生拥塞，窗口就要增加；而当接收到对端反馈回来的 NACK（Negative Acknowledgment）时，说明网络发生了拥塞，窗口就要减小。为了得到基于窗口的流量控制机制，离散化式（2.35）～式（2.39）后，可以得到

$$x_{sp}(t+1)-x_{sp}(t)=\frac{\kappa x_{sp}(t)}{\left(\sum_{p:p\in P(s)}x_{sp}(t)\right)^{\alpha_s}}\left(w_s-\left(\sum_{p:p\in P(s)}x_{sp}(t)\right)^{\alpha_s}\sum_{l:l\in L(p)}\mu_l(t)\right) \tag{2.43}$$

令 $W_{sp}(t)$ 是时刻 t 用户 s 在路径 p 上的窗口大小，借鉴数据传输速率与窗口之间的关系[113]：

$$x_{sp}(t)\approx\frac{W_{sp}(t)}{D_p} \tag{2.44}$$

其中，D_p 是路径 p 上的往返传输时延。

令 $A_p(t,t+1)$ 和 $N_p(t,t+1)$ 分别为时间 $[t,t+1)$ 内，用户 s 在路径 p 上得到的 ACK 和 NACK 的数目，则

$$A_p(t,t+1)\approx x_{sp}(t)\approx\frac{W_{sp}(t)}{D_p},\quad N_p(t,t+1)\approx x_{sp}(t)\sum_{l:l\in L(p)}\mu_l(t) \tag{2.45}$$

所以：

$$x_{sp}(t+1)-x_{sp}(t)=\frac{W_{sp}(t+1)-W_{sp}(t)}{A_p(t,t+1)}\frac{A_p(t,t+1)}{D_p}=\frac{W_{sp}(t+1)-W_{sp}(t)}{A_p(t,t+1)}\frac{W_{sp}(t)}{D_p^2} \tag{2.46}$$

利用式（2.45）与式（2.46），可以得到基于窗口的流量控制算法为

$$W_{sp}(t+1)-W_{sp}(t)=\frac{\kappa w_s D_p A_p(t,t+1)}{\left(\sum_{p:p\in P(s)}W_{sp}/D_p\right)^{\alpha_s}}-\kappa D_p N_p(t,t+1) \tag{2.47}$$

为了避免当窗口较小时出现窗口抖动情形，将式（2.47）修改为

$$W_{sp}(t+1)=W_{sp}(t)+\kappa w_s D_p A_p(t,t+1)-\kappa D_p\left(\sum_{p:p\in P(s)}W_{sp}/D_p\right)^{\alpha_s}N_p(t,t+1) \tag{2.48}$$

注 2.5　基于窗口的流量控制算法（式（2.48））可以解释如下：在每个单位时间内，当源端每接收到一个反馈回来的 ACK 时，相应路径上的窗口就要增加，增加的大小与 D_p 成正比；而每当源端接收到一个反馈回来的 NACK 时，相应路径上的窗口就要减小，减小的大小与 $D_p\left(\sum_{p:p\in P(s)}W_{sp}/D_p\right)^{\alpha_s}$ 成正比。因此，该窗口流量控制机制实现了传统 TCP 及其后续版本中采用的加性增长/乘性递减[6]的原则。

对于各条路径收取的价格 $q_{sp}(t)$，这里给出了一种基于往返传输时延的实现机制。由于链路 l 处的队列长度 $b_l(t)$ 具有下列的更新形式：

$$b_l(t+1)=(b_l(t)+z_l(t)-C_l)^+ \tag{2.49}$$

比较式（2.49）与式（2.40）后可以看出，时刻 t 链路 l 处的价格 $\mu_l(t)$ 与该时刻的队列时延成正比，即

$$\mu_l(t)=\nu\frac{b_l(t)}{C_l}=\nu q_l(t) \tag{2.50}$$

则由式（2.50）得到，路径 p 收取的端到端总价格与时刻 t 该路径上端到端的队列时延成正比，即

$$q_{sp}(t)=\sum_{l:l\in L(p)}\mu_l(t)=\nu\sum_{l:l\in L(p)}q_l(t) \tag{2.51}$$

考虑到路径 p 上的端到端的往返传输时延 D_p，端到端的传播时延 D_d，则用户 s 在该路径的总价格可以由式（2.52）得到，即

$$q_{sp}(t)=\nu\sum_{l:l\in L(p)}q_l(t)=\nu(D_p-D_d) \tag{2.52}$$

在端到端的具体实现中，传播时延 D_d 可以根据源端目前测量到的所有 D_p 中的最小值估计得到。

2.4　仿真与分析

为了分析上述分布式流量控制算法的性能，本节考虑多路径网络中的两种公平性：比例公平性与调和平均公平性，分别给出分布式流量控制算法的仿真结果。

考虑如图 2.2 所示的多路径网络拓扑，网络中有两对源端和目的端，即两个用户。用户 1（S_1-D_1）的两条路径是链路分离的，即路径 $A\to B$ 与路径 $C\to D\to B$；而用户 2（S_2-D_2）的两条路径却不是链路分离的，即路径 $C\to D\to B$ 与路径 $C\to D\to E$，它们共享了同一条链路 L_2。为了分析方便，不考虑与终端直接相连的链路，而仅考虑网络中的四条链路，不妨假设链路带宽为 $C=(C_1,C_2,C_3,C_4)=(4, 12, 8, 6)$Mbit/s。

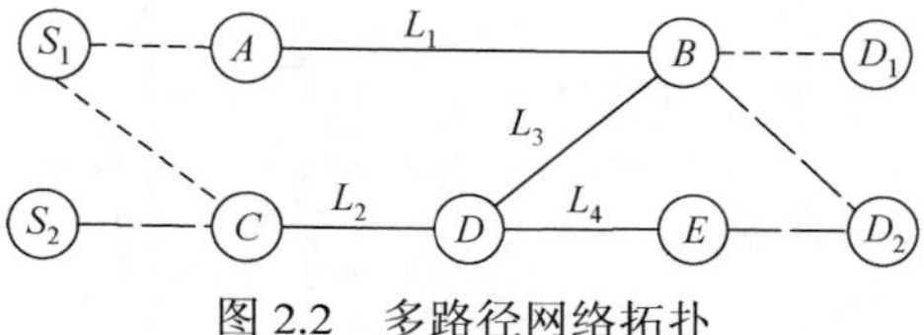

图 2.2　多路径网络拓扑

仿真分成三个阶段：阶段 1，$t=0\to300$，网络中仅有用户 2；阶段 2，$t=301\to900$，网络中同时存在用户 1 和用户 2；阶段 3，$t=901\to1200$，用户 1 离去，网络中又仅存在用户 2。

2.4.1　比例公平性

首先，考虑用户之间资源分配的比例公平性，即效用函数的参数 $\alpha=(\alpha_1,\alpha_2)=(1,1)$，用户提供的支付为 $w=(w_1,w_2)=(2,3)$，算法的滤波参数 $\phi=0.2$，迭代步长为 $\kappa=0.5$，$\nu=0.3$，用户在每条路径上的初始速率为 2Mbit/s。针对该资源公平分配模型，利用流量控制算法（式（2.35）～式（2.41））得到的阶段 2 时最优带宽分配如表 2.2 所示，同时，对于该优化问题，利用非线性规划软件 LINGO 得到的最优解也如表 2.2 所示。因此，该算法是收敛的，且平衡点就是模型的最优点。由于一个用户有多条路径，所以用户在各条路径上的最优速率并不是唯一的，但各个用户的总的最优速率却是唯一的，这与定理 2.1 阐述的内容是吻合的。

表 2.2　多路径网络最优资源分配：比例公平性（阶段 2）

变量	x_{11}^*	x_{12}^*	x_{21}^*	x_{22}^*
流量控制算法	4.0000	2.4002	4.6485	4.9513
LINGO	4.0000	2.4000	4.4076	5.1924
变量	y_1^*	y_2^*	λ_1^*	λ_2^*
流量控制算法	6.4002	9.5998	0.3125	0.3125
LINGO	6.4000	9.6000	0.3125	0.3125

算法的仿真结果如图 2.3 所示，其中图 2.3（a）是用户 1 支付给路径的价格与路径收取的价格，图 2.3（b）是用户 2 支付给路径的价格与路径收取的价格，图 2.3（c）是用户 1 在各条路径上的速率与总速率，图 2.3（d）是用户 2 在各条路径上的速率与总速率。

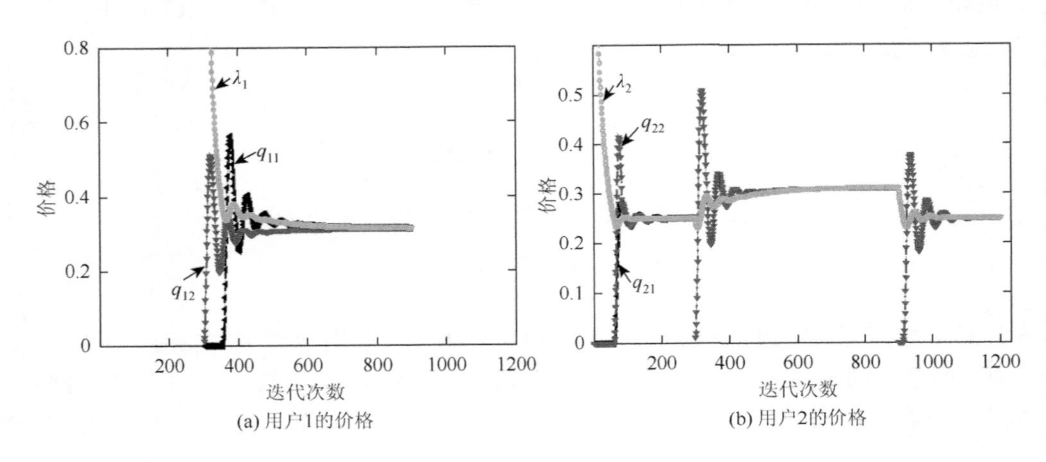

(a) 用户1的价格　　(b) 用户2的价格

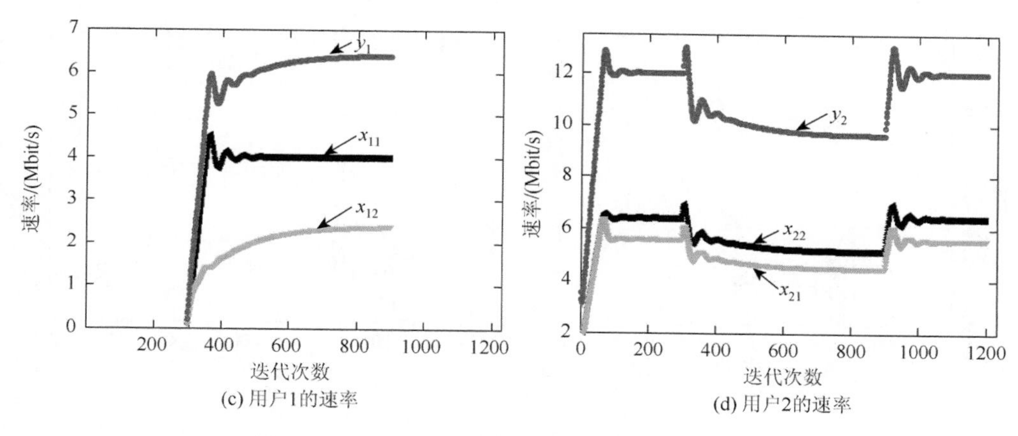

(c) 用户1的速率　(d) 用户2的速率

图 2.3　多路径网络的最优资源分配：比例公平性

由图 2.3 可以得到，该算法能在有限时间内有效收敛到模型的最优带宽分配，如在阶段 2 时，算法收敛到最优点 $x=(x_{11}^*,x_{12}^*,x_{21}^*,x_{22}^*)=(4.0000, 2.4002, 4.6485, 4.9513)$Mbit/s。而且，当算法收敛到最优点时，每个用户支付给路径的价格与路径收取的价格是相等的，如 $\lambda_1^*=q_{11}^*=q_{12}^*=0.3125$，即用户 1 支付给其路径的价格与其使用的路径收取的价格是相等的，这与定理 2.2 阐述的内容是吻合的。

同时，通过图 2.3 也不难发现，即使网络中存在频繁的用户加入和退出的波动行为，算法仍具有较好的收敛性、稳定性和鲁棒性，这有利于算法应用于大规模动态网络环境中。

2.4.2　调和平均公平性

考虑用户之间资源分配的调和平均公平性，即效用函数的参数 $\alpha=(\alpha_1,\alpha_2)=(2, 2)$，假设用户提供的支付为 $w=(w_1,w_2)=(6, 9)$，算法（式（2.35）～式（2.41））的滤波参数和迭代步长与 2.4.1 节相同。对于该资源公平分配模型，式（2.35）～式（2.41）的仿真结果如图 2.4 所示，其中图 2.4（a）是用户 1 支付给路径的价格与路径收取的价格，图 2.4（b）是用户 2 支付给路径的价格与路径收取的价格，图 2.4（c）是用户 1 在各条路径上的速率与总速率，图 2.4（d）是用户 2 在各条路径上的速率与总速率。

从图 2.4 可以得到，该算法能在有限时间内收敛到模型的最优带宽分配，而且当算法收敛到最优点时，每个用户支付给路径的价格与路径收取的价格是相等的。

比较上述同一环境中资源分配的两种公平性可以得到，不同的公平性指标实现了资源最优分配时不同的效率和公平性目标，而且随着公平性参数 α_s 的不断增加，资源分配越来越接近于最大最小公平性（$\alpha_s\to\infty$）。

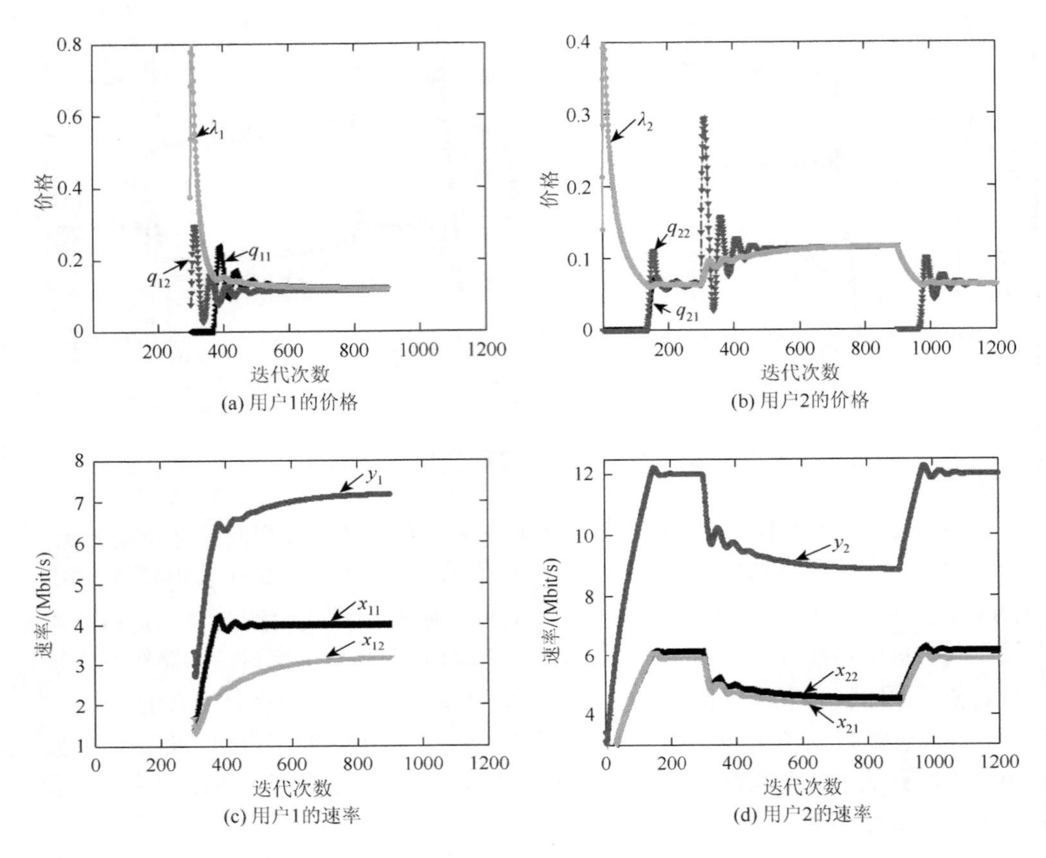

(a) 用户1的价格　(b) 用户2的价格

(c) 用户1的速率　(d) 用户2的速率

图 2.4　多路径网络的最优资源分配：调和平均公平性

2.5　本 章 小 结

本章讨论了多路径网络中的资源公平分配问题，利用非线性规划理论中的 Lagrange 方法分析了多路径网络效用最大化模型，从跨层的角度将该模型分解为三个独立的子问题，而每个子问题分别对应互联网架构的一层，因此得到了各个子问题所对应的网络各层的经济学模型。同时，建立了多路径网络效用最大化问题的对偶问题，并分别阐述了原问题与对偶问题的实际含义。

分析了用户在请求获得服务时支付给路径的价格与路径收取的价格之间的博弈关系，得到了在资源分配模型的最优点，上述两类最优价格是相等的，可以认为是两类价格之间博弈的平衡点，而且用户使用的多条路径的价格都是相等的。

针对资源分配的公平性，通过选择不同的效用函数，得到了多种公平分配方案，包括比例公平性、最大最小公平性等，并提出了基于速率的分布式流量控制算法，实现了最优资源公平分配，同时，给出了该流量控制算法在实际网络环境中的具体实现，得到了基于窗口的流量控制算法与端到端的路径价格估计机制。最后考虑了两类不同的公平性，并分别得到了算法的仿真结果，验证了算法的有效性和收敛性。

第3章　并行多路径网络的资源公平分配与流量控制

作为多路径网络的特殊情况，并行多路径网络因为具有许多优点而受到广大学者的关注。在并行多路径网络中，每个用户使用的多条路径之间都是链路独立的，这可以通过源端的多宿特性来实现，从而利用多个不同的接入设备接入互联网。源端利用并行的多条路径可以极大地提高服务的吞吐量，增强数据传输的可靠性和安全性，但同时带来了数据量的急剧增长，因此并行多路径网络中的资源公平分配也变得非常重要。

本章考虑并行多路径网络中的资源公平分配问题，分析并行多路径网络的效用最大化模型，利用非线性规划理论得到每个用户的最优带宽分配表达式，并讨论用户支付的价格和路径收取的价格之间的关系。为了在网络环境中实现该最优分配，提出一类基于速率的分布式算法，分析算法的平衡点与全局稳定性，利用仿真结果验证算法的有效性和收敛性。详细内容也可参考文献[91]。

3.1　问题的提出

随着互联网规模的飞速发展和网络用户的急剧增加，各种网络接入技术不断涌现与成熟，用户可以选择多种不同方式接入互联网。例如，对于无线用户，可以通过通用分组无线服务（General Packet Radio Service，GPRS）、3G（3rd-Generation）进行广域网接入；通过 Ricochet 进行城域网接入；通过 IEEE 802.11、HiperLAN、蓝牙、红外等进行局域网接入；有线用户可以通过综合业务数字网（Integrated Services Digital Network，ISDN）接入、非对称数字用户线（Asymmetric Digital Subscriber Line，ADSL）接入、Cable Modem 接入、光纤接入等多种技术接入互联网[81]。同时，伴随着硬件技术的日新月异和不断更新，各种接入设备的价格也逐渐下降，目前一个终端主机拥有多块网络接入设备的现象已经非常普遍，因此同一个主机具有了多宿的特性，可以利用多个接入设备通过不同的接入方式同时接入互联网。

利用终端主机的多宿特性，可以实现并行多路径数据传输。SCTP[22, 23]是 IETF 提出的支持多宿特性的传输协议，采用关联（association）来描述源端和目的端之间的连接关系，在建立的多条路径中仅选择一条作为主路径，其余的作为备用路径。源端和目的端利用主路径来传输数据，而在备用路径传输心跳包，用以检测备用路径的状态。当主路径发生故障或者拥塞后，该协议将选择备用路径中的一条继续传输数据。为了提高资源的利用率和用户的吞吐量，文献[24]修改了 SCTP，充分利用了源端和目的端之间的备用路径，实现了并行多路径传输（Concurrent Multipath Transfer，CMT）。LS-SCTP[25]可以在通信两端动态地添加一些新的可用路径，实现了并行多路径的数据传输。通过修改 SCTP 数据包的格式，文献[76]将 SCTP 的拥塞控制从面向关联扩展到面向路径，实现了并行多路径传输。W-PR-SCTP[77]利用多条并行路径为实时业务传输数据，从而较好地满足了实时业务对带宽的较高要求。除此之外，有些改进的 TCP 也可以实现并行多路径传输。MPTCP[21]利用源端和目的端的多宿特性，在源端和目的端之间建立多条可用路径，实现了并行多路径数据传输。M/TCP[74]利用源端和目的端经由不同 ISP 而建立的多条路径，实现了数据在多路径上的传输。

基于网络效用最大化的思想研究多路径网络的资源分配已经有部分成果，但是大都是基于子梯度算法设计分布式流量控制算法，通过迭代的形式得到最优资源分配，还没有相关成果得到最优资源分配的确切表达式。本章分析并行多路径网络效用最大化问题，利用非线性规划中的 Lagrange 方法，得到最优资源分配的具体表达式。最优资源分配的具体形式不仅与公平性的指标有关，还与各条路径上的瓶颈链路和每个用户提供的支付有关。为了在非集中式的网络环境中得到该最优资源分配，本章提出一类分布式流量控制算法，该算法的平衡点就是模型的最优带宽分配，同时利用 Lyapunov 稳定性理论证明算法的全局渐近稳定性。

3.2　并行多路径网络的资源分配模型

本节简化多路径网络资源分配模型（P2.1），分析并行多路径网络中的资源分配和流量控制问题，得到并行多路径网络中各用户最优带宽分配的具体表达式。

3.2.1　并行多路径网络

这里考虑的并行多路径网络中，每个用户的多条路径是并行的，路径之间没有共用的链路，这种并行多路径可以分为两类：链路分离的路径和节点分离的路径。前者要求源端和目的端之间的多条路径没有共用的链路，而后者要求除了源端和目的端之外没有共用的中间节点。如图 3.1 所示，在源端 S 和目的端 D 之间都有两条路径，分别用实线与虚线标出，其中图 3.1（a）是链路分离的路径，而

图 3.1（b）是节点分离的路径。通过这个例子也可以看出，节点分离的路径一定是链路分离的路径，但是反过来并不一定成立。

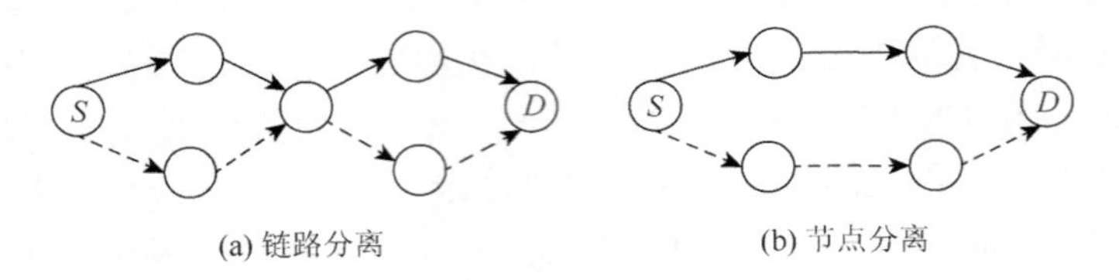

图 3.1 链路分离路径与节点分离路径

在并行多路径传输协议[24, 25]的研究中，每个用户可以有多条链路分离的并行路径。本章中假设每条路径中仅有一条瓶颈链路（可能是该路径上带宽最小的链路)。因此，网络中存在多条瓶颈链路，由于同一个用户的路径之间是链路分离的，所以同一个用户的每条路径上具有不同的瓶颈链路。

3.2.2 资源公平分配模型

考虑多路径网络资源分配模型（P2.1）及其 Lagrange 函数，即式（2.12），$\delta_l^2 \geqslant 0$ 是链路 l 上的剩余带宽。若令 $\partial L/\partial \delta_l = -2\mu_l \delta_l = 0$，则 $\mu_l = 0$ 或者 $\delta_l = 0$。当 $\mu_l = 0$ 时，$\sum_{p:p\in P(l)} x_{sp}(t) < C_l$，则该链路上还有剩余带宽，此时链路 l 的约束就是不积极约束；而当 $\delta_l = 0$ 时，$\sum_{p:p\in P(l)} x_{sp}(t) = C_l$，则该链路上的带宽被充分利用，此时链路 l 的约束就是积极约束，假设该链路就是所在路径上的瓶颈链路。后面的分析中，省略那些不积极约束的链路，而仅考虑积极约束的链路，并用集合 L^B 表示这些瓶颈链路（即 $\delta_l = 0$，$\forall l \in L^B$）。此时，并行多路径网络的资源公平分配问题可以归结为模型（P3.1）：

$$\text{(P3.1)：} \quad \max \quad \sum_{s:s\in S} U_s(y_s(t)) \tag{3.1}$$

$$\text{subject to} \quad \sum_{p:p\in P(s)} x_{sp}(t) = y_s(t), \quad \forall s \in S \tag{3.2}$$

$$\sum_{p:p\in P(l)} x_{sp}(t) \leqslant C_l, \quad \forall l \in L^B \tag{3.3}$$

$$\text{over} \quad x_{sp}(t) \geqslant 0, \quad s \in S, \ p \in P \tag{3.4}$$

并行多路径网络资源分配模型（P3.1）中，每个用户都有多条链路分离的并行路径，在充分利用各条路径上瓶颈链路的传输能力的前提下，最大限度地满足网络中所有用户的聚合效用。

对于该资源分配模型，当选取公平性效用函数式（2.2）时，可以得到下列定理。

定理 3.1　并行多路径网络资源分配模型（P3.1）是一个凸规划问题，各个用户在其路径上的最优带宽分配 $x=(x_{sp}, s\in S, p\in P)$ 存在但并不唯一，而各个用户在多条路径上获得的总的最优带宽分配 $y=(y_s, s\in S)$ 存在而且是唯一的。

该资源分配模型中，目标函数是关于速率的凹函数，而约束是线性的，因此该问题也是一个凸规划问题。定理的具体证明与第 2 章中定理 2.1 的证明是类似的，此处省略。

由此，可以得到并行多路径网络资源分配模型（P3.1）的 Lagrange 函数为

$$\hat{L}(x,y;\lambda,\mu)=\sum_{s:s\in S}\left(U_s(y_s(t))-\lambda_s y_s(t)\right)+\sum_{s:s\in S}\sum_{p:p\in P(s)}x_{sp}(t)\left(\lambda_s-\sum_{l:l\in L^B(p)}\mu_l\right)+\sum_{l:l\in L^B}\mu_l C_l \tag{3.5}$$

其中，λ_s 是用户 s 请求服务时支付给它使用的路径的价格；μ_l 是链路 l 对使用该链路的用户所收取的价格。

并行多路径网络资源分配模型（P3.1）的对偶问题为

$$\text{(D3.1)}: \quad \min \ D(\lambda,\mu) \tag{3.6}$$

$$\text{over } \lambda_s \geqslant 0, \quad \mu_l \geqslant 0, \quad s\in S, \quad l\in L^B \tag{3.7}$$

其中

$$D(\lambda,\mu)=\max_{x,y}\hat{L}(x,y;\lambda,\mu) \tag{3.8}$$

并行多路径网络资源分配模型（P3.1）的对偶问题（D3.1）中，在保证每个用户一定满意度的前提下，最小化网络中所有瓶颈链路的聚合价格。

假设并行多路径网络资源分配模型（P3.1）的最优解是 $(x^*,y^*,\mu^*,\lambda^*)$，则根据 KKT 条件[39, 111]，下列关系式成立：

$$\sum_{p:p\in P(s)}x_{sp}^*=y_s^*, \quad \forall s\in S \tag{3.9}$$

$$\sum_{p:p\in P(l)}x_{sp}^*=C_l, \quad \mu_l^*>0, \ \forall l\in L^B \tag{3.10}$$

$$\sum_{p:p\in P(l)}x_{sp}^*<C_l, \quad \mu_l^*=0, \ \forall l\in L\setminus L^B \tag{3.11}$$

$$\mu_l^*\left(C_l-\sum_{p:p\in P(l)}x_{sp}^*\right)=0, \quad \forall l\in L \tag{3.12}$$

$$q_{sp}^*=\sum_{m:m\in L(p)}\mu_m^*=\mu_l^*, \quad l\in L^B(p) \tag{3.13}$$

$$U_s'(y_s^*)-\lambda_s^* \Rightarrow \begin{cases} =0, & y_s^*>0 \\ \leqslant 0, & y_s^*=0 \end{cases}, \quad \forall s\in S \tag{3.14}$$

$$\lambda_s^*-q_{sp}^*=\lambda_s^*-\mu_l^* \Rightarrow \begin{cases} =0, & x_{sp}^*>0 \\ \leqslant 0, & x_{sp}^*=0 \end{cases}, \quad \forall s\in S,\ \forall p\in P(s),\ l\in L^B(p) \tag{3.15}$$

其中，式（3.9）说明了资源分配模型中原变量的可行性；式（3.10）～式（3.12）说明了优化问题在最优解处应该满足的互补松弛性条件，同时瓶颈链路$l\in L^B$的带宽被充分利用，而非瓶颈链路$l\in L\setminus L^B$还有剩余带宽；式（3.13）～式（3.15）说明了资源分配模型存在最优解的必要条件，根据假设，用户的每一条路径上仅有一条瓶颈链路，该路径收取的价格其实就等于该瓶颈链路收取的价格。

3.2.3 模型分析

考虑上述的资源公平分配模型，将式(2.2)代入式(3.5)中，并令$\partial L(x,y,\lambda,\mu)/\partial y_s(t)=0$，则有

$$y_s(t)=\left(\frac{w_s}{\lambda_s}\right)^{1/\alpha_s} \tag{3.16}$$

很明显，此结果与式（3.14）是一致的。将式（3.16）代入式（3.5）后得到简化后的 Lagrange 函数为

$$\begin{aligned}\hat{L}(x;\lambda,\mu)&=\sum_{s:s\in S}\left(\frac{w_s}{1-\alpha_s}\left(\frac{w_s}{\lambda_s}\right)^{(1-\alpha_s)/\alpha_s}-\lambda_s\left(\frac{w_s}{\lambda_s}\right)^{1/\alpha_s}+\lambda_s\sum_{p:p\in P(s)}x_{sp}\right)\\&\quad+\sum_{l:l\in L^B}\mu_l\left(C_l-\sum_{p:p\in P(l)}x_{sp}\right)\\&=\sum_{s:s\in S}\left(\frac{\alpha_s}{1-\alpha_s}\frac{w_s^{1/\alpha_s}}{\lambda_s^{(1-\alpha_s)/\alpha_s}}+\lambda_s\sum_{p:p\in P(s)}x_{sp}\right)+\sum_{l:l\in L^B}\mu_l\left(C_l-\sum_{p:p\in P(l)}x_{sp}\right)\end{aligned} \tag{3.17}$$

令$\partial\hat{L}(x;\lambda,\mu)/\partial\lambda_s=0$，得

$$\lambda_s=\frac{w_s}{\left(\sum_{p:p\in P(s)}x_{sp}\right)^{\alpha_s}} \tag{3.18}$$

将式（3.18）代入式（3.17）后得

$$\hat{L}(x;\mu)=\sum_{s:s\in S}\frac{w_s}{1-\alpha_s}\left(\sum_{p:p\in P(s)}x_{sp}\right)^{1-\alpha_s}+\sum_{l:l\in L^B}\mu_l\left(C_l-\sum_{p:p\in P(l)}x_{sp}\right) \tag{3.19}$$

再令$\partial\hat{L}(x;\mu)/\partial x_{sp}=0$，可得

$$y_s = \sum_{p:p\in P(s)} x_{sp} = \left(\frac{w_s}{\mu_l}\right)^{1/\alpha_s} \tag{3.20}$$

由式（3.20）可以得到下列定理。

定理 3.2　p_1 和 p_2 分别是用户 s 的两条并行路径，而 l_1 和 l_2 分别是路径 p_1 和 p_2 上的瓶颈链路，若在网络效用最大化模型的最优点处，两条路径上的速率均非零，则这两条链路的价格是相等的，即若 $x_{sp_1}>0$，$x_{sp_2}>0$，其中 p_1，$p_2\in P(s)$，$l_1\in L^B(p_1)$，$l_2\in L^B(p_2)$，则 $\mu_{l_1}=\mu_{l_2}$。

事实上，由式（3.20）可以得到，在并行多路径网络资源分配模型（P3.1）的最优点处，满足关系式 $\mu_{l_1}=\mu_{l_2}=w_s\Big/\left(\sum_{p:p\in P(s)} x_{sp}\right)^{\alpha_s}$。

因此，可以构建一个由 S 和 L^B 组成的无向图 $G=(S,L^B)$。该图中，节点代表了用户 $s\in S$，而边代表了瓶颈链路 $l\in L^B$。若两个节点之间有边连接，那么说明这两个用户的路径共享了瓶颈链路，并且在该瓶颈链路上有非零的带宽分配。如图 3.2 所示，用户 2 的并行路径分别与用户 1、3 和 4 的路径有共享的瓶颈链路，并且在相应的瓶颈链路上有非零的带宽分配；类似地，用户 5 的路径与用户 6 的路径有共享的瓶颈链路，但与其他用户并没有共享的瓶颈链路。

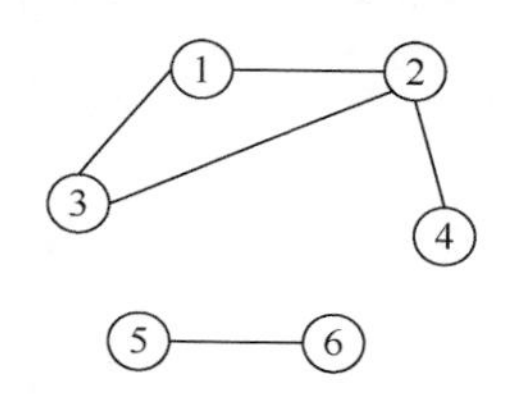

图 3.2　由 S 和 L^B 组成的无向图

若无向图 $G=(S,L^B)$ 是连通的，那么网络中各条瓶颈链路的价格都是相等的，即 $\mu_l=\mu$，$\forall l\in L^B$。若该图不是连通的，那么可以划分成 k 个连通的子图 $G_k=(S_k,L_k^B)$，其中 S_k 和 L_k^B 是区域 k 中的用户集合和瓶颈链路集合。每个子图所对应的网络区域中，瓶颈链路的价格都是相等的，即 $\mu_l=\mu_k$，$\forall l\in L_k^B$。将式（3.20）代入式（3.19）后，得

$$\begin{aligned}
\hat{L}(x;\mu) &= \sum_k\left(\sum_{s:s\in S_k}\frac{w_s}{1-\alpha_s}\left(\sum_{p:p\in P(s)} x_{sp}(t)\right)^{1-\alpha_s} + \mu_k\sum_{l:l\in L_k^B}\left(C_l-\sum_{p:p\in P(l)} x_{sp}(t)\right)\right)\\
&= \sum_k\left(\sum_{s:s\in S_k}\left(\frac{w_s}{1-\alpha_s}\left(\sum_{p:p\in P(s)} x_{sp}(t)\right)^{1-\alpha_s} - \mu_k\sum_{p:p\in P(s)} x_{sp}(t)\right)+\mu_k\sum_{l:l\in L_k^B} C_l\right)\\
&= \sum_k\left(\sum_{s:s\in S_k}\left(\frac{w_s}{1-\alpha_s}\left(\frac{w_s}{\mu_k}\right)^{(1-\alpha_s)/\alpha_s} - \mu_k\left(\frac{w_s}{\mu_k}\right)^{1/\alpha_s}\right)+\mu_k\sum_{l:l\in L_k^B} C_l\right)\\
&= \sum_k\left(\sum_{s:s\in S_k}\frac{\alpha_s}{1-\alpha_s}\frac{w_s^{1/\alpha_s}}{\mu_k^{(1-\alpha_s)/\alpha_s}}+\mu_k\sum_{l:l\in L_k^B} C_l\right)
\end{aligned} \tag{3.21}$$

令 $\partial \hat{L}(x;\mu)/\partial \mu_k = 0$，则可以得到

$$\mu_k = \left(\frac{\sum_{s:s\in S_k} w_s^{1/\alpha_s}}{\sum_{l:l\in L_k^B} C_l} \right)^{\alpha_s} \tag{3.22}$$

再由式（3.20）得

$$y_s = \sum_{p:p\in P(s)} x_{sp} = \frac{w_s^{1/\alpha_s} \sum_{l:l\in L_k^B} C_l}{\sum_{s:s\in S_k} w_s^{1/\alpha_s}} \tag{3.23}$$

由式（3.16）、式（3.20）、式（3.22）可得

$$\lambda_s = \lambda_k = \mu_k = \mu_l, \quad \forall s \in S_k, \ \forall l \in L_k^B \tag{3.24}$$

特别地，当考虑网络用户之间的比例公平性时，即选择用户的效用函数为 $U_s(y_s(t)) = w_s \ln(y_s(t))$ 时，由式（3.23）可以得

$$y_s = \frac{w_s}{\lambda_s} \tag{3.25}$$

$$\lambda_s = \frac{w_s}{\sum_{p:p\in P(s)} x_{sp}} \tag{3.26}$$

$$\mu_k = \frac{\sum_{s:s\in S_k} w_s}{\sum_{l:l\in L_k^B} C_l} \tag{3.27}$$

$$y_s = \sum_{p:p\in P(s)} x_{sp} = \frac{w_s \sum_{l:l\in L_k^B} C_l}{\sum_{s:s\in S_k} w_s} \tag{3.28}$$

$$\lambda_s = \lambda_k = \mu_k = \mu_l, \quad \forall s \in S_k, \ \forall l \in L_k^B \tag{3.29}$$

其中，S_k 和 L_k^B 分别是区域 k 中的用户集合和瓶颈链路集合，在该集合中，各条瓶颈链路的价格是相等的，各个用户支付给路径的价格是相等的。

由式（3.22）、式（3.23）、式（3.27）、式（3.28）可以得出如下几个备注。

注 3.1　各个用户的最优带宽分配依赖于公平性参数 α_s、用户愿意提供的支付 w_s、路径上的瓶颈链路带宽 C_l 等。通过选择不同的公平性参数 α_s 可以实现用户之间其他类型的公平性。

注 3.2　特别地，当用户的效用函数均为 $U_s(y_s(t)) = w_s \ln(y_s(t))$ 时，用户在路径上的传输速率取决于该用户的支付与所有共享该路径瓶颈链路的用户总支付的比例。此时的最优带宽分配实现了用户之间的比例公平性。

注 3.3　各个用户的总的最优传输速率 y_s 是存在并且唯一的，这与定理 3.1 的阐述是一致的。

注 3.4　如果不同用户共享了相同的路径，则可以简化并行多路径网络资源分配模型（P3.1），得到如下的资源分配问题：

$$\max \sum_{s:s\in S} U_s(y_s(t)) \tag{3.30}$$

$$\text{subject to} \sum_{p:p\in P(s)} x_{sp}(t) = y_s(t), \quad \forall s\in S \tag{3.31}$$

$$\sum_{s:s\in S(p)} x_{sp}(t) \leqslant C_p, \quad \forall p\in P \tag{3.32}$$

$$\text{over} \quad x_{sp}(t) \geqslant 0, \quad s\in S,\ p\in P \tag{3.33}$$

其中，$C_p = C_l$，$l\in L^B(p)$；$P(s)$ 是用户 s 使用的所有路径；$S(p)$ 是使用路径 p 的所有用户。

3.3　分布式算法

为了能够在非集中式的网络环境中得到上述最优带宽分配，本节提出求解并行多路径网络资源公平分配模型的分布式算法，分析该算法的平衡点和稳定性，并给出算法在网络中的具体实现。

3.3.1　算法描述

在各个独立的区域 k 内，用户 s 在其每条可用路径上采用下述的速率算法：

$$\frac{\mathrm{d}}{\mathrm{d}t} x_{sp}(t) = \kappa_s x_{sp}(t)\left(\lambda_s^{1/\alpha_s}(t) - \gamma_{sp}(t)\right)^+_{x_{sp}(t)} \tag{3.34}$$

$$\gamma_{sp}(t) = \frac{\sum_{r:r\in S_k(P(l))} x_{rp}(t)\lambda_r^{1/\alpha_r}(t)}{C_p} \tag{3.35}$$

$$\lambda_s(t) = \frac{w_s}{\max\left\{\eta, \left(\sum_{p:p\in P_k(s)} x_{sp}(t)\right)^{\alpha_s}\right\}} \tag{3.36}$$

其中，$\kappa_s > 0$ 是算法的迭代步长；$\eta > 0$ 是非常小的正数；$C_p = C_l$，$l\in L_k^B(p)$，即路径 p 的瓶颈链路带宽；$P(l)$ 是途经瓶颈链路 l 的所有路径，$S_k(P(l))$ 是使用上述路径的所有用户；$P_k(s)$ 是用户 s 使用到的所有路径。

上述基于速率的流量控制算法中，$\gamma_{sp}(t)$ 与使用该路径 p 的所有用户支付的价格 $\lambda_r(t)$ 有关，可以理解为用户对路径 p 的期望价格。由于该路径的传输能力与路径上的瓶颈链路相关，所以在平衡点处，用户的速率在瓶颈链路上满足 $\sum_{r:r\in S_k(P(l))} x_{rp}=C_p$，其中 $C_p=C_l$，$l\in L_k^B(p)$。所以，在平衡点处应该有 $\lambda_s=\lambda_r$，s，$r\in S_k(P(l))$。

注 3.5 上述流量控制算法（式（3.34）～式（3.36））中，用户 s 在路径 p 上的传输速率与该用户支付给该路径的价格 $\lambda_s(t)$ 有关，还与该路径上的期望价格 $\gamma_{sp}(t)$ 有关。很明显，这些信息均是和该路径上的瓶颈链路相关的，而与其他瓶颈链路是不相关的，因此上述算法是分布式的。

3.3.2 平衡点与稳定性

对于上述的分布式流量控制算法（式（3.34）～式（3.36）），通过分析其平衡点 (x^*,λ^*)，可以得到下列定理。

定理 3.3 基于速率的流量控制算法，即式（3.34）～式（3.36）的平衡点就是并行多路径网络资源分配模型（P3.1）的最优公平带宽分配。

证明：对于流量控制算法，令式（3.34）为零就可以得到 (x^*,λ^*)，则平衡点处满足：

$$\lambda_s^{*1/\alpha_s}=\frac{\sum_{r:r\in S_k(P(l))} x_{rp}^*\lambda_r^{*1/\alpha_r}}{C_p},\quad \lambda_s^*=\frac{w_s}{\left(\sum_{p:p\in P_k(s)} x_{sp}^*\right)^{\alpha_s}} \tag{3.37}$$

由于 $C_p=C_l$，$l\in L_k^B(p)$，则有

$$\begin{aligned}\sum_{l:l\in L_k^B} C_l&=\sum_{l:l\in L_k^B} C_p=\sum_{l:l\in L_k^B}\frac{\sum_{r:r\in S_k(P(l))} x_{rp}^*\lambda_r^{*1/\alpha_r}}{\lambda_s^{*1/\alpha_s}}=\frac{1}{\lambda_s^{*1/\alpha_s}}\sum_{r:r\in S_k}\sum_{p:p\in P_k(r)} x_{rp}^*\lambda_r^{*1/\alpha_r}\\&=\frac{1}{\lambda_s^{*1/\alpha_s}}\sum_{r:r\in S_k}\lambda_r^{*1/\alpha_r}\sum_{p:p\in P_k(r)} x_{rp}^*\overset{\text{(a)}}{=}\frac{1}{\lambda_s^{*1/\alpha_s}}\sum_{r:r\in S_k} w_r^{1/\alpha_r}\overset{\text{(b)}}{=}\frac{y_s^*}{w_s^{1/\alpha_s}}\sum_{r:r\in S_k} w_r^{1/\alpha_r}\end{aligned} \tag{3.38}$$

其中，式（3.38）的等式（a）由式（3.37）得到，等式（b）由式（3.16）得到。

因此：

$$y_s^*=\sum_{p:p\in P(s)} x_{sp}^*=\frac{w_s^{1/\alpha_s}\sum_{l:l\in L_k^B} C_l}{\sum_{s:s\in S_k} w_s^{1/\alpha_s}},\quad \lambda_s^*=\left(\frac{\sum_{s:s\in S_k} w_s^{1/\alpha_s}}{\sum_{l:l\in L_k^B} C_l}\right)^{\alpha_s} \tag{3.39}$$

可以得出，平衡点（式（3.39））与最优点（式（3.22）～式（3.24））是吻合的。特别地，当考虑网络用户之间资源分配的比例公平性时，则有

$$y_s^* = \sum_{p:p\in P(s)} x_{sp}^* = \frac{w_s \sum_{l:l\in L_k^B} C_l}{\sum_{s:s\in S_k} w_s},\quad \lambda_s^* = \frac{\sum_{s:s\in S_k} w_s}{\sum_{l:l\in L_k^B} C_l} \tag{3.40}$$

平衡点（式（3.40））与最优点（式（3.27）～式（3.29））是一致的。

因此，流量控制算法的平衡点就是并行多路径网络效用最大化模型的最优点。定理得证。 □

分析在平衡点处各个用户支付的价格，可以得到下列结论。

定理 3.4　在平衡点(x^*,λ^*)处，各个用户支付的价格是相等的，即$\lambda_s^* = \lambda_r^*$，并且瓶颈链路上的速率满足$\sum_{s:s\in S_k(P(l))} x_{sp}^* = C_l$。

证明：由式（3.39）得到在平衡点处用户 s 的价格为

$$\lambda_s^* = \left(\frac{\sum_{s:s\in S_k} w_s^{1/\alpha_s}}{\sum_{l:l\in L_k^B} C_l}\right)^{\alpha_s}$$

同样，可以得到用户 r 的价格为

$$\lambda_r^* = \left(\frac{\sum_{r:r\in S_k} w_r^{1/\alpha_r}}{\sum_{l:l\in L_k^B} C_l}\right)^{\alpha_r}$$

当考虑某一种资源公平分配时（如比例公平性，$\alpha_s = \alpha_r = \alpha = 1$），有关系式$\lambda_s^* = \lambda_r^* = \lambda_k^*$。而此时在平衡点处，由式（3.37）得到各条瓶颈链路上的速率满足$\sum_{s:s\in S_k(P(l))} x_{sp}^* = C_l$。定理得证。 □

对于算法的上述平衡点，基于 Lyapunov 稳定性方法，可以得到下列定理。

定理 3.5　分布式流量控制算法（式（3.34）～式（3.36））在其平衡点处(x^*,λ^*)是全局渐近稳定的。

证明：基于连续动态系统的 Lyapunov 稳定性理论，分析式（3.34）～式（3.36）的稳定性。

定义如下 Lyapunov 函数：

$$V(t) = V_1(t) + V_2(t) = \sum_{s:s\in S_k} \int_{y_s(t)}^{y_s^*} \left(\frac{w_s^{1/\alpha}}{\upsilon} - \lambda_k^{*1/\alpha}\right) \mathrm{d}\upsilon + \sum_{l:l\in L_k^B} \lambda_k^{*1/\alpha}\left(C_l - \xi_l(t)\right)$$

其中，$\xi_l(t)=\sum_{s:s\in S_k(P(l))} x_{sp}(t)$；$\lambda_k^*=\lambda_s^*$，$\forall s\in S_k$。

只要 $y_s(t)>0$，$y_s^*>0$，则该函数的前半部分 $V_1(t)$ 为

$$
\begin{aligned}
&\int_{y_s(t)}^{y_s^*}\left(\frac{w_s^{1/\alpha}}{\upsilon}-\lambda_k^{*1/\alpha}\right)\mathrm{d}\upsilon = w_s^{1/\alpha}(\ln y_s^* - \ln(y_s(t))) - \lambda_k^{*1/\alpha}(y_s^*-y_s(t))\\
&= -w_s^{1/\alpha}\ln\left(\frac{y_s(t)}{y_s^*}\right) - w_s^{1/\alpha} + \frac{y_s(t)}{y_s^*}w_s^{1/\alpha} = w_s^{1/\alpha}\left(\frac{y_s(t)}{y_s^*}-1-\ln\left(\frac{y_s(t)}{y_s^*}\right)\right)\geqslant 0
\end{aligned}
$$

当且仅当 $y_s(t)=y_s^*$ 时，即 $\lambda_s(t)=\lambda_s^*=\lambda_k^*$ 时，$V_1(t)=0$；同时，由于 $\xi_l(t)=\sum_{s:s\in S_k(P(l))} x_{sp}(t)\leqslant C_l$，函数的后半部分 $V_2(t)\geqslant 0$，当且仅当 $\sum_{s:s\in S_k(P(l))} x_{sp}^* = C_l$ 时，$V_2(t)=0$。因此，Lyapunov 函数 $V(t)\geqslant 0$，当且仅当 $y_s(t)=y_s^*$（即 $\lambda_s(t)=\lambda_s^*=\lambda_k^*$），$\sum_{s:s\in S_k(P(l))} x_{sp}^* = C_l$ 时，即在平衡点 (x^*,λ^*) 处，满足 $V(t)=0$。

将 Lyapunov 函数 $V(t)$ 沿着式（3.34）～式（3.36）的动态系统取导数，则有

$$
\begin{aligned}
\frac{\mathrm{d}V(t)}{\mathrm{d}t} &= \sum_{s:s\in S_k}\frac{\partial V(t)}{\partial y_s(t)}\frac{\mathrm{d}y_s(t)}{\mathrm{d}t} + \sum_{l:l\in L_k^B}\frac{\partial V(t)}{\partial \xi_l(t)}\frac{\mathrm{d}\xi_l(t)}{\mathrm{d}t}\\
&= \sum_{s:s\in S_k} -\left(\frac{w_s^{1/\alpha}}{y_s(t)}-\lambda_k^{*1/\alpha}\right)\sum_{p:p\in P(s)}\frac{\mathrm{d}x_{sp}(t)}{\mathrm{d}t} - \sum_{l:l\in L_k^B}\lambda_k^{*1/\alpha}\sum_{s:s\in S_k(P(l))}\frac{\mathrm{d}x_{sp}(t)}{\mathrm{d}t}\\
&= \sum_{s:s\in S_k} -\left(\lambda_s^{1/\alpha}(t)-\lambda_k^{*1/\alpha}\right)\sum_{p:p\in P(s)}\frac{\mathrm{d}x_{sp}(t)}{\mathrm{d}t} - \sum_{s:s\in S_k}\sum_{p:p\in P(s)}\lambda_k^{*1/\alpha}\frac{\mathrm{d}x_{sp}(t)}{\mathrm{d}t}\\
&= -\sum_{s:s\in S_k}\sum_{p:p\in P(s)}\left(\left(\lambda_s^{1/\alpha}(t)-\lambda_k^{*1/\alpha}\right)\frac{\mathrm{d}x_{sp}(t)}{\mathrm{d}t}+\lambda_k^*\frac{\mathrm{d}x_{sp}(t)}{\mathrm{d}t}\right)\\
&= -\sum_{s:s\in S_k}\sum_{p:p\in P(s)}\left(\kappa_s\lambda_s^{1/\alpha}(t)x_{sp}(t)\left(\lambda_s^{1/\alpha}(t)-\frac{\sum_{r:r\in S_k(P(l))} x_{rp}(t)\lambda_r^{1/\alpha}(t)}{C_p}\right)\right)\\
&= -\sum_{s:s\in S_k}\sum_{p:p\in P(s)}\kappa_s\lambda_s^{2/\alpha}(t)x_{sp}(t) + \sum_{l:l\in L_k^B}\sum_{s:s\in S_k(P(l))}\kappa_s x_{sp}(t)\lambda_s^{1/\alpha}(t)\frac{\sum_{r:r\in S_k(P(l))} x_{rp}(t)\lambda_r^{1/\alpha}(t)}{C_p}\\
&= -\sum_{s:s\in S_k}\sum_{p:p\in P(s)}\kappa_s\lambda_s^{2/\alpha}(t)x_{sp}(t)\frac{(C_p-x_{sp}(t))}{C_p}\\
&\quad + \sum_{l:l\in L_k^B}\sum_{s:s\in S_k(P(l))}\frac{1}{C_p}\sum_{r:r\in S_k(P(l))\backslash\{s\}}\kappa_s x_{sp}(t)\lambda_s^{1/\alpha}(t)x_{rp}(t)\lambda_r^{1/\alpha}(t)
\end{aligned}
$$

在上式的前半部分添加：

$$\sum_{s:s\in S_k}\sum_{p:p\in P(s)}\kappa_s\lambda_s^{2/\alpha}(t)x_{sp}(t)\frac{1}{C_p}\sum_{r:r\in S_k(P(l))\backslash\{s\}}x_{rp}(t)$$

再在后半部分减去该部分，则有

$$\frac{\mathrm{d}V(t)}{\mathrm{d}t}=-\sum_{s:s\in S_k}\sum_{p:p\in P(s)}\kappa_s\lambda_s^{2/\alpha}(t)x_{sp}(t)\frac{\left(C_p-\sum_{s:s\in S_k(P(l))}x_{sp}(t)\right)}{C_p}$$
$$+\sum_{l:l\in L_k^B}\sum_{s:s\in S_k(P(l))}\frac{1}{C_p}\sum_{r:r\in S_k(P(l))\backslash\{s\}}\kappa_s\left(x_{sp}(t)\lambda_s^{1/\alpha}(t)x_{rp}(t)\lambda_r^{1/\alpha}(t)-\lambda_s^{2/\alpha}(t)x_{sp}(t)x_{rp}(t)\right)$$

因此：

$$\frac{\mathrm{d}V(t)}{\mathrm{d}t}=-\sum_{s:s\in S_k}\sum_{p:p\in P(s)}\kappa_s\lambda_s^{2/\alpha}(t)x_{sp}(t)\frac{\left(C_p-\sum_{s:s\in S_k(P(l))}x_{sp}(t)\right)}{C_p}$$
$$-\sum_{l:l\in L_k^B}\sum_{s:s\in S_k(P(l))}\frac{1}{C_p}\sum_{r:r\in S_k(P(l))\backslash\{s\}}\frac{\kappa_s x_{sp}(t)x_{rp}(t)}{2}\left(\lambda_s^{1/\alpha}(t)-\lambda_r^{1/\alpha}(t)\right)^2$$

由于 $\sum_{s:s\in S_k(P(l))}x_{sp}(t)\leqslant C_p=C_l$，所以 $\mathrm{d}V(t)/\mathrm{d}t\leqslant 0$，当且仅当 $\sum_{s:s\in S_k(P(l))}x_{sp}^*=C_p=C_l$，$\lambda_s(t)=\lambda_r(t)=\lambda_s^*=\lambda_k^*$ 时，即在平衡点 (x^*,λ^*) 处满足 $\mathrm{d}V(t)/\mathrm{d}t=0$。因此，由 Lyapunov 稳定性定理[114]，式（3.34）～式（3.36）是全局渐近稳定的。定理得证。 □

由定理 3.3 已经得到，流量控制算法的平衡点就是并行多路径网络效用最大化模型的最优点，而由定理 3.5 得到，算法在平衡点处是全局渐近稳定的，任何沿算法所代表的动态系统的曲线都能够收敛到平衡点。因此，式（3.34）～式（3.36）是全局渐近收敛的，而收敛点就是并行多路径网络效用最大化模型的最优点。

3.3.3　在网络中的实现

在网络中具体实现时，每个用户实际上是根据上述算法的离散形式更新自己在各条路径上的价格和传输速率的，即在时间 $t=1,2,\cdots$，在各个独立的区域 k 内，用户在其每条路径上采用下述的速率算法：

$$x_{sp}(t+1)=\left(x_{sp}(t)+\kappa_s x_{sp}(t)\left(\lambda_s^{1/\alpha_s}(t)-\gamma_{sp}(t)\right)\right)_{x_{sp}(t)}^{+}\tag{3.41}$$

$$\gamma_{sp}(t)=\frac{\sum\limits_{r:r\in S_k(P(l))} x_{rp}(t)\lambda_r^{1/\alpha_r}(t)}{C_p} \tag{3.42}$$

$$\lambda_s(t)=\frac{w_s}{\max\left\{\eta,\left(\sum\limits_{p:p\in P_k(s)} x_{sp}(t)\right)^{\alpha_s}\right\}} \tag{3.43}$$

其中，$C_p = C_l$，$l \in L_k^B(p)$，即路径 p 的瓶颈链路带宽；$P(l)$ 是途经瓶颈链路 l 的所有路径；$S_k(P(l))$ 是使用上述路径的所有用户；$P_k(s)$ 是用户 s 使用的所有路径。

因此，上述算法在网络中的具体实现可以归结如下。

在时间 $t=1,2,\cdots$，用户 s 执行以下步骤：

（1）各个源端和目的端之间建立多条并行路径后，用户 s 初始化在各条路径上的传输速率 $x_{sp}(t)$，并根据式（3.43）得出应该支付给路径的价格 $\lambda_s(t)$。

（2）用户根据端到端路径反馈的结果，得到其使用的路径的期望价格 $\gamma_{sp}(t)$。

（3）用户根据式（3.41）更新在各条路径上的传输速率 $x_{sp}(t+1)$，并根据式（3.43）更新支付给路径的价格。

（4）重复上述过程直至算法得到平衡点。

在时间 $t=1,2,\cdots$，路径 p 执行以下步骤：

（1）探测该路径的瓶颈链路，并得到该路径的传输能力。

（2）根据式（3.42）得到路径的期望价格 $\gamma_{sp}(t)$，由目的端反馈给源端。

在时间 $t=1,2,\cdots$，链路 l 执行以下步骤：

（1）在源端使用的路径 p 的第一条链路上，根据式（3.42）得到初始化的路径代价 $\gamma_{sp}(t)$。

（2）若该路径的后继链路 l 满足 $\sum\limits_{p:p\in P(l)} x_{rp}(t)=C_l$，则链路 l 是路径上的瓶颈链路，该路径的传输能力为 $C_p = C_l$。

（3）根据式（3.42）更新 $\gamma_{sp}(t)$，并将结果发送给目的端。

上述的流量控制算法是一个逐步迭代的过程，直至得到算法的平衡点，也就是网络效用最大化模型的最优带宽分配。

3.4 仿真与分析

考虑如图 3.3 所示的并行多路径网络，网络中有五个用户，每个用户均有链路分离的两条并行路径。为了分析方便，不考虑与源端直接相连的接入链路，仅考虑网络中的两条并行瓶颈链路，假设链路带宽为 $C=(C_1,C_2)=(30,50)\text{Mbit/s}$。用户提供的支付为 $w=(w_1,w_2,w_3,w_4,w_5)=(10,20,30,40,60)$，算法（式（3.34）～式（3.36））的迭代步长为 $\kappa_s=0.05$，$\eta=0.02$。

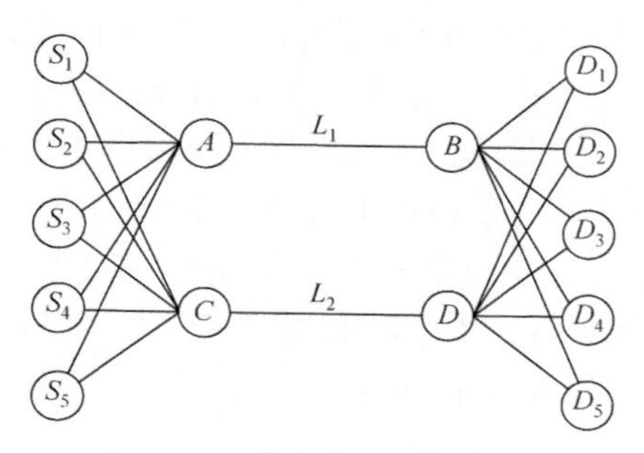

图 3.3　并行多路径网络拓扑

3.4.1　比例公平性

首先，考虑资源分配的比例公平性，选取对数型的效用函数。各个用户在其可用路径上的初始速率为 0.5Mbit/s，利用速率算法（式（3.41）～式（3.43））得到的最优带宽分配如表 3.1 所示，而对于该优化问题，利用非线性规划软件 LINGO 得到的最优解也如表 3.1 所示。同时，在该并行多路径网络中，用户之间共享了瓶颈链路，该网络中的用户和链路构成了一个区域（$k=1$），用户支付的最优价格与路径收取的最优价格是相等的，而利用关系式（3.27）和式（3.28）得到最优带宽分配如表 3.1 所示。

表 3.1　并行多路径网络最优资源分配：比例公平性

变量	x_{11}^*	x_{12}^*	x_{21}^*	x_{22}^*	x_{31}^*
速率算法	1.8237	3.1763	3.7045	6.2955	5.6046
LINGO	2.6636	2.3364	3.9000	6.1000	8.0684
变量	x_{32}^*	x_{41}^*	x_{42}^*	x_{51}^*	x_{52}^*
速率算法	9.3954	7.5150	12.4850	11.3522	18.6478
LINGO	6.9316	9.9781	10.0219	5.3899	24.6101
变量	y_1^*	y_2^*	y_3^*	y_4^*	y_5^*
速率算法	5.0000	10.0000	15.0000	20.0000	30.0000
LINGO	5.0000	10.0000	15.0000	20.0000	30.0000
式（3.27）和式（3.28）	5.0000	10.0000	15.0000	20.0000	30.0000
变量	λ_1^*	λ_2^*	λ_3^*	λ_4^*	λ_5^*
速率算法	2.0000	2.0000	2.0000	2.0000	2.0000
式（3.27）和式（3.28）	2.0000	2.0000	2.0000	2.0000	2.0000

因此，该算法是全局渐近稳定的，且平衡点就是资源分配模型的最优点。各个用户的总的最优带宽分配存在而且是唯一的，但是在各条路径的具体分配却并不是唯一的（与算法的初始值有关），这与定理 3.1 的阐述是一致的。

速率算法的仿真结果如图 3.4 所示，其中，图 3.4（a）是用户 1 在各条路径上的速率及总速率，图 3.4（b）是用户 2 在各条路径上的速率及总速率，图 3.4（c）是用户 3 在各条路径上的速率及总速率，图 3.4（d）是用户 4 在各条路径上的速率及总速率，图 3.4（e）是用户 5 在各条路径上的速率及总速率，图 3.4（f）是各个用户支付给路径的价格。从图 3.4 中可以看出，该算法收敛到了模型的最优带宽分配。而且，当算法收敛到最优点时，由于所有用户在一个区域内，用户支付给路径的价格都是相等的，这与定理 3.2 阐述的内容是吻合的。

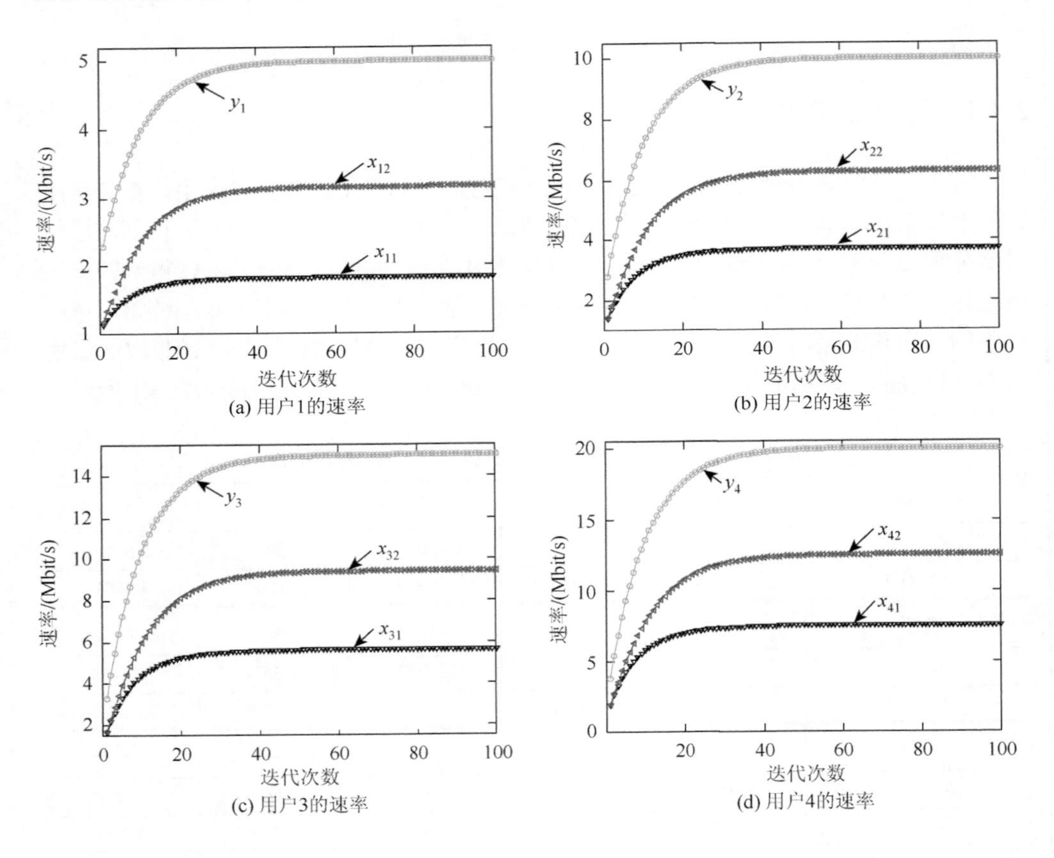

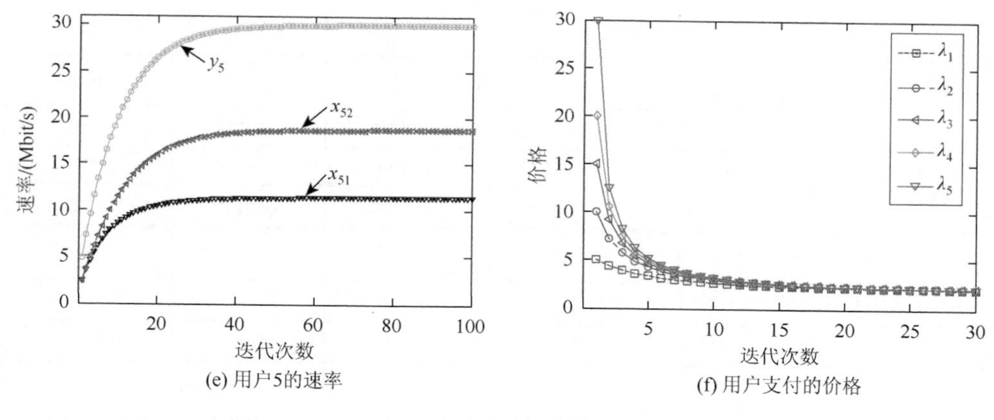

(e) 用户5的速率　　(f) 用户支付的价格

图 3.4　并行多路径网络最优资源分配：比例公平性

3.4.2　调和平均公平性

考虑资源分配的调和平均公平性，选取负指数型的效用函数。各个用户在其可用路径上的初始速率为 0.2Mbit/s，利用速率算法（式（3.41）～式（3.43））得到的最优带宽分配如表 3.2 所示，而对于该优化问题，利用 LINGO 软件得到的最优解也如表 3.2 所示，同时，利用式（3.22）和式（3.23）得到的最优带宽分配也如表 3.2 所示。此时该算法也是全局渐近稳定的，且平衡点就是资源分配模型的最优点。各个用户的总的最优带宽分配存在而且唯一，但是在各条路径的具体分配却并不唯一（与算法的初始值有关），这与定理 3.1 的阐述是一致的。

速率算法的仿真结果如图 3.5 所示，其中，图 3.5（a）是用户 1 在各条路径上的速率及总速率，图 3.5（b）是用户 2 在各条路径上的速率及总速率，图 3.5（c）是用户 3 在各条路径上的速率及总速率，图 3.5（d）是用户 4 在各条路径上的速率及总速率，图 3.5（e）是用户 5 在各条路径上的速率及总速率，图 3.5（f）是各个用户支付给路径的价格。

表 3.2　并行多路径网络最优资源分配：调和平均公平性

变量	x_{11}^*	x_{12}^*	x_{21}^*	x_{22}^*	x_{31}^*
速率算法	3.4133	5.8936	4.8999	8.2620	6.0462
LINGO	5.5613	3.7456	2.1336	11.0284	6.1879

变量	x_{32}^*	x_{41}^*	x_{42}^*	x_{51}^*	x_{52}^*
速率算法	10.0738	7.0122	11.6016	8.6284	14.1688
LINGO	9.9322	7.5373	11.0765	8.5800	14.2173

续表

变量	y_1^*	y_2^*	y_3^*	y_4^*	y_5^*
速率算法	9.3069	13.1619	16.1200	18.6138	22.7972
LINGO	9.3069	13.1620	16.1201	18.6138	22.7973
式（3.27）和式（3.28）	9.3069	13.1620	16.1201	18.6138	22.7972
变量	λ_1^*	λ_2^*	λ_3^*	λ_4^*	λ_5^*
速率算法	0.1154	0.1154	0.1154	0.1154	0.1154
式（3.27）和式（3.28）	0.1154	0.1154	0.1154	0.1154	0.1154

从图 3.5 中可以看出，该算法收敛到了模型的最优带宽分配。而且，当算法收敛到最优点时，由于所有用户在一个区域内，用户支付给路径的价格都是相等的，这与定理 3.2 阐述的内容是吻合的。

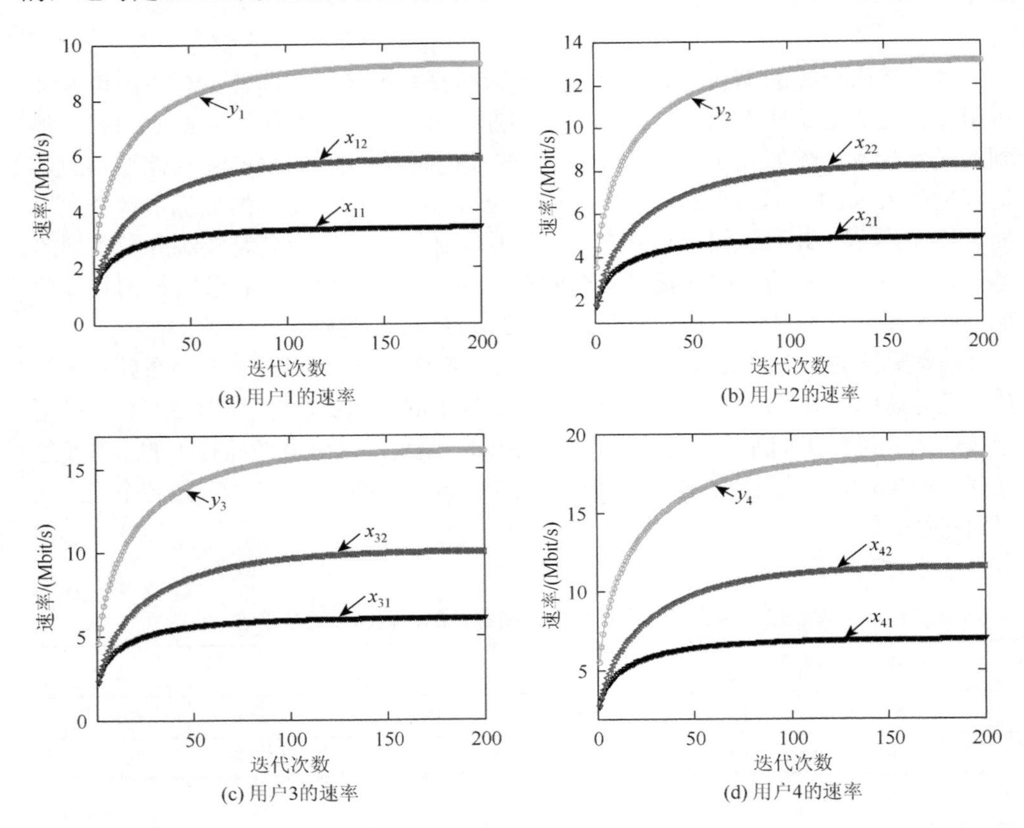

(a) 用户1的速率

(b) 用户2的速率

(c) 用户3的速率

(d) 用户4的速率

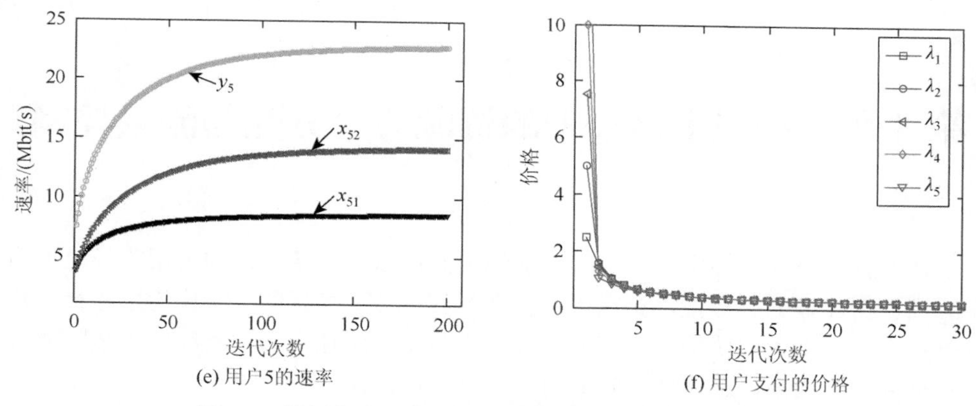

(e) 用户5的速率　　(f) 用户支付的价格

图 3.5　并行多路径网络最优资源分配：调和平均公平性

3.5　本 章 小 结

本章分析了并行多路径网络中的资源公平分配问题，利用非线性规划理论分析了并行多路径网络效用最大化模型，得到了每个用户的最优带宽分配。最优带宽分配的具体表达式与公平性参数有关，根据不同的公平性可以得到相应的带宽分配。同时，得到路径的价格等价于该路径上瓶颈链路的价格，分析了用户支付的价格和路径收取的价格之间的关系。

为了能够在非集中式的网络环境中实现最优资源分配，本章提出了一类分布式算法，该算法可以根据不同的公平性得到相应的最优带宽分配。该算法的平衡点就是模型的最优带宽分配，并且利用 Lyapunov 稳定性理论证明了算法在平衡点处的全局稳定性。因此，无论从任何的网络初始状态开始，利用该算法总能得到模型的最优带宽分配。最后，仿真结果验证了算法的有效性和收敛性。

本章的研究中，用户同时使用了它的多条可用路径，但有时候用户仅选择其中性能最好的路径作为主路径，在主路径上进行数据传输，其他的所有路径作为备用路径，当主路径发生故障后，将数据切换到备用路径上进行传输，这种情形下的资源分配就是第 4 章研究的内容。

第 4 章　动态主路径上的资源公平分配与流量控制

在并行多路径网络中，源端和目的端之间可以有多条并行的可用路径，但为了提高数据传输的鲁棒性，源端可能会选择其中性能最好的一条作为主路径，数据就在主路径上进行传输，而其他路径仅作为备用路径，当主路径发生故障或者严重拥塞后，数据再迅速切换到备用路径上进行传输。

本章考虑并行多路径网络中的主路径选择方法，针对在动态主路径上的资源分配问题，建立具有统一描述形式的资源分配模型，利用 Lagrange 方法分析并得到最优资源分配的表达式，可以根据不同的公平性要求得到具体的分配形式。为了能够在非集中式的网络环境中得到该最优分配，提出一类基于速率的流量控制算法，该算法的平衡点就是模型的最优分配，利用 Lyapunov 理论得到算法在平衡点处的全局渐近稳定性。详细内容也可参考文献[92]。

4.1　问题的提出

随着一个主机拥有多宿的现象越来越普遍，通信双方之间可以建立多条并行的可用路径，但是有些多路径传输协议并没有同时利用多条路径传输数据，而是从这些路径中选择其中一条性能最好的作为主路径，仅在该主路径上传输数据，其余路径作为备用路径，并实时检测备用路径的状态。当主路径发生故障或者严重拥塞后，协议将数据切换到备用路径上，继续完成数据传输。研究表明，在通信两端利用备用路径可以提高数据传输的可靠性和鲁棒性[69, 70, 115]。

由 IETF 制定的标准 SCTP[22, 23]利用终端的多宿特性，在建立的多条路径中选择一条主路径来传输数据，其余的备用路径用作丢包的重传或通信过程的恢复。源端在备用路径传输心跳包，用以检测备用路径的状态。当主路径发生丢包或者故障后，协议就将数据包通过备用路径重传到目的端，或者直接通过备用路径完成后续的数据传输。MPTCP[21]同样采用了终端的多宿特性，在通信源端和目的端之间可以建立多条并行的可用路径，该协议可以支持选择其中较好的路径进行数据传输。

终端在可用的多条路径中选择主路径时，可以根据路径的往返传输时延（Round Trip Time，RTT）测量[116, 117]，选择 RTT 较小的路径作为主路径；可以根据路径上的带宽估计[77, 118]，选择带宽较大的路径作为主路径；可以根据路径上的丢包率[119]，选择丢包率较小的路径作为主路径；可以同时根据路径上的估计带宽、丢包率和时延[120]等。由此可见，选择主路径时用到的这些方法是关于路径状态和性能的各种具体参数，从而主路径也就是源端的多条可用路径中性能较好的一条路径。

由于通信双方之间的主路径可能随着路径的状态而动态变化，本章考虑了在动态主路径上的资源分配问题，建立了具有统一描述形式的网络效用最大化模型，得到了具有不同公平性参数的最优带宽分配具体形式，提出了一类基于速率的流量控制算法，分析了算法的平衡点及全局渐近稳定性，最后利用仿真验证了算法的有效性和收敛性。

4.2　资源公平分配模型

4.2.1　模型描述

考虑一个多路径网络，在通信的每一对源端和目的端之间有多条可用的并行路径。令用户的集合为 S，链路的集合为 L，路径的集合为 P；每个用户 $s\in S$ 的可用路径集合为 $P(s)$，使用路径 $p\in P$ 的用户集合是 $S(p)$；使用链路 l 的路径集合是 $P(l)$，路径 p 使用的链路集合是 $L(p)$；各条链路 l 的带宽为 C_l；当用户 s 的传输速率是 $y_s(t)$ 时，用户获得的效用是 $U_s(y_s(t))$，选取式（2.2）形式的效用函数，该效用函数实现了用户之间资源分配的多种公平性。

对于源端的所有可用路径，若某条路径的性能最好，那么源端就选择该路径作为主路径，并将数据都发送到该路径上，而其他可用路径上的传输速率为零。因此，引入主路径选择参数 I_{sp}，满足：

$$I_{sp}=\begin{cases}1, & p\text{ 是主路径}\\ 0, & \text{否则}\end{cases} \tag{4.1}$$

类似于多路径网络的资源公平分配模型，本节提出如下动态主路径上的资源公平分配模型（P4.1）：

$$\text{(P4.1)：}\max \quad \sum_{s:s\in S}U_s(y_s(t)) \tag{4.2}$$

$$\text{subject to}\quad \sum_{p:p\in P(s)}I_{sp}x_{sp}(t)=y_s(t),\quad \forall s\in S \tag{4.3}$$

$$\sum_{p:p\in P(l)}I_{sp}x_{sp}(t)\leqslant C_l,\quad \forall l\in L \tag{4.4}$$

$$\text{over}\quad x_{sp}(t)\geqslant 0,\quad s\in S,\ p\in P \tag{4.5}$$

上述模型（P4.1）中，式（4.2）说明了网络的目标是最大化网络中所有用户的效用，即 $\sum_{s:s\in S} U_s(y_s(t))$；式（4.3）说明了由于各个用户在其可用的多条路径中选择一条主路径来传输数据，那么用户的传输速率 $y_s(t) = \sum_{p:p\in P(s)} I_{sp}x_{sp}(t)$；式（4.4）说明了各个链路的带宽是一定的，因此途经该链路的各条路径上的传输速率之和不大于该链路的带宽，即 $\sum_{p:p\in P(l)} I_{sp}x_{sp}(t) \leqslant C_l$；而式（4.5）说明了用户在其每条可用路径上的速率均是非负的。

动态主路径上的资源分配模型（P4.1）中，目标函数是凹函数，约束条件是线性的，则约束域是凸集，那么该问题就是一个凸规划问题。首先，可以得到模型（P4.1）的 Lagrange 函数为

$$
\begin{aligned}
L(x,y;\lambda,\mu;\delta^2) &= \sum_{s:s\in S}\left(U_s(y_s(t)) - \lambda_s y_s(t)\right) \\
&\quad + \sum_{s:s\in S}\sum_{p:p\in P(s)} I_{sp}x_{sp}(t)\left(\lambda_s - \sum_{l:l\in L(p)}\mu_l\right) + \sum_{l:l\in L}\mu_l\left(C_l - \delta_l^2\right) \qquad (4.6)
\end{aligned}
$$

其中，λ_s 是用户 s 支付给其使用的路径 p 的价格；μ_l 是链路 l 对路径途经该链路的用户所收取的价格；δ_l^2 是链路 l 上的剩余带宽。

4.2.2 模型分析

类似于多路径网络的资源分配模型，假设用户的每条可用路径上仅有一条瓶颈链路，并令 L^B 为瓶颈链路的集合，因此，链路 $l\in L^B$ 的约束都是积极约束。动态主路径上的资源分配模型（P4.1）可以归结为下述模型（P4.2）：

$$
\begin{aligned}
&\text{（P4.2）：}\ \max && \sum_{s:s\in S} U_s(y_s(t)) && (4.7)\\
&\text{subject to} && \sum_{p:p\in P(s)} I_{sp}x_{sp}(t) = y_s(t),\quad \forall s\in S && (4.8)\\
& && \sum_{p:p\in P(l)} I_{sp}x_{sp}(t) \leqslant C_l,\quad \forall l\in L^B && (4.9)\\
&\text{over} && x_{sp}(t) \geqslant 0,\quad s\in S,\ p\in P && (4.10)
\end{aligned}
$$

因此，模型（P4.2）的 Lagrange 函数为

$$
\begin{aligned}
\hat{L}(x,y;\lambda,\mu) &= \sum_{s:s\in S}\left(U_s(y_s(t)) - \lambda_s y_s(t)\right) \\
&\quad + \sum_{s:s\in S}\sum_{p:p\in P(s)} I_{sp}x_{sp}(t)\left(\lambda_s - \sum_{l:l\in L^B(p)}\mu_l\right) + \sum_{l:l\in L^B}\mu_l C_l \qquad (4.11)
\end{aligned}
$$

则令 $\partial\hat{L}(x,y;\lambda,\mu)/\partial y_s(t) = 0$，可以得到用户 s 的最优传输速率为

$$
y_s(t) = U_s'^{-1}(\lambda_s) \qquad (4.12)
$$

当选择式（2.2）时，用户 s 的最优传输速率为

$$y_s(t)=\left(\frac{w_s}{\lambda_s}\right)^{1/\alpha_s} \tag{4.13}$$

假设某时刻在数据传输过程中主路径的集合是 $Q\subset P$，用户 s 选择了 $q\in Q$ 作为它的主路径，则 $y_s(t)=\sum_{p:p\in P(s)} I_{sp}x_{sp}(t)=x_{sq}(t)$。由此可以简化模型（P4.2），得到下述主路径上的资源分配模型（P4.3）：

$$\text{(P4.3)：}\quad \max \quad \sum_{s:s\in S} U_s(y_s(t)) \tag{4.14}$$

$$\text{subject to}\quad x_{sq}(t)=y_s(t),\quad \forall s\in S \tag{4.15}$$

$$\sum_{q:q\in Q(l)} x_{sq}(t)\leqslant C_l,\quad \forall l\in L^B \tag{4.16}$$

$$\text{over}\quad x_{sp}(t)\geqslant 0,\quad s\in S,\ q\in Q \tag{4.17}$$

因此，分析动态主路径上的资源分配模型（P4.1）或（P4.2），可以得到下列定理。

定理 4.1　动态主路径上的资源分配模型（P4.1）或（P4.2）是一个凸规划问题，若各用户均从其多条可用路径中选择了主路径，那么资源分配模型存在最优解，各个用户可以在主路径上获得最优的带宽分配，而且该最优分配是唯一的。

证明：各个用户的效用函数都是严格的凹函数，因此，模型（P4.1）或（P4.2）中的目标函数也是凹函数。同时，约束条件是线性的，则约束域是凸集。由非线性规划理论[111]可得，该模型就是一个凸规划问题。若各用户均从其可用的多条路径中选择了主路径，则模型（P4.1）或（P4.2）就退化为模型（P4.3）。由于 $y_s(t)=x_{sq}(t)$，目标函数关于原变量 $x=(x_{sq}(t),s\in S,q\in Q)$ 是严格的凹函数，则该模型存在最优解并且是唯一的。因此，各个用户在主路径上可以获得最优的带宽分配，而且该分配是唯一的。定理得证。　□

假设模型（P4.2）的最优解是 $(x^*,y^*,\mu^*,\lambda^*)$，则根据 KKT 条件，下列关系式成立：

$$\sum_{p:p\in P(s)} I_{sp}x_{sp}^*=x_{sq}^*=y_s^*,\quad \forall s\in S \tag{4.18}$$

$$\sum_{q:q\in P(l)} x_{sq}^*=C_l,\quad \forall l\in L^B \tag{4.19}$$

$$x_{sp}^*\Rightarrow\begin{cases}>0, & p\in Q\\ =0, & p\in P\setminus Q\end{cases} \tag{4.20}$$

$$\mu_l^*\Rightarrow\begin{cases}>0, & l\in L^B\\ =0, & l\in L\setminus L^B\end{cases} \tag{4.21}$$

$$\mu_l^*\left(C_l - \sum_{p:p\in P(l)} x_{sp}^*\right) = 0, \quad \forall l \in L \tag{4.22}$$

$$U_s'(y_s^*) - \lambda_s^* \Rightarrow \begin{cases} = 0, & y_s^* > 0 \\ \leqslant 0, & y_s^* = 0 \end{cases}, \quad \forall s \in S \tag{4.23}$$

$$\lambda_s^* - q_{sp}^* = \lambda_s^* - \sum_{l:l\in L(p)} \mu_l^* \Rightarrow \begin{cases} = 0, & x_{sp}^* > 0 \\ \leqslant 0, & x_{sp}^* = 0 \end{cases}, \quad \forall s \in S, \ \forall p \in P(s) \tag{4.24}$$

上述条件中，式（4.18）～式（4.20）说明了原变量的可行性，其中式（4.18）说明用户选择了主路径 q，因此用户的速率 y_s^* 等于在该路径上的速率 x_{sq}^*；式（4.19）说明了瓶颈链路上的速率之和等于该链路的带宽，即该链路上的剩余带宽 δ_l^2 为零；式（4.20）说明了用户在其选择的主路径上的速率大于零，而在备用路径上的速率为零。式（4.21）说明了对偶变量的可行性，在瓶颈链路上的价格大于零，而非瓶颈链路上的价格为零。式（4.22）说明了模型在最优带宽分配处的互补松弛条件，而式（4.23）和式（4.24）是资源分配模型（P4.2）存在最优解的必要条件。

4.2.3 最优带宽分配

为了得到模型（P4.3）的最优带宽分配，式（4.11）可以简化为

$$\begin{aligned} \hat{L}(x;\mu) &= \sum_{s:s\in S} U_s(x_{sq}(t)) + \sum_{l:l\in L^B} \mu_l \left(C_l - \sum_{q:q\in Q(l)} x_{sq}(t)\right) \\ &= \sum_{l:l\in L^B} \left(\sum_{s:s\in S(Q(l))} \left(U_s(x_{sq}(t)) - \mu_l x_{sq}(t)\right) + \mu_l C_l\right) \end{aligned} \tag{4.25}$$

其中，$Q(l)$ 是使用链路 l 的主路径集合；$S(Q(l))$ 是使用主路径 $Q(l)$（这些主路径途经瓶颈链路 l）的用户集合。

令 $\partial \hat{L}(x;\mu) / \partial x_{sq}(t) = 0$，得到用户 s 在路径 q 上的最优传输速率为

$$x_{sq}(t) = \left(\frac{w_s}{\mu_l}\right)^{1/\alpha_s} \tag{4.26}$$

将式（4.26）代入式（4.25）中，并令 $\partial \hat{L}(\mu) / \partial \mu_l = 0$，可得到瓶颈链路 l 上的最优价格是

$$\mu_l = \frac{\left(\sum_{s:s\in S(Q(l))} w_s^{1/\alpha_s}\right)^{\alpha_s}}{C_l} \tag{4.27}$$

由式（4.26）和式（4.27）可以看出，当效用函数为 $U_s(y_s(t)) = w_s \ln(y_s(t))$ 时，

用户 s 在路径 q 上的最优传输速率为

$$y_s = x_{sq} = \frac{w_s C_l}{\sum\limits_{s:s\in S(Q(l))} w_s}, \quad l \in L^B(q) \tag{4.28}$$

当效用函数为 $U_s(y_s(t)) = w_s y_s^{1-\alpha_s}(t)/(1-\alpha_s)$ 时，用户 s 在路径 q 上的最优传输速率为

$$y_s = x_{sq} = \frac{w_s^{1/\alpha_s} C_l}{\left(\sum\limits_{s:s\in S(Q(l))} w_s^{1/\alpha_s}\right)^{\alpha_s}}, \quad l \in L^B(q) \tag{4.29}$$

同时，由式（4.13）与式（4.26）及 $y_s = x_{sq}$ 可得，当模型（P4.2）取得最优带宽分配时，用户支付给其主路径的价格与该主路径上瓶颈链路收取的价格是相等的，即

$$\lambda_s = \mu_l, \quad l \in L^B(q), \quad q \in Q(s) \tag{4.30}$$

由式（4.28）～式（4.30）可以得出如下几个备注。

注 4.1　各个用户的最优传输速率依赖于公平性参数 α_s、用户愿意提供的支付 w_s、主路径上的瓶颈链路带宽 C_l 等。通过选择不同的参数 α_s 可以在竞争资源的用户之间实现其他类型的公平性。

注 4.2　特别地，当用户的效用函数均为 $U_s(y_s(t)) = w_s \ln(y_s(t))$ 时，用户在其选择的主路径上的传输速率取决于该用户的支付与所有共享该路径瓶颈链路的用户总支付的比例。因此，最优带宽分配实现了用户之间的比例公平性。

4.3　分布式算法

为了能够在非集中式网络中得到上述的最优分配，本节给出求解上述模型的分布式算法，分析算法的平衡点和稳定性，并给出在网络中的具体实现步骤。

4.3.1　算法描述

1）分布式算法 1

用户 s 在其每条可用路径上采取下列的速率算法：

$$\frac{\mathrm{d}}{\mathrm{d}t} x_{sp}(t) = \kappa_s I_{sp} x_{sp}(t) \left(\lambda_s^{1/\alpha_s}(t) - \gamma_{sp}(t)\right)^+_{x_{sp}(t)} \tag{4.31}$$

$$\gamma_{sp}(t) = \frac{1}{C_p} \sum_{r:r\in S(P(l))} I_{rp} x_{rp}(t) \lambda_r^{1/\alpha_r}(t) \tag{4.32}$$

$$\lambda_s(t) = \frac{w_s}{\left(\sum\limits_{p:p\in P(s)} I_{sp} x_{sp}(t)\right)^{\alpha_s}} \tag{4.33}$$

其中，$\kappa_s > 0$ 是用户 s 算法的迭代步长；$C_p = C_l$，$l \in L^B(p)$，即路径 p 的瓶颈链路带宽；$P(l)$ 是途经瓶颈链路 l 的所有可用路径；$S(P(l))$ 是使用上述可用路径的所有用户；$P(s)$ 是用户 s 的所有可用路径。

注 4.3 在式（4.31）～式（4.33）中，每个用户 s 监测它的所有可用路径 $P(s)$，根据路径的状态选择出性能最好的一条。若可用路径 $p \in P(s)$ 没有被选择为主路径，那么 $I_{sp} = 0$，$x_{sp}(t) = 0$，$p \in P \setminus Q$。

注 4.4 对于其他用户 $r \in S(P(l))$，他们各自监测途经链路 l 的可用路径 $\overline{p} \in P(l)$，并根据可用路径的状态，决定是否选择途经链路 l 的该可用路径为其主路径。因此，各个用户均监测各自的可用路径，并独立地完成各自主路径的选择。

当每个用户都完成其主路径选择之后，则上述算法可以退化为如下算法。

2）分布式算法 2

用户 s 在其选择的主路径 q 上采取如下的算法：

$$\frac{\mathrm{d}}{\mathrm{d}t} x_{sq}(t) = \kappa_s x_{sq}(t) \left(\lambda_s^{1/\alpha_s}(t) - \gamma_{sq}(t) \right)_{x_{sq}(t)}^{+} \tag{4.34}$$

$$\gamma_{sq}(t) = \frac{1}{C_q} \sum_{r:r \in S(Q(l))} x_{rq}(t) \lambda_r^{1/\alpha_r}(t) \tag{4.35}$$

$$\lambda_s(t) = \frac{w_s}{x_{sq}^{\alpha_s}(t)} \tag{4.36}$$

其中，$Q(l)$ 是用户选择的途经瓶颈链路 l 的所有主路径。

注 4.5 在上述的算法中，l 是用户 s 的主路径 q 上的瓶颈链路，$Q(l)$ 是途经该链路的路径集合，而 $S(Q(l))$ 是使用这些路径的所有用户。因此，用户 s 在主路径 q 上的传输速率仅依赖于用户 $r \in S(Q(l))$ 的传输速率和支付的价格，而这些信息仅与链路 l 有关，所以上述算法是分布式的。

4.3.2 平衡点与稳定性

分析流量控制算法（式（4.34）～式（4.36））的平衡点 (x^*, λ^*)，可以得到下列定理。

定理 4.2 若各个用户均从其可用路径中选择出主路径，那么此时式（4.34）～式（4.36）的平衡点就是主路径上资源分配模型（P4.2）或（P4.3）的最优点。

证明： 令式（4.34）为零就可以得到平衡点，则在算法的平衡点 (x^*, λ^*) 处满足：

$$\lambda_s^{*1/\alpha_s} C_q = \sum_{r:r \in S(Q(l))} x_{rq}^* \lambda_r^{*1/\alpha_r}, \quad \lambda_s^* = \frac{w_s}{x_{sq}^{*\alpha_s}} \tag{4.37}$$

由于 $C_q = C_l$，$l \in L^B(q)$，则式（4.37）可得

$$\lambda_s^* = \left(\frac{\sum_{r:r\in S(Q(l))} x_{rq}^* \lambda_r^{*1/\alpha_r}}{C_q}\right)^{\alpha_s} = \left(\frac{\sum_{r:r\in S(Q(l))} w_r^{1/\alpha_r}}{C_l}\right)^{\alpha_s} \tag{4.38}$$

$$y_s^* = x_{sq}^* = \left(\frac{w_s}{\lambda_s^*}\right)^{1/\alpha_s} = \frac{w_s^{1/\alpha_s} C_q}{\sum_{r:r\in S(Q(l))} w_r^{1/\alpha_r}} = \frac{w_s^{1/\alpha_s} C_l}{\sum_{r:r\in S(Q(l))} w_r^{1/\alpha_r}} \tag{4.39}$$

可以得出，式（4.38）和式（4.39）与式（4.27）、式（4.29）、式（4.30）是一致的。特别地，当考虑资源分配的比例公平性（$\alpha_s = 1$）时，有

$$\lambda_s^* = \frac{\sum_{r:r\in S(Q(l))} w_r}{C_l}, \quad y_s^* = x_{sq}^* = \frac{w_s C_l}{\sum_{r:r\in S(Q(l))} w_r}$$

这与式(4.27)、式(4.28)、式(4.30)是一致的。因此，流量控制算法（式(4.34)～式（4.36））的平衡点就是模型（P4.2）或（P4.3）的最优点。定理得证。 □

对于上述算法的平衡点，基于 Lyapunov 稳定性定理，可以得到下列定理。

定理 4.3　流量控制算法（式（4.34）～式（4.36））在其平衡点处是全局渐近稳定的，任何沿该算法的曲线均能稳定到平衡点。

该定理的证明类似于定理 3.5 的证明，在此省略。

由定理 4.2 得到式（4.34）～式（4.36）的平衡点就是主路径上资源分配模型（P4.2）或（P4.3）的最优点，而由定理 4.3 得到算法在其平衡点处是全局渐近稳定的，任何沿算法所代表的动态系统的曲线都能够收敛到平衡点。因此，式（4.34）～式（4.36）可以收敛到主路径上资源分配模型（P4.2）或（P4.3）的最优点。

4.3.3　在网络中的实现

在网络中具体实现时，每个用户实际上根据上述算法的离散形式更新自己在主路径上的价格和传输速率，即在时间 $t = 1, 2, \cdots$，用户在其主路径上的速率为

$$x_{sq}(t+1) = \left(x_{sq}(t) + \kappa_s x_{sq}(t)\left(\lambda_s^{1/\alpha_s}(t) - \gamma_{sq}(t)\right)\right)_{x_{sq}(t)}^{+} \tag{4.40}$$

$$\gamma_{sq}(t) = \frac{1}{C_q} \sum_{r:r\in S(Q(l))} x_{rq}(t) \lambda_r^{1/\alpha_r}(t) \tag{4.41}$$

$$\lambda_s(t) = \frac{w_s}{x_{sq}^{\alpha_s}(t)} \tag{4.42}$$

其中，$C_q = C_l$，$l \in L^B(q)$，l 是用户 s 的主路径 q 上的瓶颈链路；$Q(l)$ 是途经该链路的路径集合；$S(Q(l))$ 是使用这些路径的所有用户。

因此，上述算法在网络中的具体实现可以归结如下。

在时间 $t = 1,2,\cdots$，用户 s 执行以下步骤：

（1）各个源端和目的端之间建立多条并行路径，源端探测各条可用路径的状态，如往返传输时延、丢包率、传输带宽等。

（2）根据路径的状态选择出性能最好的一条路径作为主路径，其他路径作为备用，并不断探测备用路径的状态。

（3）初始化在主路径上的传输速率 $x_{sq}(t)$，并根据式（4.42）得出应该支付给路径的价格 $\lambda_s(t)$。

（4）根据目的端反馈的路径信息，得到主路径上的期望价格 $\gamma_{sq}(t)$。

（5）用户根据式（4.40）更新在主路径 q 的传输速率 $x_{sq}(t+1)$，并根据式（4.42）得到需要支付给路径的新价格。

（6）当主路径发生故障后，源端根据备用路径的状态，从其中选择一条性能较好的作为主路径，将数据切换到该路径上，并重复上述过程直至得到平衡点。

在时间 $t = 1,2,\cdots$，路径 q 执行以下步骤：

（1）在路径 q 上，探测该路径的信息，并得到该路径的传输能力。

（2）根据式（4.41）得到该路径的期望价格 $\gamma_{sq}(t)$，由目的端反馈给源端。

在时间 $t = 1,2,\cdots$，链路 l 执行以下步骤：

（1）若链路 l 满足 $\sum_{q:q \in P(l)} x_{rq}(t) = C_l$，则链路 l 是路径上的瓶颈链路，该路径的传输能力为 $C_q = C_l$。

（2）计算 $\sum_{r:r \in S_k(Q(l))} x_{rq}(t) \lambda_r^{1/\alpha_r}(t) / C_l$，并将结果发送给目的端。

上述在主路径上的流量控制算法是一个逐步迭代的过程，直至得到算法的平衡点，而平衡点就是资源分配模型的最优点。若主路径发生故障，则源端就在备用路径中选择一条新的主路径，并将数据切换到该路径上，继续进行数据传输。

4.4 仿真与分析

本节讨论上述流量控制算法的性能，考虑如图 4.1 所示的多路径网络，该网络有三个用户，提供的支付为 $w = (w_1, w_2, w_3) = (2,4,1)$，每个用户均有两条链路分离的并行路径。用户 1 的两条并行路径是 $A \to B$ 与 $D \to E$，用户 2 的两条并行路径是 $C \to D \to E$ 与 $F \to G \to H$，用户 3 的两条并行路径是 $C \to D \to E$ 与 $F \to G \to H$。为了分析方便，忽略与源端直接相连的链路，仅考虑网络中间的五条链路，假设链路带宽为 $C=(C_1,C_2,C_3,C_4,C_5)=(3,6,5,4,5)$ Mbit/s。如图 4.1（a）所示的初始阶段，各个源端根据路径的状态在可用路径中选择主路径，用户 1 选择了路径 $D\to E$，而用户 2 和用户 3 同时选择了路径 $C\to D\to E$。用户在路径上的初始速率为 0.3Mbit/s，由于该路径上的传输能力为 5Mbit/s，当各个源端得到最优的带宽分配后，在路径 $C\to D\to E$ 上已经达到最大传输能力，而源端发现最优分配还低于备用路径上的传输能力，此时各个源端将数据切换到备用路径上继续传输，如图 4.1（b）所示。速率算法的迭代步长为 $\kappa_s=0.1$。

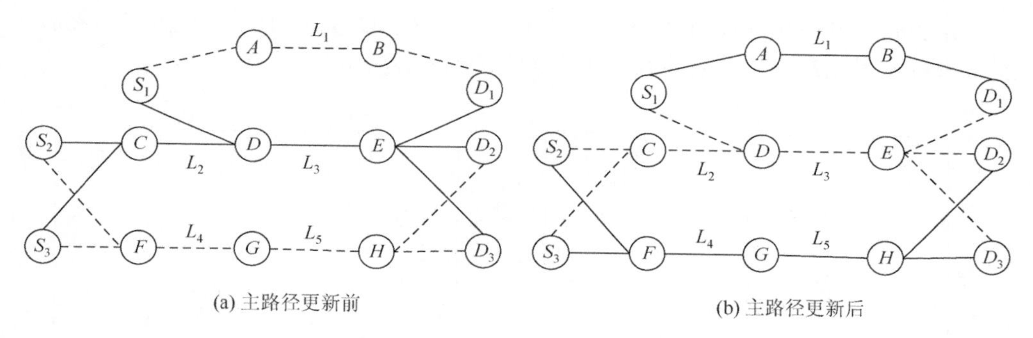

图 4.1　主路径选择与数据传输

4.4.1　比例公平性

首先，考虑资源分配的比例公平性，利用动态主路径上的流量控制算法（式（4.40）～式（4.42））得到的最优带宽分配如表 4.1 和表 4.2 所示，而对于该优化问题，利用非线性规划软件 LINGO 得到的最优解也如表 4.1 和表 4.2 所示。因此，该算法是全局渐近稳定的，且平衡点就是资源分配模型的最优点。各个用户在主路径上的最优带宽分配存在而且唯一，这与定理 4.1 的阐述是一致的。

表 4.1　主路径上的最优资源分配：比例公平性（主路径更新前）

变量	x_{11}^*	x_{12}^*	x_{21}^*	x_{22}^*	x_{31}^*	x_{32}^*
流量控制算法	0.0000	1.4286	2.8571	0.0000	0.7143	0.0000
LINGO	0.0000	1.4286	2.8571	0.0000	0.7143	0.0000
变量	y_1^*	y_2^*	y_3^*	λ_1^*	λ_2^*	λ_3^*
流量控制算法	1.4286	2.8571	0.7143	1.4000	1.4000	1.4000
LINGO	1.4286	2.8571	0.7143	1.4000	1.4000	1.4000

表 4.2 主路径上的最优资源分配：比例公平性（主路径更新后）

变量	x_{11}^*	x_{12}^*	x_{21}^*	x_{22}^*	x_{31}^*	x_{32}^*
流量控制算法	3.0000	0.0000	0.0000	3.2000	0.0000	0.8000
LINGO	3.0000	0.0000	0.0000	3.2000	0.0000	0.8000
变量	y_1^*	y_2^*	y_3^*	λ_1^*	λ_2^*	λ_3^*
流量控制算法	3.0000	3.2000	0.8000	0.6667	1.2500	1.2500
LINGO	3.0000	3.2000	0.8000	0.6667	1.2500	1.2500

算法的仿真结果如图 4.2 所示，其中，图 4.2（a）是各个用户在各自主路径上的速率，图 4.2（b）是各个用户支付给路径的价格。

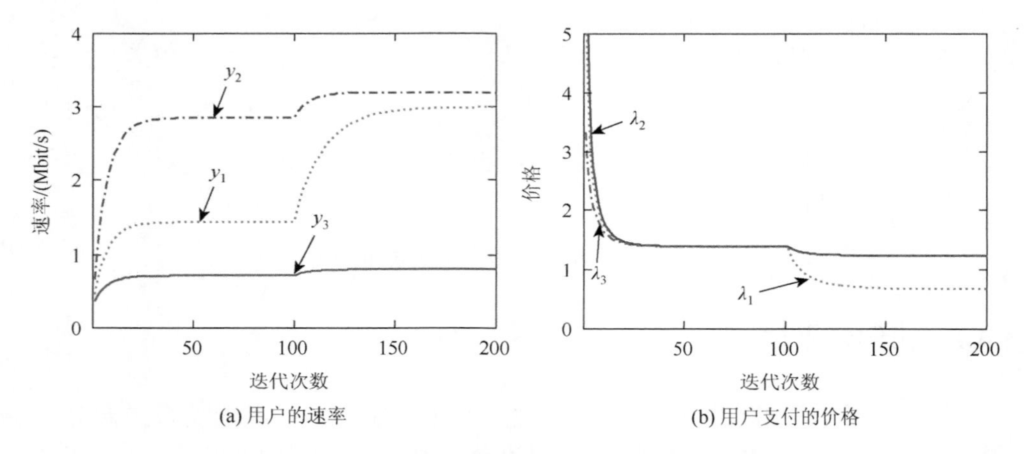

(a) 用户的速率　　(b) 用户支付的价格

图 4.2 主路径上的最优资源分配：比例公平性

从图 4.2 中可以看出，该算法收敛到了模型的最优带宽分配。而且，当算法收敛到最优点时，共享同一瓶颈链路的用户支付给路径的价格都是相等的($\lambda_2^* = \lambda_3^*$)，该价格等价于主路径上瓶颈链路收取的价格，这与理论分析的结果是一致的。

4.4.2 调和平均公平性

考虑资源分配的调和平均公平性，利用动态主路径上的流量控制算法(式(4.40)～式（4.42)）得到的最优带宽分配如表 4.3 和表 4.4 所示，而对于该优化问题，利用 LINGO 得到的最优解如表 4.3 和表 4.4 所示。由此可见，该算法是全局渐近稳定的，平衡点就是资源分配模型的最优点，而且各个用户在主路径上的最优带宽分配存在而且唯一。

表 4.3　主路径上的最优资源分配：调和平均公平性（主路径更新前）

变量	x_{11}^*	x_{12}^*	x_{21}^*	x_{22}^*	x_{31}^*	x_{32}^*
流量控制算法	0.0000	1.6019	2.2654	0.0000	1.1327	0.0000
LINGO	0.0000	1.6019	2.2654	0.0000	1.1327	0.0000
变量	y_1^*	y_2^*	y_3^*	λ_1^*	λ_2^*	λ_3^*
流量控制算法	1.6019	2.2654	1.1327	0.7794	0.7794	0.7794
LINGO	1.6019	2.2654	1.1327	0.7794	0.7794	0.7794

表 4.4　主路径上的最优资源分配：调和平均公平性（主路径更新后）

变量	x_{11}^*	x_{12}^*	x_{21}^*	x_{22}^*	x_{31}^*	x_{32}^*
流量控制算法	3.0000	0.0000	0.0000	2.6667	0.0000	1.3333
LINGO	3.0000	0.0000	0.0000	2.6667	0.0000	1.3333
变量	y_1^*	y_2^*	y_3^*	λ_1^*	λ_2^*	λ_3^*
流量控制算法	3.0000	2.6667	1.3333	0.2222	0.5625	0.5625
LINGO	3.0000	2.6667	1.3333	0.2222	0.5625	0.5625

对于调和平均公平性的资源分配，算法的仿真结果如图 4.3 所示，其中，图 4.3（a）是各个用户在各自主路径上的速率，图 4.3（b）是各个用户支付给路径的价格。

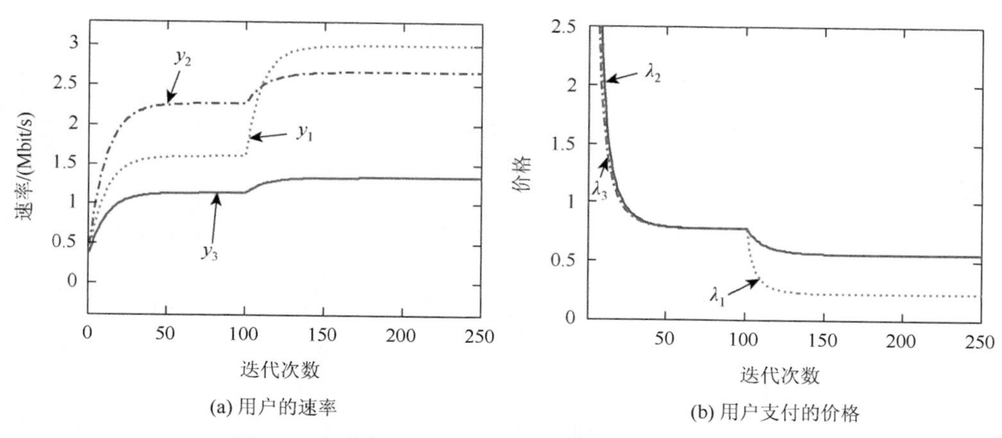

(a) 用户的速率　　(b) 用户支付的价格

图 4.3　主路径上的最优资源分配：调和平均公平性

可以看出，该算法收敛到了模型的最优带宽分配，同时，共享同一瓶颈链路的用户支付给路径的价格都是相等的($\lambda_2^* = \lambda_3^*$)，该价格等价于主路径上瓶颈链路收取的价格，这与理论分析的结果是一致的。

4.5　本 章 小 结

利用多路径传输协议，源端和目的端之间可以建立多条可用路径，但为了提高数据传输的鲁棒性和可靠性，源端有时仅选择其中的一条来传输数据，该路径就是主路径，而其他的路径只是作为备用，当主路径发生拥塞或者故障后，丢弃的数据包通过备用路径重传给目的端，或者数据直接切换到备用路径上进行传输。选择主路径的方法有多种，可以根据路径上 RTT 的大小、路径传输能力的大小、路径上的丢包率高低等进行选择。

主路径可能会随着各条可用路径的状态而动态变化，本章针对动态主路径上的资源公平分配问题，建立了具有统一描述形式的资源分配模型，利用 Lagrange 方法分析并得到了最优带宽分配的具体表达式，可以根据不同的公平性要求得到具体的分配形式。为了能够在非集中式的网络环境中得到该最优分配，提出了一类基于速率的流量控制算法，而算法的平衡点就是模型的最优分配。利用 Lyapunov 理论得到了算法在平衡点处的全局渐近稳定性，因此，利用该算法就可以得到资源公平分配模型的最优点。

第5章 资源公平分配算法与稳定性分析

目前多路径网络资源分配算法的研究中，大都没有考虑网络传输时延对算法的影响。实际上，网络传输时延将影响到资源分配算法的稳定性和收敛性，这种考虑网络传输时延的算法稳定性称为时延稳定性，稳定性条件对算法的设计与优化具有重要影响，当前多路径网络资源分配算法的时延稳定性仍是一个亟须解决的重要问题。本章建立多路径网络资源公平分配优化模型，首先利用子梯度方法建立分布式资源分配算法，该算法在不考虑网络传输时延时是全局稳定的，而当考虑网络传输时延时，得到算法在平衡点处局部稳定的充分条件，并探讨路由器上队列时延对算法稳定性的影响。同时，分析网络随机丢包对资源分配算法稳定性的影响，首先分析影响算法收敛速度的主要因素，得到随机丢包网络环境中，具有网络传输的算法在平衡点处局部稳定的充分条件，并分别以连续形式和离散形式给出，最后借鉴虚拟队列思想给出最优的虚拟带宽标记阈值，从而使该算法能够有效利用虚拟队列管理机制。详细内容也可参考文献[93]和文献[94]。

5.1 问题的提出

在多路径网络中，用户倾向于选择非拥塞路径，避免拥塞较为严重的网络部分。然而，路径选择算法通常与网络拥塞控制算法交互进行，这很容易造成网络的不稳定，如造成网络流量的较大抖动和网络整体性能的下降。解决该问题的方法就是使用单一算法，既能实现最优路径选择又能有效控制网络流量，该算法就是多路径网络拥塞控制算法。

多路径网络拥塞控制算法的稳定性得到了诸多国内外学者的关注，如利用优化框架的稳定性分析[37, 82, 83, 121, 122]、利用控制理论的稳定性分析[85, 123, 124]。当不考虑网络中存在的传输时延时，文献[37]和文献[83]得到了拥塞控制算法在平衡点处的全局稳定性。而当考虑网络中存在的传输时延时，文献[85]和文献[123]得到了拥塞控制算法局部稳定的分布式充分性条件，该条件可以由网络中各个分布式源端用户分别保证，而不需要网络中的全局信息。这些模型及充分性条件可以认为是单路径算法如 TCP 稳定性条件的推广[37, 104, 125]。

上述研究主要关注于源端算法的稳定性分析，该类算法是基于源端用户行为特征的拥塞控制算法。然而，源端算法在平衡点处实际上是算法收敛速度与资源利用率的折中。与之相对应的对偶算法则包含动态的链路行为与静态的用户行为，链路根据流经该链路的流量动态调整链路价格，而用户仅需知道端到端价格来调整传输速率。该设计的优势在于在平衡点处能够充分利用有限的带宽资源，同时在用户间实现了公平性[126]。

单路径对偶算法用于求解单路径网络中严格凹网络优化模型的对偶问题，然而多路径网络考虑的资源优化问题是凹问题，但并不是严格的凹问题。这导致用于求解其对偶问题的对偶算法并不是连续的[37]，从而出现算法不稳定的情形[86]。有些学者将多路径网络优化问题进行转换，通过添加辅助项使之成为一个严格的凹问题，从而在不考虑网络传输时延时，多路径网络拥塞控制算法在平衡点处是全局稳定的。

然而，实际网络环境中网络传输时延将影响到拥塞控制算法的稳定性，这种考虑网络传输时延的算法局部稳定性称为时延稳定性，该稳定性对算法的设计与优化具有重要影响，当前多路径网络对偶算法的时延稳定性仍是一个亟须解决的重要问题。

本章研究多路径网络资源公平分配问题，利用子梯度方法建立分布式资源分配算法，该算法是原-对偶形式的网络拥塞控制算法，在不考虑网络传输时延时该算法是全局稳定的，而当考虑网络传输时延时，分析算法在平衡点处局部稳定的充分条件，并探讨路由器上队列时延对算法稳定性的影响。本章同时分析网络随机丢包对资源分配算法性能的影响，分析影响算法收敛速度的主要因素，得到具有网络传输的算法在平衡点处局部稳定的充分条件，并分别以连续形式和离散形式给出，最后借鉴虚拟队列思想给出最优的虚拟带宽标记阈值。

5.2　多路径网络资源公平分配模型

5.2.1　模型描述

考虑一个多路径网络，令 S 为用户集合，每个用户 $s \in S$ 代表了一个唯一的源-目的对；令 R 为网络中可用路径集合，每条路径 $r \in R$ 由一组链路组成；令 L 为网络中的链路集合，每条链路 $l \in L$ 的带宽为 C_l。对于多路径路由，假设用户了解到达目的地的多条不同路径，可以将数据沿多条可用路径发送至目的地。因此，对于每个用户 $s \in S$，存在一组路径集合 $R(s)$，该路径集合具有相同的源端和目的端。后面的分析中，如果一个用户 s 沿路径 r 传输数据，则记为 $r \in s$；同时，如果一条路径 r 经由链路 l，则记为 $l \in r$。

对于每个用户 $s\in S$，假设在路径 $r\in R$ 上的传输速率为 $x_r(t)$，则用户 s 的总传输速率为 $y_s(t)=\sum_{r:r\in s}x_r(t)$；同时，链路 l 上的聚合速率为 $z_l(t)=\sum_{r:l\in r}x_r(t)$。用户 s 的传输速率为 $y_s(t)$ 时获得的效用为 $U_s(y_s(t))$，该效用函数是连续可微、单调递增的凹函数，考虑式（2.2）的效用函数[59, 104, 105]。将该效用函数作为用户的目标函数，而将网络中所有用户的聚合效用作为网络的整体目标，已经广泛应用于网络资源的公平分配中[59, 104, 105]。

因此，多路径网络的资源公平分配问题可以归结为如下的多路径网络效用最大化模型（P5.1）：

$$\text{(P5.1)}: \max \quad \sum_{s:s\in S}U_s(y_s(t)) \tag{5.1}$$

$$\text{subject to} \sum_{r:r\in s}x_r(t)=y_s(t),\quad \forall s\in S \tag{5.2}$$

$$\sum_{r:l\in r}x_r(t)\leqslant C_l,\quad \forall l\in L \tag{5.3}$$

$$\text{over}\quad x_r(t)\geqslant 0,\quad r\in R \tag{5.4}$$

该模型是一个凸规划问题，各用户在路径上的最优带宽分配 $x=(x_r,r\in R)$ 存在但并不唯一，而各个用户的总的最优带宽分配 $y=(y_s,s\in S)$ 存在而且是唯一的。

5.2.2　模型分析

为了得到多路径网络资源分配模型（P5.1）的最优解，引入 Lagrange 函数：

$$L(x,y;\lambda,\mu;\delta^2)=\sum_{s:s\in S}\left(U_s(y_s(t))+\lambda_s\left(\sum_{r:r\in s}x_r(t)-y_s(t)\right)\right)+\sum_{l:l\in L}\mu_l\left(C_l-\sum_{r:l\in r}x_r(t)-\delta_l^2\right) \tag{5.5}$$

其中，$\lambda=(\lambda_s,s\in S)$、$\mu=(\mu_l,l\in L)$ 是 Lagrange 乘子向量；$\delta^2=(\delta_l^2,l\in L)$ 是松弛因子向量。λ_s 可以理解为用户 s 请求服务时支付给它使用的路径 $P(s)$ 的价格，μ_l 可以理解为链路 l 对路径经过该链路的用户所收取的价格。$\delta_l^2\geqslant 0$ 可以认为是链路 l 上分配给用户使用带宽后的剩余带宽。

多路径网络资源分配模型（P5.1）的对偶问题为（D5.1）：

$$\text{(D5.1)}: \min\ D(\lambda,\mu) \tag{5.6}$$

$$\text{over}\ \lambda_s\geqslant 0,\quad \mu_l\geqslant 0,\quad s\in S,\quad l\in L \tag{5.7}$$

其中

$$D(\lambda,\mu)=\max_{x,y}L(x,y;\lambda,\mu;\delta^2)$$

上述的对偶问题（D5.1）可以理解为网络问题，目标就是在满足请求服务的用户获得一定满意度的前提下，最小化整个网络系统的价格。

5.3 无随机丢包的分布式算法

为了能在非集中式的一般网络环境中得到最优的资源公平分配，本节给出一种分布式流量控制算法，可以适用于大规模的网络环境中，即使路径之间有共享的链路，算法仍能收敛到最优点，同时给出算法在网络中的具体实现。

5.3.1 算法描述

本节首先提出一种基于速率的流量控制算法，该算法是依赖于局部信息的分布式算法，然后分析该算法的收敛性和稳定性。

在时间t，用户s在其路径r上采用如下的速率迭代算法：

$$x_r(t+1)=\left(x_r(t)+\kappa_r x_r(t)(\lambda_s(t)-q_s^r(t))\right)_{x_r(t)}^{+} \tag{5.8}$$

$$\lambda_s(t)=U_s'(y_s(t)) \tag{5.9}$$

$$q_r^s(t)=\sum_{l:l\in r}\mu_l(t) \tag{5.10}$$

$$\mu_l(t)=p_l(z_l(t)) \tag{5.11}$$

$$z_l(t)=\sum_{r:l\in r}x_r(t) \tag{5.12}$$

$$y_s(t)=\sum_{r:r\in s}x_r(t) \tag{5.13}$$

其中，$\kappa_r>0$是算法的迭代步长；$p_l(z_l(t))$是链路l上的价格，是关于该链路上聚合速率$z_l(t)$的单调递增函数，例如，经常会使用下述形式的链路价格函数，即丢包率：

$$p_l(z_l(t))=\frac{\left(z_l(t)-C_l\right)^{+}}{z_l(t)} \tag{5.14}$$

事实上，若路由器缓存采用丢尾机制，是对数据包溢出缓存的一个比较合理的近似表达。

在上述算法（式（5.8）～式（5.13））中，用户s根据目前的总速率$y_s(t)$，利用式（5.9）得到自己应该支付给路径r的价格$\lambda_s(t)$，通过式（5.10）得到路径r收取的端到端价格$q_r^s(t)$，然后根据式（5.8）调整其在该路径上的速率$x_r(t)$；在式（5.14）中，链路l根据式（5.12）得到经过该链路的总流量$z_l(t)$，利用式（5.11）调整它在该链路上的价格$\mu_l(t)$。可以看出，上述流量控制算法（式（5.8）～

式（5.13））是求解资源分配模型的梯度算法，当用户仅有一条可用路径时，该算法就简化为单路径网络的资源分配算法。

注 5.1　在该算法的速率迭代中，每个用户在各条路径上仅需知道支付的价格和路径收取的价格，就可以调整下一时刻的传输速率；而对于链路端算法，每条链路仅需知道经过该链路的总流量，就可以调整自己下一时刻的价格。很明显，上述算法都仅依赖各自的局部信息，因此算法是分布式的。

注 5.2　实际上，式（5.8）～式（5.14）在其平衡点处是全局渐近稳定的，而该平衡点就是下述 Lyapunov 函数的最优点：

$$\max U = \sum_{s:s\in S} U_s\left(\sum_{r:r\in s} x_r(t)\right) - \sum_{l:l\in L}\int_0^{\sum_{r:l\in r} x_r(t)} \frac{(v-C_l)^+}{v}\mathrm{d}v \tag{5.15}$$

式（5.15）可以看作系统问题，这里所有的用户共同优化一个系统目标：总用户效用与总链路价格之差。式（5.15）与式（5.1）～式（5.4）其实是等价的，前者用一个罚函数形式替代了后者中的带宽约束条件，而该罚函数恰好就是当带宽约束条件不满足时起作用。

5.3.2　算法局部稳定性

本节考虑上述算法在具有往返传输时延情形下的稳定性，提出其在平衡点处局部稳定的充分性条件。

首先，假设相对于传播时延而言，队列时延可以忽略，本节不考虑队列时延对算法稳定性的影响。对每条路径 $r\in s$ 及链路 $l\in r$，定义 D_{rl} 为沿路径 r 从源端到链路 l 的前向时延，D_{lr} 为沿路径 r 从链路 l 到目的端后再返回到源端的后向时延。前向时延是数据包从用户 s 的源端沿路径 r 到达链路 l 的时延，而后向时延则是确认数据包从链路 l 沿路径 r 到达用户 s 的目的端后再反馈到源端的时延。在传输层协议的实现中，数据包从源端到达目的端后，包含网络拥塞信息的确认数据包再反馈到源端。在当前的互联网中，每条路径都有往返传输时延，假设每条路径 r 都有一个往返传输时延 D_r，即对 $l\in r$，$D_{rl}+D_{lr}=D_r$（这里，没有考虑链路上的队列时延，因此往返传输时延实际上就是往返传播时延）。

此时，具有往返传输时延的流量控制算法，即式（5.8）～式（5.13）具有如下形式：

$$x_r(t+1)=\left(x_r(t)+\kappa_r x_r(t)(\lambda_s(t)-q_s^r(t))\right)_{x_r(t)}^{+} \tag{5.16}$$

$$\lambda_s(t)=U_s'(y_s(t)) \tag{5.17}$$

$$q_r^s(t)=\sum_{l:l\in r}\mu_l(t-D_{lr}) \tag{5.18}$$

$$\mu_l(t) = p_l(z_l(t)) \tag{5.19}$$

$$z_l(t) = \sum_{r:l\in r} x_r(t - D_{rl}) \tag{5.20}$$

$$y_s(t) = \sum_{r:r\in s} x_r(t - D_r) \tag{5.21}$$

上述算法解释如下：链路 l 上的聚合速率为 $z_l(t)$，该速率是所有途经链路 l 的路径流量之和。然而，如式（5.20）所示，在时刻 t 链路 l 观察到的路径 r 的流量是时刻 D_{rl} 前发出的。如式（5.18）所示，当链路 l 在数据包中添加价格信息 $p_l(z_l(t))$ 后，离开链路 l 的拥塞反馈数据包经过时刻 D_{lr} 后到达源端。最后，如式（5.21）所示，确认数据包沿路径 r 经过往返传输时延 D_r 后到达源端，源端得到的实际上是时刻 D_r 前的聚合速率。用户 s 通过该算法调整每条路径 r 上的传输速率 $x_r(t)$，最后达到平衡点。

假设平衡点为 $x = (x_r, r\in s, s\in S)$，令 $U''_s = U''_s(y_s)$，$p'_l = p'_l(z_l)$，其中 $y_s = \sum_{r:r\in s} x_r$，$z_l = \sum_{r:l\in r} x_r$，得到具有传输时延的算法（式（5.16）～式（5.21））在平衡点处局部稳定的充分性条件。

定理 5.1　假设 x 是式（5.16）～式（5.21）的平衡点，则当用户 s 的路径 r 满足下列条件时，该算法在平衡点处就是局部稳定的：

$$\kappa_r\left(-U''_s y_s + \sum_{r:l\in r} z_l p'_l\right) < 2\sin\left(\frac{\pi}{2(2D_r + 1)}\right) \tag{5.22}$$

证明：在平衡点处，令 $x_r(t) = x_r + \tau_r(t)$，$y_s(t) = y_s + \upsilon_s(t)$，$z_l(t) = z_l + \omega_l(t)$。在平衡点处线性化式（5.16）～式（5.21），并令 $U''_s = U''_s(y_s)$，$p'_l = p'_l(z_l)$，注意到在平衡点处 $U''_s(y_s) = \sum_{l:l\in r} \mu_l$，则得到

$$\tau_r(t+1) = \tau_r(t) - \kappa_r x_r\left(-U''_s \upsilon_s(t) + \sum_{l:l\in r} p'_l \omega_l(t - D_{lr})\right)$$

$$\upsilon_s(t) = \sum_{r:r\in s} \tau_r(t - D_r)$$

$$\omega_l(t) = \sum_{r:l\in r} \tau_r(t - D_{rl})$$

采用 Z 变换，令 $\tau_r(z) = Z(\tau_r(t))$，$\upsilon_s(z) = Z(\upsilon_s(t))$，$\omega_l(z) = Z(\omega_l(t))$，则可以得到下列方程：

$$z\tau_r(z) = \tau_r(z) - \kappa_r x_r\left(-U''_s \upsilon_s(z) + \sum_{l:l\in r} p'_l z^{-D_{lr}} \omega_l(z)\right)$$

$$\upsilon_s(z) = \sum_{r:r\in s} z^{-D_r} \tau_r(z)$$

$$\omega_l(z)=\sum_{r:l\in r} z^{-D_{rl}}\tau_r(z)$$

这里，假设系统的初始状态为零。

将上述方程写成矩阵形式为

$$\begin{pmatrix}\upsilon(z)\\ \omega(z)\end{pmatrix}=-P^{-1}R(z^{-1})^{\mathrm{T}}T(z)R(z)P\begin{pmatrix}\upsilon(z)\\ \omega(z)\end{pmatrix}$$

其中，$T(z)$ 是$|R|\times|R|$的对角矩阵，元素为$T_{rr}(z)=z^{-D_r}/(z-1)$； P 是$(|S|+|L|)\times(|S|+|L|)$ 的对角矩阵，元素为 $P_{ss}=1$， $P_{ll}=p_l'$； $R(z)$ 是$|R|\times(|R|+|L|)$ 的对角矩阵，元素为 $R_{rs}(z)=(-U_s''\kappa_r x_r)^{1/2}$， $r\in s$， $R_{rl}(z)=z^{-D_{lr}}(\kappa_r x_r p_l')^{1/2}$， $l\in r$，其他元素均为零。

令$G(z)=-P^{-1}R(z^{-1})^{\mathrm{T}}T(z)R(z)P$，由一般化的 Nyquist 稳定性理论[127]得到，若$\theta\in[-\pi,\pi]$时， $G(\mathrm{e}^{i\theta})$的特征值不包含$(-1,i0)$，则控制系统是稳定性的。

假设对于某个取值$\theta\in[-\pi,\pi]$， λ 是$G(\mathrm{e}^{i\theta})$的一个特征值，则存在一个单位向量ξ 满足 $\lambda\xi=R(\mathrm{e}^{i\theta})^{\dagger}T(\mathrm{e}^{i\theta})R(\mathrm{e}^{i\theta})\xi$，其中 † 代表矩阵共轭。因此， $\lambda=\xi^{\dagger}R(\mathrm{e}^{i\theta})^{\dagger}T(\mathrm{e}^{i\theta})R(\mathrm{e}^{i\theta})\xi$。

令 $K=H^{-1/2}R(\mathrm{e}^{i\theta})\xi$，其元素为 k_r，其中：

$$H=\mathrm{diag}\{h_r,r\in s\},\quad h_r=2\sin\left(\frac{\pi}{2(2D_r+1)}\right)$$

由于$T(\mathrm{e}^{i\theta})$是对角矩阵，所以：

$$\lambda=\sum_r h_r|k_r|^2\,T_{rr}(\mathrm{e}^{i\theta})=\sum_r|k_r|^2\,h_r\frac{\mathrm{e}^{-i\theta D_r}}{\mathrm{e}^{i\theta}-1}$$

因此， $\lambda=a\psi$，其中 $a=\|H^{-1/2}R(\mathrm{e}^{i\theta})\xi\|^2$， ψ 落在下列闭包中：

$$\chi=\mathrm{Co}\left(0\cup\left\{h_r\frac{\mathrm{e}^{-i\theta D_r}}{\mathrm{e}^{i\theta}-1}\right\}\right)$$

其中，Co 代表了集合$\{\cdot\}$的闭包。同时：

$$a=\xi^{\dagger}R(\mathrm{e}^{i\theta})^{\dagger}H^{-1}R(\mathrm{e}^{i\theta})\xi\leqslant\rho(R(\mathrm{e}^{i\theta})^{\dagger}H^{-1}R(\mathrm{e}^{i\theta}))\leqslant\left\|R(\mathrm{e}^{i\theta})^{\dagger}H^{-1}R(\mathrm{e}^{i\theta})\right\|_{\infty}<1$$

上式中最后的不等式是由充分性条件式（5.22）得到的。

由文献[128]中的 Lemma 2 得到，对于任何给定的实数$0\leqslant a<1$和所有的$\theta\in[-\pi,\pi]$， $a\chi$不包含点$(-1,i0)$。因此，当$\theta\in[-\pi,\pi]$时， $G(\mathrm{e}^{i\theta})$特征值的轨迹穿过实轴，则$G(\mathrm{e}^{i\theta})$的特征值不包含点$(-1,i0)$，因此式（5.16）～式（5.21）在平衡点处是局部稳定的。定理得证。 □

注 5.3 将式（2.2）代入式（5.22）中，充分性条件变为

$$\kappa_r\left(\frac{w_s\alpha_s}{y_s^{\alpha_s}}+\sum_{r:l\in r}z_l p_l'\right)<2\sin\left(\frac{\pi}{2(2D_r+1)}\right),\quad r\in s,\ s\in S$$

注 5.4 在平衡点处满足 $U_s'(y_s)=\lambda_s=\sum_{l:l\in r}\mu_l=q_r^s$，则式（5.22）等价于

$$\kappa_r\left(\alpha_s q_r^s+\sum_{r:l\in r}z_l p_l'\right)<2\sin\left(\frac{\pi}{2(2D_r+1)}\right)$$

该结论与单路径网络中具有传输时延的端到端拥塞控制算法局部稳定的充分性条件是类似的[129]，相当于将多路径网络中每个用户的各个路径看作属于相互独立的不同用户。

注 5.5 上述充分性条件是分布式的：每条路径的增益参数 κ_r 仅依赖于该路径的端到端价格 q_r^s 和往返传输时延 D_r，不依赖于其他路径，即使是同一用户的其他路径。

上述充分性条件为在具有传输时延的互联网中有效实施多路径传输协议提供了有益的理论指导。

5.3.3 队列时延分析

在当前互联网中，每条路径上的往返传输时延包含较为固定的传播时延，还包含数据包处理过程中的队列时延，而队列时延则是随时间动态变化的。本节中考虑队列时延对算法的影响，得到此时算法在平衡点处稳定的充分性条件。

首先，重新给出用户 s 的路径 r 上的往返传输时延 $D_r(t)$，包括固定的往返传播时延 D_r 和波动的端到端队列时延 $Q_r(t)$ 两部分，即

$$D_r(t)=D_r+Q_r(t)=D_{rl}(t)+D_{lr}(t) \tag{5.23}$$

$$Q_r(t)=\sum_{l:l\in r}Q_l(\mu_l(t)) \tag{5.24}$$

其中，$Q_l(\mu_l(t))$ 是链路 l 处路由器的队列时延，链路 l 上的价格为 $\mu_l(t)$；$D_{rl}(t)$ 和 $D_{lr}(t)$ 分别是路径 r 上的前向时延和后向时延，均包含了该路径上链路的传播时延和队列时延。

由于此时往返传输时延 $D_r(t)$ 包含了队列时延，是随时间而变化波动的，所以修改式（5.18）、式（5.20）和式（5.21），得到下列具有队列时延的算法：

$$x_r(t+1)=\left(x_r(t)+\kappa_r x_r(t)(\lambda_s(t)-q_s^r(t))\right)_{x_r(t)}^{+} \tag{5.25}$$

$$\lambda_s(t)=U_s'(y_s(t)) \tag{5.26}$$

$$q_r^s(t)=\sum_{l:l\in r}\mu_l(t-D_{lr}(t)) \tag{5.27}$$

$$\mu_l(t) = p_l(z_l(t)) \tag{5.28}$$

$$z_l(t) = \sum_{r:l \in r} x_r(t - D_{rl}(t)) \tag{5.29}$$

$$y_s(t) = \sum_{r:r \in s} x_r(t - D_r(t)) \tag{5.30}$$

目前主要的问题就是在当前情形下，充分性条件式（5.22）是否还成立？然而，此时的资源分配算法由于引入了队列时延，式（5.27）、式（5.29）和式（5.30）都是随时间变化的。事实上，表达式 $x_r(t - D_r(t))$ 较难处理，其中 $D_r(t)$ 依赖于时间 t，而且依赖于状态变量 $Q_l(\mu_l(t))$。特别地，考虑到该系统的时变性，较难应用 Z 变换，而这是算法稳定性分析的基础。为此，仅分析上述动态系统的线性近似系统，而且仅考虑变量 $D_r(t)$ 是其他状态的依赖变量（如用户在路径上的速率），该近似方法已成功地应用于 TCP Reno 及其后续协议的动态分析中，但均没有给出严格的证明。

考虑到目前已经有成熟的主动队列管理机制，如自适应虚拟队列、虚拟速率控制等，能有效地将队列长度和队列时延稳定在一个目标范围内。令 D_{rl}^* 和 D_{lr}^* 分别为路径 r 上前向时延和后向时延的平衡点，Q_r^* 是路径 r 上端到端队列时延的平衡点，是该路径上各条链路上队列时延之和。类似于定理 5.1 的证明，得到式（5.25）～式（5.30）在平衡点处局部稳定的充分性条件。

定理 5.2　假设 x 是具有队列时延的式（5.25）～式（5.30）的平衡点，则当用户 s 的路径 r 满足下列条件时该算法在平衡点处就是局部稳定的：

$$\kappa_r\left(-U_s''y_s + \sum_{r:l \in r} z_l p_l'\right) < 2\sin\left(\frac{\pi}{2(2(D_r + Q_r^*) + 1)}\right) \tag{5.31}$$

可以发现，由于考虑了队列时延 Q_r^*，充分性条件式（5.31）的右边部分要比式（5.22）的右边部分小。因此，在上述算法具体实施时，应尽量选择较小的算法步长 κ_r，从而保证在具有队列时延的复杂网络环境中，算法仍能收敛到平衡点。

5.4　具有随机丢包的分布式算法

网络发生拥塞会造成数据包丢失，但链路在计算其已分配的资源时可能会存在随机误差，从而造成数据包的随机丢弃，这里将由非拥塞造成的数据包丢失称为随机丢弃，如有线网络中硬件故障带来的数据丢失、无线网络中无线链路数据传输时带来的随机丢包等。这些非拥塞丢包行为称为随机丢包现象，而且路径之间的随机丢包是相互独立的。单路径网络中已有相应的文献讨论了这种非拥塞造成的随机丢包现象，并提出了相应的流量控制算法，多路径网络中还没有研究成果，多路径无线网络中经常会出现随机丢包现象，本节将研究具有随机丢包的资源分配模型及算法。

5.4.1 模型描述

考虑一个多路径网络，令 S 为用户集合，每个用户 $s \in S$ 代表了一个唯一的源-目的对；令 R 为网络中可用路径集合，每条路径 $r \in R$ 由一组链路组成；令 L 为网络中的链路集合，每条链路 $l \in L$ 的带宽为 C_l。多路径网络中用户了解到达目的地的多条不同路径，可以将数据沿多条可用路径发送至目的地。因此，对于每个用户 $s \in S$，存在一组路径集合 $R(s)$，该路径集合具有相同的源端和目的端。后面的分析中，如果一个用户 s 沿路径 r 传输数据，则记为 $r \in s$；同时，如果一条路径 r 经由链路 l，则记为 $l \in r$。

对于每个用户 $s \in S$，假设在路径 $r \in R$ 上源端的传输速率为 $x_r(t)$，则用户 s 在源端的总传输速率为 $y_s(t) = \sum\limits_{r:r\in s} x_r(t)$；同时，链路 l 上的聚合速率为 $z_l(t) = \sum\limits_{r:l\in r} x_r(t)$。假设网络中仅有拥塞造成的丢包而没有非拥塞丢包发生，在路径 r 上目的端的接收速率为 $\overline{x}_r(t)$，该接收速率应小于或等于源端的传输速率。假设链路 l 上的价格为 $p_l(z_l(t))$，是关于该链路上聚合流量 $z_l(t)$ 的函数，该函数是单调递增函数，且 $p_l(0) = 0$，如丢包率经常用于价格函数，则用户 $s \in S$ 在路径 $r \in R$ 的链路 l 的丢失速率为 $x_r(t) p_l(z_l(t))$。

令路径 $r \in R$ 的端到端聚合价格为 $q_r(t) = \sum\limits_{l:l\in r} p_l(z_l(t))$，则用户 $s \in S$ 在路径 $r \in R$ 上由于网络拥塞造成的丢失速率为

$$x_r(t) - \overline{x}_r(t) = \sum_{l:l\in r} x_r(t) p_l(z_l(t)) = x_r(t) q_r(t) \tag{5.32}$$

由于网络中存在随机丢包现象，所以目的端的接收速率不仅是网络拥塞的函数，而且是随机丢包的函数。在网络中存在随机丢包现象时，令路径 $r \in R$ 的目的端的实际接收速率为 $\hat{x}_r(t) = \varepsilon_r \overline{x}_r(t)$，其中 $1-\varepsilon_r$ 是非拥塞原因带来的随机丢包比例。路径 $r \in R$ 上总的丢失速率为

$$\begin{aligned} x_r(t) - \hat{x}_r(t) &= \varepsilon_r \left(x_r(t) - \overline{x}_r(t) \right) + (1-\varepsilon_r) x_r(t) \\ &= \varepsilon_r x_r(t) q_r(t) + (1-\varepsilon_r) x_r(t) \end{aligned} \tag{5.33}$$

用户在获得一定传输速率时会获得相应的效用，该效用一般是连续可微、单调递增的凹函数，假设当用户 s 的传输速率为 $y_s(t)$ 时获得的效用为 $U_s(y_s(t))$，该效用函数具有式（2.2）的形式。

考虑如下的网络效益优化问题，即最大化网络整体效益：

$$U=\sum_{s:s\in S}\left(U_s\left(\sum_{r:r\in s}x_r(t)\right)-\eta\sum_{r:r\in s}\frac{1-\varepsilon_r}{\varepsilon_r}x_r(t)\right)$$
$$-\eta\sum_{l:l\in L}\int_0^{\sum_{r:l\in r}x_r(t)}p_l(\sigma)\mathrm{d}\sigma \tag{5.34}$$

其中，参数η实现最大化网络效用和最小化链路价格二者之间的折中。上述函数对变量$x_r(t)$是凹函数但并不是严格凹函数，因此最优资源分配存在但并不一定唯一，但函数对变量$y_s(t)$是严格的凹函数，存在最优的用户聚合速率。

当不考虑网络随机丢包行为时，上述函数变为

$$U=\sum_{s:s\in S}U_s\left(\sum_{r:r\in s}x_r(t)\right)-\eta\sum_{l:l\in L}\int_0^{\sum_{r:l\in r}x_r(t)}p_l(\sigma)\mathrm{d}\sigma \tag{5.35}$$

而当$\eta=1$时，该目标函数（式（5.35））其实就是式（5.15）；而当$\eta=\infty$，且选择价格函数（式（5.14））时，式（5.35）就等价于资源分配模型（式（5.1）～式（5.4））。

5.4.2　分布式算法

为了得到式（5.34）的最优点，本节首先提出如下基于速率的流量控制算法，该算法是依赖于局部信息的分布式算法，然后分析该算法的收敛性和稳定性：

$$\frac{\mathrm{d}x_r(t)}{\mathrm{d}t}=\kappa_r x_r(t)\left(\varepsilon_r-\frac{\eta}{U_s'\left(\sum_{r:r\in s}x_r(t)\right)}\frac{x_r(t)-\hat{x}_r(t)}{x_r(t)}\right)_{x_r(t)}^{+} \tag{5.36}$$

将式（5.32）代入式（5.36），得到如下的基于速率的流量控制算法：

$$\frac{\mathrm{d}x_r(t)}{\mathrm{d}t}=\kappa_r x_r(t)\left(\varepsilon_r-\eta\frac{\varepsilon_r\sum_{l:l\in r}p_l(t)+(1-\varepsilon_r)}{U_s'\left(\sum_{r:r\in s}x_r(t)\right)}\right)_{x_r(t)}^{+} \tag{5.37}$$

式（5.36）或式（5.37）解释如下：该算法是路径r上的基于速率的流量控制算法，包含两部分，一部分是与$\kappa_r\varepsilon_r x_r(t)$成正比的速率递增部分，另一部分是速率递减部分，依赖于从路径r上反馈回来的价格、路径r上拥塞造成的数据包的比例以及源端的总传输速率$y_s(t)=\sum_{r:r\in s}x_r(t)$。

定理 5.3　式（5.37）的平衡点就是式（5.35）的最优点，系统在该平衡点处是全局渐近稳定的，所有沿式（5.37）的曲线都会收敛到该平衡点。

证明： 注意到

$$
\begin{aligned}
\frac{\partial U}{\partial x_r(t)} &= U_s'\left(\sum_{r:r\in s} x_r(t)\right) - \eta\frac{1-\varepsilon_r}{\varepsilon_r} - \eta\sum_{l:l\in r} p_l\left(\sum_{j:l\in j} x_j(t)\right) \\
&= U_s'\left(\sum_{r:r\in s} x_r(t)\right) - \eta\frac{1-\varepsilon_r}{\varepsilon_r} - \eta\frac{x_r(t)-\bar{x}_r(t)}{x_r(t)} \\
&= U_s'\left(\sum_{r:r\in s} x_r(t)\right) - \frac{\eta}{\varepsilon_r}\frac{x_r(t)-\hat{x}_r(t)}{x_r(t)} \\
&= \frac{U_s'\left(\sum_{r:r\in s} x_r(t)\right)}{\varepsilon_r}\left(\varepsilon_r - \frac{\eta}{U_s'\left(\sum_{r:r\in s} x_r(t)\right)}\frac{x_r(t)-\hat{x}_r(t)}{x_r(t)}\right)
\end{aligned}
$$

令上述偏导数为零即可得到模型的最优点，所以：

$$
\begin{aligned}
\frac{\mathrm{d}U}{\mathrm{d}t} &= \sum_{s:s\in S}\sum_{r:r\in s}\frac{\partial U}{\partial x_r(t)}\frac{\mathrm{d}x_r(t)}{\mathrm{d}t} \\
&= \sum_{s:s\in S}\sum_{r:r\in s}\frac{\kappa_r x_r(t) U_s'\left(\sum_{r:r\in s} x_r(t)\right)}{\varepsilon_r}\left(\varepsilon_r - \frac{\eta}{U_s'\left(\sum_{r:r\in s} x_r(t)\right)}\frac{x_r(t)-\hat{x}_r(t)}{x_r(t)}\right)^2
\end{aligned}
$$

因此，除了平衡点 $x(t)=x$，U 沿时间 t 是严格递增函数，而在平衡点处 U 取得最大值。U 是该系统的 Lyapunov 函数。定理得证。 □

在式（5.36）或式（5.37）的平衡点处，下述等式是成立的：

$$
U_s'\left(\sum_{r:r\in s} x_r\right) = \eta\left(\sum_{l:l\in r} p_l + \frac{1-\varepsilon_r}{\varepsilon_r}\right) = \eta\left(q_r + \frac{1-\varepsilon_r}{\varepsilon_r}\right) \tag{5.38}
$$

因此，用户 s 的最优传输速率为

$$
y_s = \sum_{r:r\in s} x_r = U_s'^{-1}\left(\eta q_r + \eta\frac{1-\varepsilon_r}{\varepsilon_r}\right) \tag{5.39}
$$

当不存在随机丢弃行为时，用户 s 的最优传输速率为 $y_s = U_s'^{-1}(\eta q_r)$，$r\in s$。而当 $\eta=1$ 时，$y_s = U_s'^{-1}(q_r)$，$r\in s$，与单路径网络中每个源端的传输速率是类似的。由式（5.38）可以得到下列结论。

定理 5.4　在网络效用优化模型，即式（5.34）的最优点，当不存在网络随机丢弃现象时，各个用户的多条路径上的端到端价格是相等的，即 $q_r = U_s'(y_s)/\eta$，$r\in s$。

考虑式（2.2）的具体形式，则用户 s 在路径 $r\in s$ 上的算法（式（5.37））可以具体表示为

$$\frac{\mathrm{d}x_r(t)}{\mathrm{d}t}=\frac{\kappa_r x_r(t)}{w_s}\left(\varepsilon_r w_s-\eta\left(\sum_{r:r\in s}x_r(t)\right)^{\alpha_s}\left(\varepsilon_r\sum_{l:l\in r}p_l(t)+(1-\varepsilon_r)\right)\right)^+_{x_r(t)} \tag{5.40}$$

5.4.3　收敛速度

由定理 5.3 得到，式（5.36）或式（5.37）能够收敛到式（5.34）的最优点，接下来通过在平衡点 x 处线性化该系统分析收敛速度。在平衡点 x，令 $y_s=\sum_{r:r\in s}x_r$，$U'_s=U'_s(y_s)$，$U''_s=U''_s(y_s)$，假设 p_l 在该点是可微的，记为 p'_l。令 $x_r(t)=x_r+\vartheta_r(t)$，$y_s(t)=y_s+\nu_s(t)$，$z_l(t)=z_l+\sigma_l(t)$，则在平衡点 x 处线性化式（5.37），得到

$$\frac{\mathrm{d}\vartheta_r(t)}{\mathrm{d}t}=-\frac{\varepsilon_r\kappa_r x_r}{U'_s}\left(-U''_s\nu_s(t)+\eta\sum_{l:l\in r}p'_l\sigma_l(t)\right) \tag{5.41}$$

$$\nu_s(t)=\sum_{r:r\in s}\vartheta_r(t) \tag{5.42}$$

$$\sigma_l(t)=\sum_{r:l\in r}\vartheta_r(t) \tag{5.43}$$

将式（5.41）～式（5.43）写成矩阵形式为

$$\frac{\mathrm{d}}{\mathrm{d}t}\begin{pmatrix}\nu(t)\\ \sigma(t)\end{pmatrix}=-P^{-1}R(\varepsilon)^{\mathrm{T}}R(\varepsilon)P\begin{pmatrix}\nu(t)\\ \sigma(t)\end{pmatrix}$$

其中，P 是一个 $(|S|+|L|)\times(|N|+|L|)$ 的对角矩阵，元素为 $P_{ss}=1$，$P_{ll}=\eta p'_l$；$R(\varepsilon)$ 是一个 $|R|\times(|N|+|L|)$ 的矩阵，元素为

$$R_{rs}=\left(-U''_s\frac{\varepsilon_r\kappa_r x_r}{U'_s}\right)^{1/2},r\in s;\quad R_{rl}=\left(\frac{\varepsilon_r\kappa_r x_r}{U'_s}\eta p'_l\right)^{1/2},l\in r$$

而 $R(\varepsilon)$ 的其他元素均为零。

令

$$\varGamma^{\mathrm{T}}\varTheta\varGamma=P^{-1}R(\varepsilon)^{\mathrm{T}}R(\varepsilon)P \tag{5.44}$$

其中，$\varGamma$ 是正交矩阵，满足 $\varGamma^{\mathrm{T}}\varGamma=E$；$\varTheta=\mathrm{diag}\{\phi_i,i\in N\cup L\}$ 是实对称正定矩阵式（5.44）的特征值矩阵，则有

$$\frac{\mathrm{d}}{\mathrm{d}t}\begin{pmatrix}\nu(t)\\ \sigma(t)\end{pmatrix}=-\varGamma^{\mathrm{T}}\varTheta\varGamma\begin{pmatrix}\nu(t)\\ \sigma(t)\end{pmatrix}$$

因此，式（5.37）收敛到平衡点的速度取决于式（5.44）的最小特征值。可以发现，收敛速度与增益参数 κ_r 和拥塞丢包比例 ε_r 成正比。

5.4.4　算法稳定性

类似于 5.3.2 节中的假设，定义 D_{rl} 为沿路径 r 从源端到链路 l 的前向时延，D_{lr}

为沿路径 r 从链路 l 到目的端后再返回到源端的后向时延。在当前的互联网中，每条路径都有往返传输时延，假设每条路径 r 都有一个往返传输时延 D_r，即对 $l\in r$，$D_{rl}+D_{lr}=D_r$（这里没有考虑链路上的队列时延，因此往返传输时延实际上就是往返传播时延）。

此时，具有往返传输时延的式（5.37）描述如下：

$$\frac{\mathrm{d}x_r(t)}{\mathrm{d}t}=\kappa_r x_r(t)\left(\varepsilon_r-\eta\frac{\varepsilon_r q_r(t)+(1-\varepsilon_r)}{U_s'\left(\sum_{r:r\in s}x_r(t)\right)}\right)_{x_r(t)}^{+} \tag{5.45}$$

$$q_r(t)=\sum_{l:l\in r}\mu_l(t-D_{lr}) \tag{5.46}$$

$$\mu_l(t)=p_l(z_l(t)) \tag{5.47}$$

$$z_l(t)=\sum_{r:l\in r}x_r(t-D_{rl}) \tag{5.48}$$

$$y_s(t)=\sum_{r:r\in s}x_r(t-D_r) \tag{5.49}$$

上述算法可以解释如下：链路 l 上的聚合速率为 $z_l(t)$，该速率是所有途经链路 l 的路径流量之和。然而，如式（5.48）所示，在时刻 t 链路 l 观察到的路径 r 的流量是时刻 D_{rl} 前发出的。如式（5.46）所示，当链路 l 在数据包中添加价格信息 $p_l(z_l(t))$ 后，离开链路 l 的拥塞反馈数据包经过时刻 D_{lr} 后到达源端。最后，如式（5.49）所示，确认数据包沿路径 r 经过往返传输时延 D_r 后到达源端，源端得到的实际上是时刻 D_r 前的聚合速率。用户 s 通过式（5.45）调整每条路径 r 上的传输速率 $x_r(t)$，最后达到平衡点。

分析上述具有往返传输时延的算法在平衡点 x 处的稳定性，可以得到如下结论。

定理 5.5　假设 x 是式（5.45）～式（5.49）的平衡点，则当用户 s 的路径 r 满足下列条件时该算法在平衡点处就是局部稳定的：

$$\frac{\varepsilon_r\kappa_r}{U_s'}\left(-U_s''y_s+\sum_{r:l\in r}z_l p_l'\right)<\frac{\pi}{2D_r} \tag{5.50}$$

具体证明类似于定理 5.1 的证明。

注 5.6　将式（2.2）代入式（5.50）中，充分性条件变为

$$\varepsilon_r\kappa_r\left(\alpha_s+\frac{y_s^{\alpha_s}}{w_s}\sum_{r:l\in r}z_l p_l'\right)<\frac{\pi}{2D_r},\quad r\in s,\ s\in S$$

特别地，如果选择 $p_l(z_l(t))=(z_l(t)/C_l)^{\beta_l}$，则上述充分性条件变为

$$\varepsilon_r\kappa_r\left(\alpha_s+\beta_r\frac{q_r}{\eta(q_r+(1-\varepsilon_r)/\varepsilon_r)}\right)<\frac{\pi}{2D_r},\quad r\in s,\ s\in S$$

其中，$\beta_r=\max\{\beta_l,l\in r\}$。

注 5.7　若$\varepsilon_r=1$，即网络中没有非拥塞造成的随机丢包现象，并且$\eta=1$，即最大化用户效用与最小化链路价格的折中参数为 1，则上述的充分性条件式(5.50)变为

$$\frac{\kappa_r}{q_r}\left(-U''_s y_s+\sum_{r:l\in r}z_l p'_l\right)<\frac{\pi}{2D_r},\quad r\in s,\ s\in S$$

通过上述的充分性条件可以发现，当网络中存在往返传输时延时，网络的稳定性可以由每个终端用户和其链路所组成的分布式条件保证，每个用户只需要获知自己的相关信息，如每条路径的端到端价格q_r和往返传输时延D_r等。

上述算法在网络中是以离散形式具体实施的，为此需分析具有网络传输时延的离散算法在平衡点处的稳定性。此时，离散形式的算法描述如下：

$$x_r(t+1)=\left(x_r(t)+\kappa_r x_r(t)\left(\varepsilon_r-\eta\frac{\varepsilon_r q_r(t)+(1-\varepsilon_r)}{U'_s\left(\sum_{r:r\in s}x_r(t)\right)}\right)\right)^+_{x_r(t)}\tag{5.51}$$

$$q_r(t)=\sum_{l:l\in r}\mu_l(t-D_{lr})\tag{5.52}$$

$$\mu_l(t)=p_l(z_l(t))\tag{5.53}$$

$$z_l(t)=\sum_{r:l\in r}x_r(t-D_{rl})\tag{5.54}$$

$$y_s(t)=\sum_{r:r\in s}x_r(t-D_r)\tag{5.55}$$

对于上述的具有往返传输时延的离散形式算法，分析该算法在平衡点处的稳定性，可以得到下列结论。

定理 5.6　假设x是式（5.51）～式（5.55）的平衡点，则当用户s的路径r满足下列条件时，该算法在平衡点处就是局部稳定的：

$$\frac{\varepsilon_r\kappa_r}{U'_s}\left(-U''_s y_s+\sum_{r:l\in r}z_l p'_l\right)<2\sin\left(\frac{\pi}{2(2D_r+1)}\right)\tag{5.56}$$

注 5.8　将式（2.2）代入式（5.56）中，充分性条件变为

$$\varepsilon_r\kappa_r\left(\alpha_s+\frac{y_s^{\alpha_s}}{w_s}\sum_{r:l\in r}z_l p'_l\right)<2\sin\left(\frac{\pi}{2(2D_r+1)}\right),\quad r\in s,\ s\in S$$

特别地，如果选择$p_l(z_l(t))=(z_l(t)/C_l)^{\beta_l}$，则上述充分性条件变为

$$\varepsilon_r\kappa_r\left(\alpha_s+\beta_r\frac{q_r}{\eta(q_r+(1-\varepsilon_r)/\varepsilon_r)}\right)<2\sin\left(\frac{\pi}{2(2D_r+1)}\right),\quad r\in s,\ s\in S$$

其中，$\beta_r=\max\{\beta_l,l\in r\}$。

注 5.9　若$\varepsilon_r=1$，$r\in s$，并且$\eta=1$，则上述充分性条件式（5.56）变为

$$\frac{\kappa_r}{q_r}\left(-U_s''y_s+\sum_{r:l\in r}z_lp_l'\right)<2\sin\left(\frac{\pi}{2(2D_r+1)}\right),\quad r\in s,\ s\in S \tag{5.57}$$

同时，式（5.57）等价于

$$\frac{\kappa_r}{q_r}\left(\alpha_sq_r+\sum_{r:l\in r}z_lp_l'\right)<2\sin\left(\frac{\pi}{2(2D_r+1)}\right),\quad r\in s,\ s\in S$$

这与单路径网络中具有传输时延的拥塞控制算法在平衡点处局部稳定的充分性条件是类似的[129]。而且，若选择价格函数$p_l(z_l(t))=(z_l(t)/C_l)^{\beta_l}$，则式（5.57）变为

$$\kappa_r(\alpha_s+\beta_r)<2\sin\left(\frac{\pi}{2(2D_r+1)}\right),\quad r\in s,\ s\in S$$

上述离散形式的充分性条件为多路径传输协议在互联网中有效实施提供了有益参考，从而能够在具有网络传输时延的实际环境中实现协议的稳定性。

事实上，当网络往返传输时延D_r较大时，上述离散形式的算法稳定充分性条件近似于连续形式的算法稳定充分性条件，即

$$2\sin\left(\frac{\pi}{2(2D_r+1)}\right)\approx\frac{2\pi}{2(2D_r+1)}\approx\frac{\pi}{2D_r}$$

5.4.5　ECN 标记

上述的流量控制算法中的价格机制依赖于数据包丢失带来的拥塞信号，实际上，ECN 是一种在即将发生拥塞时有效提供早期拥塞信号的机制。

为了使 ECN 标记机制能够用于提出的流量控制算法，这里将“丢弃”数据包解释为“标记”数据包，例如，解释$\hat{x}_r(t)$为接收端收到的“未标记”数据包的速率。由于路由器缓冲区是有限的，假设在链路l处，当该链路上的聚合速率超过一个阈值$\hat{C}_l\leqslant C_l$时，一部分到达的数据包就被标记。被标记的数据包比例为$p_l(z_l)=(z_l-\hat{C}_l)^+/z_l$，其中$z_l$是链路$l$上的聚合速率。

若链路l上的标记阈值$\hat{C}_l(t)$选择得当，则上述流量控制算法可以提供免丢包服务，接下来分析数据包标记合理阈值$\hat{C}_l$，使每条链路上的聚合速率不超过该链路的带宽，得到下列定理。

定理 5.7　对于每条链路l，若数据包标记阈值$\hat{C}_l$满足下列不等式：

$$\sum_{r:l\in r}\left(\frac{w_s}{\eta(1/\varepsilon_r-\hat{C}_l/C_l)}\right)^{\frac{1}{\alpha_s}}\leqslant C_l,\quad r\in s \tag{5.58}$$

则在式（5.34）的最优点处满足$\sum_{r:l\in r}x_r\leqslant C_l$。

证明：该结论采用反证法。假设存在一条链路l，在平衡点处满足$\sum_{s:l\in s}x_s>C_l$。

考虑用户$s\in S$的一条路径$r\in s$，满足$l\in r$，在平衡点处得到

$$\frac{w_s}{\left(\sum_{r:r\in s}x_r\right)^{\alpha_s}}=\eta\left(\sum_{l:l\in r}\frac{\left(\sum_{k:l\in k}x_k(t)-\hat{C}_l\right)^+}{\sum_{k:l\in k}x_k(t)}+\frac{1-\varepsilon_r}{\varepsilon_r}\right)$$

$$\geqslant\eta\left(\frac{\sum_{s:l\in s}x_s(t)-\hat{C}_l}{\sum_{s:l\in s}x_s(t)}+\frac{1-\varepsilon_r}{\varepsilon_r}\right)\geqslant\eta\left(\frac{C_l-\hat{C}_l}{C_l}+\frac{1-\varepsilon_r}{\varepsilon_r}\right)$$

则

$$\sum_{r:r\in s}x_r\leqslant\left(\frac{w_s}{\eta(1/\varepsilon_r-\hat{C}_l/C_l)}\right)^{\frac{1}{\alpha_s}}$$

因此

$$\sum_{s:l\in s}\sum_{r:r\in s}x_r\leqslant\sum_{s:l\in s}\left(\frac{w_s}{\eta(1/\varepsilon_r-\hat{C}_l/C_l)}\right)^{\frac{1}{\alpha_s}}$$

由式（5.58）可得，上述不等式中右边部分小于或等于C_l，同时，由假设得到左边部分大于C_l，由此得到矛盾。定理得证。 □

通过式（5.58）可以发现，为了增加可用带宽$\hat{C}_l$，需要增加参数η以确保实现数据包免丢弃。为了更好地理解，考虑一个简单的多路径网络，每个用户$s\in S$有两条并行链路l_1、l_2，带宽分别为C_1、C_2。由式（5.38）或式（5.39）可以发现，对r_i，$i=1,2$，式（5.34）的平衡点满足：

$$\frac{w_s}{(x_{r_1}(t)+x_{r_2}(t))^{\alpha_s}}=\eta\left(\frac{\sum_{s_i:l_i\in s_i}x_{s_i}(t)-\hat{C}_{l_i}}{\sum_{s_i:l_i\in s_i}x_{s_i}(t)}+\frac{1-\varepsilon_{r_i}}{\varepsilon_{r_i}}\right)$$

由对称性不难得到$x_{r_1}=x_{r_2}$，则有

$$\frac{w_s}{(2x_r(t))^{\alpha_s}}=\eta\left(\frac{|S|x_r(t)-\hat{C}_l}{|S|x_r(t)}+\frac{1-\varepsilon_r}{\varepsilon_r}\right)$$

当 $\alpha_s=1$，$\varepsilon_r=1$ 时，$|S|x_r(t)=\hat{C}_l+|S|w_s/2\eta$。因此，若 $\hat{C}_l+|S|w_s/2\eta\leqslant C_l$，则式（5.34）的平衡点满足零丢包。注意到 $\hat{C}_l$ 依赖于网络中的用户数量，因此增加变量 η 从而增大可用带宽是确保零丢包的唯一方法。所以，随着用户数量 $|S|$ 的增加，需要增加变量 η 从而保证网络中零丢包。

5.5 仿真与分析

本节利用仿真结果分析上述分布式算法的收敛性能，并讨论在具有网络传输时延的实际环境中，具有往返传输时延的算法在平衡点处的稳定性。

5.5.1 无随机丢包的分布式算法

考虑如图 2.2 所示的多路径网络拓扑，网络中有两对源端和目的端，即两个用户。为了分析方便，不考虑与终端直接相连的链路，而仅考虑网络中的四条链路，不妨假设链路带宽为 $C=(C_1,C_2,C_3,C_4)=$ (30, 60, 40, 30)Mbit/s。用户提供的支付为 $w=(w_1,w_2)=(20, 30)$，用户在每条路径上的初始速率为 2Mbit/s。

考虑用户之间资源分配的比例公平性，即效用函数参数为 $\alpha=(\alpha_1,\alpha_2)=(1, 1)$。首先，不考虑网络中的传输时延，选择算法迭代步长 $\kappa=(\kappa_1,\kappa_2)=(0.5, 0.5)$，利用速率迭代算法（式（5.8）～式（5.13））得到的用户在各条路径上的最优带宽分配如表 5.1 所示，同时，对于该优化问题，利用非线性规划软件 LINGO 得到的最优解也如表 5.1 所示。因此，该算法是收敛的，且平衡点就是模型的最优点。由于一个用户有多条路径，所以用户在各条路径上的最优速率并不是唯一的，但各个用户的总的最优速率却是唯一的。

表 5.1　无随机丢弃情形下多路径网络资源公平分配

变量	x_1^*	x_2^*	x_3^*	x_4^*	y_1^*	y_2^*
速率迭代算法	30.0000	6.0000	25.7070	28.2930	36.0000	54.0000
LINGO	30.0000	6.0000	25.5665	28.4335	36.0000	54.0000

速率迭代算法的仿真结果如图 5.1 所示，其中图 5.1(a)是用户 1 在路径 $A\to B$、路径 $C\to D\to B$ 上的速率与总速率，图 5.1（b）是用户 2 在路径 $C\to D\to B$、路径 $C\to D\to E$ 上的速率与总速率。从图 5.1 中可以得到，该算法收敛到了模型的最优带宽分配。

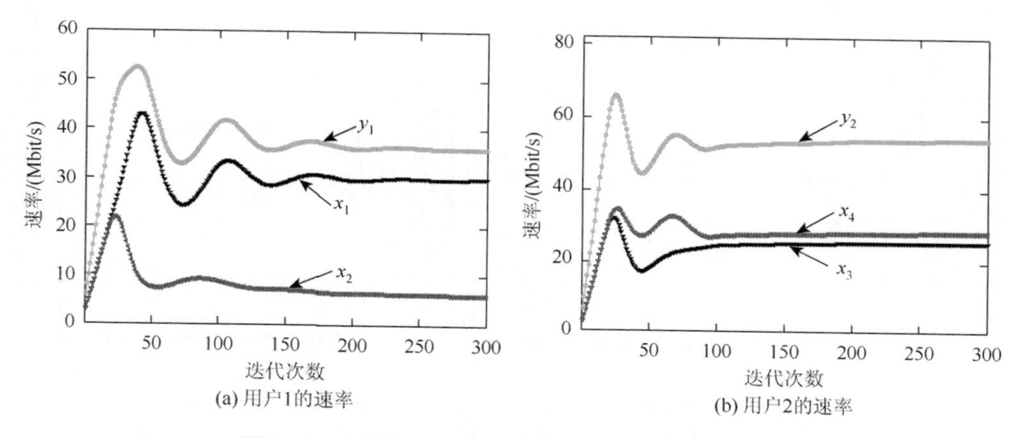

(a) 用户1的速率　(b) 用户2的速率

图 5.1　无随机丢弃情形下多路径网络资源公平分配

接下来，分析具有往返传输时延的算法在平衡点处的稳定性。这里不考虑队列时延，每条链路上的传输时延为 $d=(d_1,d_2,d_3,d_4)=(30, 20, 20, 10)$ms。在具有往返传输时延的算法中，选择迭代步长 $\kappa=(\kappa_1,\kappa_2)=(0.02, 0.02)$，该参数满足算法局部稳定的充分性条件，即式（5.22）。此时算法的仿真结果如图 5.2 所示，其中图 5.2（a）和图 5.2（b）是用户 1 分别在路径 1 和路径 2 上的速率，图 5.2（c）和图 5.2（d）是用户 2 分别在路径 3 和路径 4 上的速率。可以发现，对于具有往返传输时延的算法，此时算法参数满足式（5.22），算法在平衡点处是稳定的，能够收敛到最优点。

同时注意到，此时算法的最优点为 $x=(x_1^*,x_2^*,x_3^*,x_4^*)=(30.0000, 6.0000, 32.2070, 21.7930)$Mbit/s，与不考虑传播时延时的最优点不同。这并不难理解，资源分配模型的目标函数对于变量 $x(t)=(x_r(t), r\in s, s\in S)$ 是凹函数但并不是严格凹函数，因此最优资源分配存在但并不一定唯一，此时的算法收敛到了其中的一个最优点。

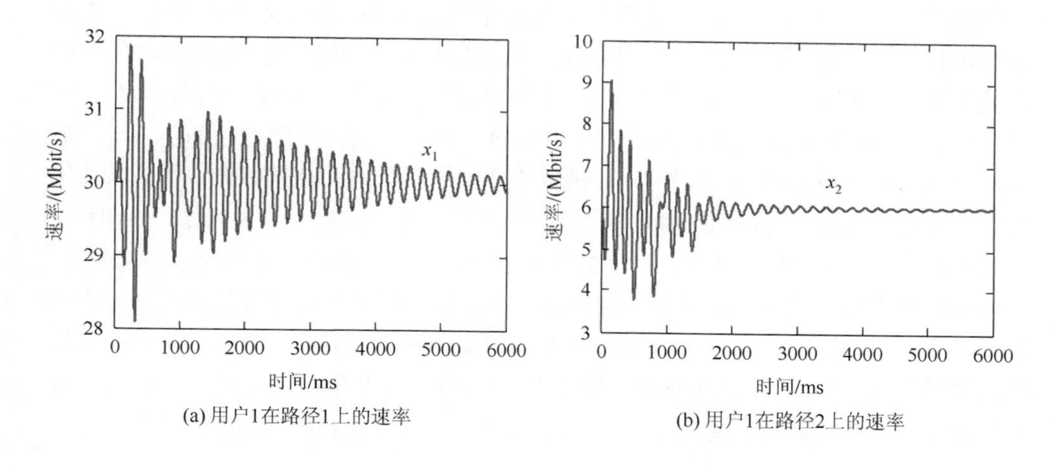

(a) 用户1在路径1上的速率　(b) 用户1在路径2上的速率

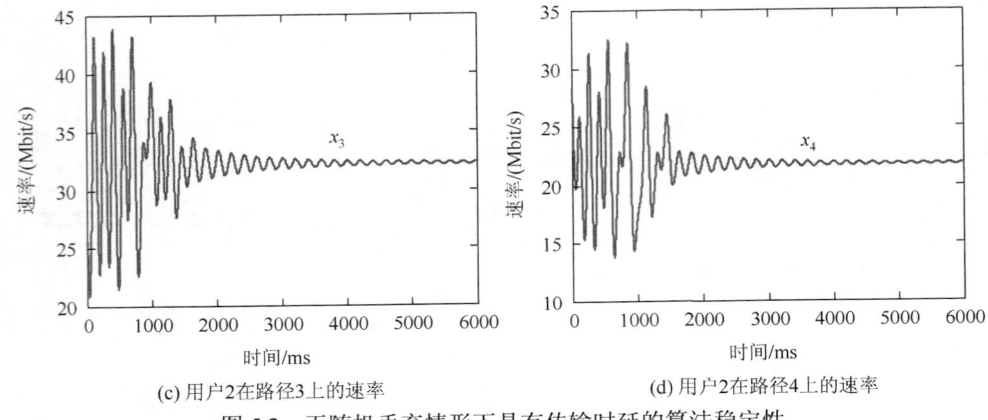

(c) 用户2在路径3上的速率　　(d) 用户2在路径4上的速率

图 5.2　无随机丢弃情形下具有传输时延的算法稳定性

5.5.2　具有随机丢包的分布式算法

考虑如图 5.3 所示的多路径网络拓扑，网络中有两对源端和目的端，即两个用户，分别为用户 1（S_1-D_1）和用户 2（S_2-D_2）。网络有两条路径，分别为路径 1($A \to B$)与路径 2($C \to E$)。假设每条路径上都有一条瓶颈链路，带宽分别为$C=(C_1,C_2)=(30, 50)$Mbit/s，链路上的传输时延为$d=(d_1,d_2)=(30, 20)$ms，用户提供的支付为$w=(w_1,w_2)=(5, 10)$。算法中的参数为$\eta=1$，$\kappa=(\kappa_1,\kappa_2)=(0.05, 0.05)$。此时网络参数满足算法在平衡点处局部稳定的充分性条件，即式（5.50）。

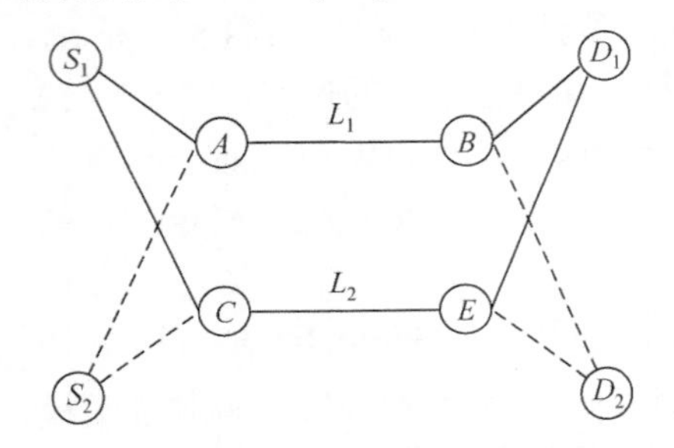

图 5.3　具有随机丢包的多路径网络拓扑

首先，不考虑网络中存在的随机丢包，仅分析具有传输时延的算法在平衡点处的稳定性，此时仿真结果如图 5.4 所示，其中图 5.4（a）是用户 1 在各条路径上的速率与总速率，图 5.4（b）是用户 2 在各条路径上的速率与总速率。可以发现，算法能够在有限的迭代时间内收敛到资源分配模型的最优点$x^*=(x_1^*,x_2^*,x_3^*,x_4^*)=(4.5434, 22.1212, 25.4630, 27.8724)$Mbit/s。

接下来分析随机丢包环境下具有往返传输时延的算法在平衡点处的稳定性。假设$\varepsilon=(\varepsilon_1,\varepsilon_2)=(0.98, 0.97)$，即路径 1 和路径 2 上随机丢弃造成的数据包丢失的比例分别为 0.02 和 0.03。此时算法的仿真结果如图 5.5 所示，其中图 5.5（a）是用户 1 在各条路径上的速率与总速率，图 5.5（b）是用户 2 在各条路径上的速率与总速率。通过仿真结果可以发现，此时算法仍能够在有限的迭代时间内收敛到资源分配模型的最优点$x^*=(x_1^*,x_2^*,x_3^*,x_4^*)=(4.4030, 22.9816, 26.2116, 28.5624)$Mbit/s。与不考虑随机丢包的情形类似，由于资源分配模型的目标函数对变量$x(t)=(x_r(t), r\in s, s\in S)$是凹函数但并不是严格凹函数，所以最优资源分配存在但并不一定唯一。

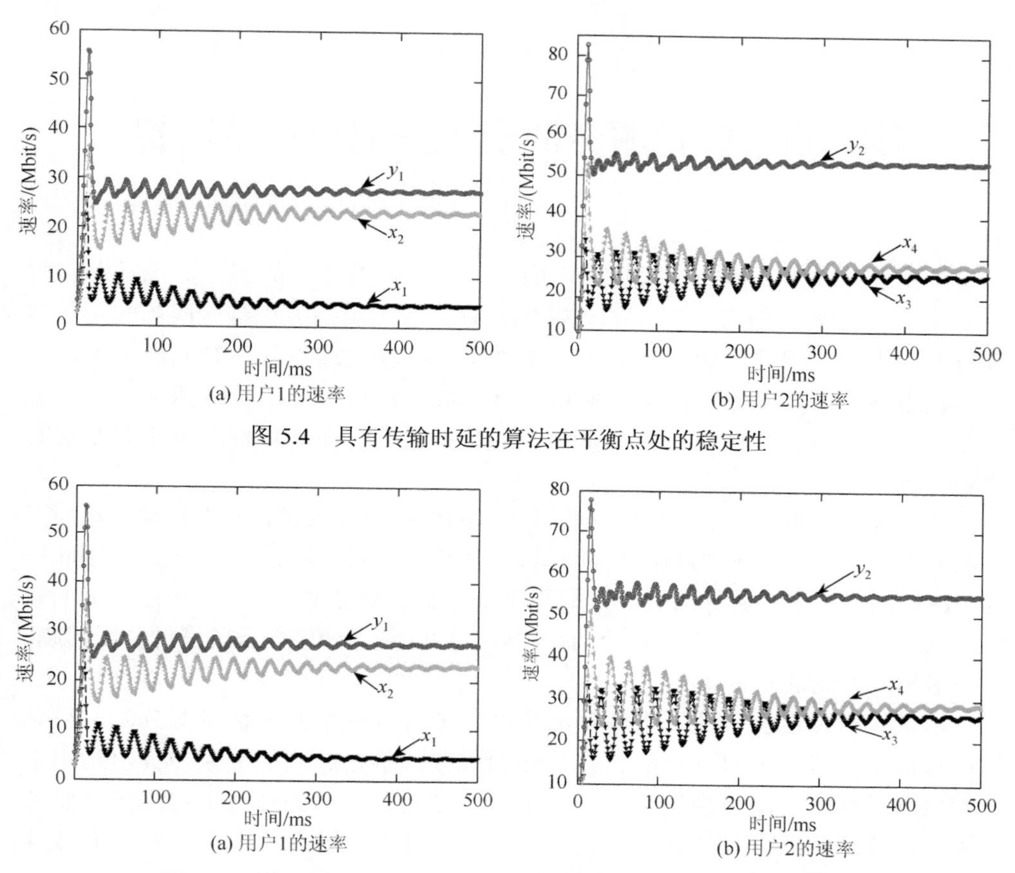

图 5.4　具有传输时延的算法在平衡点处的稳定性

图 5.5　随机丢弃环境下具有传输时延的算法在平衡点处的稳定性

5.6　本 章 小 结

本章分析了多路径网络中的资源公平分配问题，利用子梯度方法建立了分布式资源分配算法，分析了该算法在不考虑网络传输时延时的收敛性，当考虑网络中的传输时延时，得到了算法在平衡点处稳定的充分性条件，并进一步探讨了路由器上队列时延对算法稳定的影响，提出了具有队列时延的算法在平衡点处稳定的充分性条件。

同时，本章分析了网络中非拥塞因素带来的随机丢包对资源分配算法的影响，探讨了算法在不考虑网络传输时延时的全局渐近稳定性，并分析了影响算法收敛速度的因素，当考虑网络传输时延时，得到了算法在平衡点处稳定的充分性条件，并分别以连续形式和离散形式给出，最后借鉴虚拟队列思想给出了虚拟带宽标记阈值，使该算法可以应用 ECN 功能而实现数据包的零丢弃。仿真结果和数据分析验证了算法的有效性、收敛性和稳定性。

第 6 章　弹性服务的资源分配与流量控制

伴随着互联网规模的不断扩大，网络中出现了多样化的服务，包括非实时的文件共享、Web 服务，实时的多媒体视频、音频服务等，这些服务的不断丰富极大地满足了用户对应用的需求。根据用户在获取这些服务时的满意度，或者这些服务在一定带宽下的服务质量，这些服务可以大体上分成两类：弹性服务和非弹性服务。弹性服务主要是传统的数据服务，而非弹性服务主要是实时的多媒体服务。

弹性服务和非弹性服务都可以利用现有的多路径技术进行数据传输，从而可以极大地提高服务完成的效率和吞吐量，但同时也增加了网络中的流量，因此研究多路径网络中各类服务的资源分配和流量控制就变得尤为重要，但这部分的研究成果还很少。本章与第 7 章将分别探讨弹性服务和非弹性服务的资源分配问题，并提出相应的流量控制算法。

本章针对弹性服务建立资源分配模型，分析该模型的最优带宽分配，得到用户在请求获得服务时支付的价格与路径收取的价格之间的关系，提出适用于一般多路径网络的流量控制算法。对于并行多路径网络的环境，得到各个服务最优带宽分配的具体表达式，仿真结果验证了弹性服务流量控制算法的有效性和收敛性。详细内容也可参考文献[95]和文献[96]。

6.1　问题的提出

网络中有各种各样的服务，每种服务在获得一定带宽时均有各自的服务质量，从而用户在请求服务时得到的满意度也不尽相同。从用户对服务的满意度考虑，文献[3]首次引入了服务效用的概念，并据此对服务进行了分类，包括非实时的数据服务、硬实时的服务、时延自适应的实时服务和速率自适应的实时服务，但并没有给出各类服务的具体效用函数。文献[37]和文献[130]首次从经济学的角度，基于效用优化的方法研究了网络资源分配问题，提出了网络效用最大化的目标，指出利用集中式或分布式的方法都可以实现效用最大化目标。

为了得到效用函数的具体形式，文献[131]分析了各类服务的效用曲线，将效用函数分成了三类：线性函数、凹函数和阶梯函数，并提出了动态的资源分配算法，实现了网络效用最大化的目标。而文献[132]指出弹性服务的效用函数是单调递增的、严格凹的、连续可微的函数，用对数型函数可以很好地模拟该效用函数。文献[133]分析了 HTTP 类型服务的效用函数，从 HTTP 服务表现的特点得到了该类服务效用函数的表达式。文献[134]从公平性的角度将资源分配归结为三个不同目标：最大最小公平性、比例公平性和最小通信时延，并给出了流量控制算法。

上述研究基本上都是探讨服务的效用函数的具体形式，在利用网络效用最大化的思想分析服务的资源分配方面，文献[50]分析了弹性业务的资源分配问题，得到了最优带宽与缓冲区分配的平衡点。文献[51]讨论了弹性服务和非弹性服务的资源分配问题，分析了流量控制算法和用户公平性问题。文献[52]从传输层与网络层的跨层角度考虑了弹性业务的资源分配问题，并分析了网络效用最大化模型的最优解。文献[54]考虑了多类型服务的资源分配问题，分析了原-对偶算法的收敛性，得到了最优资源分配。文献[55]也分析了多类型服务的资源分配问题，将模型简化为仅在一条链路上的多服务资源分配问题，得到了各服务的最优带宽分配。

由此可见，在单路径网络中，为了满足各类服务的满意度，基于网络效用最大化的思想研究服务的资源分配问题已经取得了不少成果，但多路径网络的相关成果却非常少见，而各类服务已经可以利用多路径传输协议进行数据传输，本章的主要内容就是基于效用最大化的思想研究弹性服务的资源分配问题。首先，分析一般多路径网络中弹性服务的资源分配问题，提出一类基于速率的流量控制算法；其次，针对并行多路径网络，得到最优带宽分配的具体表达式。

6.2　弹性服务的资源分配模型

6.2.1　弹性服务与效用函数

效用描述了用户在获取服务时的满意度或者具体服务在一定带宽下的服务质量，是关于带宽的单调递增函数。根据各种服务的效用函数的不同，服务可以分成两大类：弹性服务和非弹性服务。弹性服务是一些传统的数据服务，对时延和带宽要求不是非常敏感，如数据传输、E-mail、Web 服务等，这类服务的效用可以用单调递增、连续可微的凹函数来描述，如图 6.1 所示。弹性服务主要是利用具有拥塞控制机制的传输协议来传输数据的服务，可以根据网络的拥塞信息相应地调整传输速率。当网络发生拥塞时，随着该类服务传输速率的逐步降低，服务获得的效用是逐步降低的，服务的服务质量也是逐步下降的，不会出现剧烈的抖动。非弹性服务主要是没有利用具有拥塞控制机制的传输协议来传输数据的服务，这类服务对时延和带宽要求非常敏感，如多媒体视频、音频等，这类服务的效用可以用非凹函数来描述。

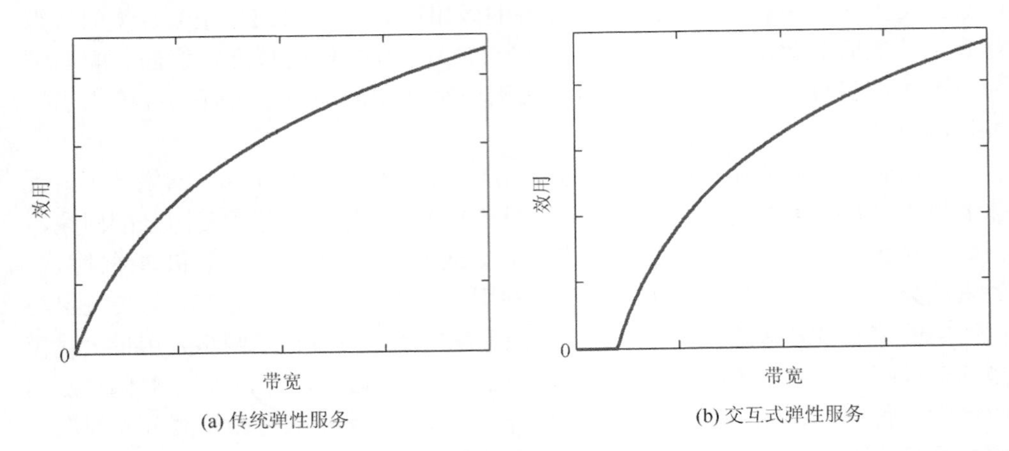

图 6.1　弹性服务与效用函数

大多弹性服务对最低带宽没有要求，当获得的带宽为零时效用为零，如图 6.1（a）所示。这一类弹性服务认为是传统弹性服务（traditional elastic services）。而有些弹性服务有一定的最小带宽要求，如 Web 浏览服务，当用户请求服务时，若带宽满足不了一定的要求，网页会长时间无法正常显示，由于等待时间过长而使用户很不耐烦，导致服务的效用几乎为零。因此，这类服务有一个最小的服务带宽，若低于该带宽，那么服务的效用将为零，而当大于该带宽后，服务的效用是一个连续可微的凹函数，如图 6.1（b）所示。这一类弹性服务认为是交互式弹性服务（interactive elastic services）。

文献[53]～文献[55]提出了弹性服务的效用函数，可以用下列函数表达：

$$U_s(y_s(t)) = c_s(\ln(a_s y_s(t) + b_s) + d_s) \tag{6.1}$$

其中，a_s、b_s、c_s 和 d_s 是服务 s 的参数，不同的弹性服务具有不同的具体参数。如图 6.1 所示，传统的弹性服务具有如下形式的效用函数：

$$U_s(y_s(t)) = w_s \ln(y_s(t) + 1) \tag{6.2}$$

而交互式的弹性服务具有如下形式的效用函数：

$$U_s(y_s(t)) = w_s \ln(y_s(t)/B_s)\frac{\operatorname{sgn}(y_s(t) - B_s) + 1}{2} \tag{6.3}$$

其中，w_s 可以理解为请求该服务的用户所支付的费用；B_s 是交互式弹性服务所应该满足的最小带宽；$\operatorname{sgn}(\cdot)$ 是符号函数，满足：

$$\operatorname{sgn}(a)=\begin{cases}1, & a>0\\ 0, & a=0\\ -1, & a<0\end{cases} \tag{6.4}$$

6.2.2　资源分配模型

考虑在一个多路径网络中，每一对源端和目的端要完成一个服务，利用多条路径进行数据传输。模型中用到的符号及含义如表 6.1 所示。

表 6.1　弹性服务的资源分配模型中的符号及含义

符号	含义
S	弹性服务的集合
L	链路的集合
P	路径的集合
$L(p)$	路径 $p\in P$ 的所有链路的集合
$P(s)$	服务 $s\in S$ 用到的路径的集合
$P(l)$	途经链路 $l\in L$ 的路径的集合
$U_s(\cdot)$	服务 s 的效用函数
$y_s(t)$	服务 s 的总传输速率
$x_{sp}(t)$	服务 s 在路径 p 上的传输速率
C_l	链路 l 的带宽

由于服务 s 利用多路径进行数据传输，$y_s(t)=\sum\limits_{p:p\in P(s)}x_{sp}(t)$。同时，由于各条链路的带宽是一定的，所以 $\sum\limits_{p:p\in P(l)}x_{sp}(t)\leqslant C_l$。网络的目标是最大化所有服务的聚合效用，则弹性服务的资源分配可以归结为如下非线性规划问题（P6.1）：

$$\text{(P6.1)}:\ \max \quad \sum_{s:s\in S}U_s(y_s(t)) \tag{6.5}$$

$$\text{subject to} \quad \sum_{p:p\in P(s)}x_{sp}(t)=y_s(t),\quad \forall s\in S \tag{6.6}$$

$$\sum_{p:p\in P(l)}x_{sp}(t)\leqslant C_l,\quad \forall l\in L \tag{6.7}$$

$$\text{over} \quad x_{sp}(t)\geqslant 0,\quad s\in S,\ p\in P \tag{6.8}$$

其中，服务 s 的效用函数 $U_s(y_s(t))$ 具有式（6.2）或式（6.3）的形式。

多路径网络弹性服务的资源分配模型（P6.1）中，每一对源端和目的端之间建立了多条路径，网络的目标是在每条路径上各个链路带宽一定的前提下，最大化网络所有服务的聚合效用。对于该模型，可以得到下列定理。

定理 6.1　当服务均是弹性服务时，多路径网络弹性服务资源分配模型（P6.1）是一个凸规划问题，各个服务均存在最优的带宽分配 $y=(y_s^*,s\in S)$，但服务在各条路径上的具体最优带宽分配 $x=(x_{sp}^*,s\in S,p\in P)$ 并不唯一。

证明： 弹性服务的资源分配模型（P6.1）的约束条件是线性的，则约束域是凸集。由于各个弹性服务的效用函数是凹函数，所以目标函数关于变量 $y=(y_s(t),s\in S)$ 的 Hessian 矩阵是一个负定矩阵，即目标函数关于变量 $y=(y_s(t),s\in S)$ 是严格的凹函数。由非线性规划理论[111]可得，模型（P6.1）是一个严格的凸规划问题，各个服务存在最优的带宽分配 $y=(y_s^*,s\in S)$。但目标函数关于原变量 $x=(x_{sp}(t),s\in S,p\in P)$ 的 Hessian 矩阵是一个非正定矩阵，即目标函数关于原变量 $x=(x_{sp}(t),s\in S,p\in P)$ 并不是严格的凹函数。因此，服务在各路径上的最优带宽分配 $x=(x_{sp}^*,s\in S,p\in P)$ 并不唯一。定理得证。 □

6.2.3 最优带宽分配

弹性服务的资源分配模型（P6.1）的 Lagrange 函数为

$$\begin{aligned}L(x,y;\lambda,\mu;\delta^2)&=\sum_{s:s\in S}\left(U_s(y_s(t))+\lambda_s\left(\sum_{p:p\in P(s)}x_{sp}(t)-y_s(t)\right)\right)+\sum_{l:l\in L}\mu_l\left(C_l-\sum_{p:p\in P(l)}x_{sp}(t)-\delta_l^2\right)\\&=\sum_{s:s\in S}\left(U_s(y_s(t))-\lambda_s y_s(t)\right)+\sum_{s:s\in S}\sum_{p:p\in P(s)}x_{sp}(t)\left(\lambda_s-\sum_{l:l\in L(p)}\mu_l\right)+\sum_{l:l\in L}\mu_l(C_l-\delta_l^2)\end{aligned}\tag{6.9}$$

其中，$\lambda_s\geqslant 0$ 为请求弹性服务 s 的用户支付给路径 $P(s)$ 的价格；$\mu_l\geqslant 0$ 为链路 l 对路径途经该链路的用户所收取的价格；松弛变量 $\delta_l^2\geqslant 0$ 为链路 l 上的剩余带宽。

假设弹性服务的资源分配模型（P6.1）的最优解是 $(x^*,y^*,\mu^*,\lambda^*,\delta^2)$，则可得下列定理。

定理 6.2　考虑弹性服务的资源分配模型（P6.1），假设 p_1 和 p_2 分别是弹性服务 s 的两条路径，若在资源分配模型的最优点处，两条路径上的速率均非零，则这两条路径的价格是相等的，即若 $x_{sp_1}^*>0$，$x_{sp_2}^*>0$，其中 p_1，$p_2\in P(s)$，则 $\sum_{l:l\in L(p_1)}\mu_l^*=\sum_{l:l\in L(p_2)}\mu_l^*=\lambda_s^*$。

证明： 弹性服务具有式（6.2）或式（6.3）的效用函数，在弹性服务的资源分配模型（P6.1）的最优带宽分配处，根据 KKT 条件，下列关系式成立：

$$U_s'(y_s^*) - \lambda_s^* \Rightarrow \begin{cases} =0, & y_s^* > 0 \\ \leqslant 0, & y_s^* = 0 \end{cases}, \quad \forall s \in S \tag{6.10}$$

$$\lambda_s^* - \sum_{l:l\in L(p)} \mu_l^* \Rightarrow \begin{cases} =0, & x_{sp}^* > 0 \\ \leqslant 0, & x_{sp}^* = 0 \end{cases}, \quad \forall s \in S,\ \forall p \in P(s) \tag{6.11}$$

式（6.10）和式（6.11）是弹性服务的资源分配模型（P6.1）存在最优解的必要条件。

因此，在同一个用户使用的多条路径上，如 p_1，$p_2 \in P(s)$，若 $x_{sp_1}^* > 0$，$x_{sp_2}^* > 0$，则对于具有式（6.2）所示效用函数的传统弹性服务，有关系式：

$$\sum_{l:l\in L(p_1)} \mu_l^* = \sum_{l:l\in L(p_2)} \mu_l^* = \lambda_s^* = \frac{w_s}{y_s^*+1} = \frac{w_s}{\sum_{p:p\in P(s)} x_{sp}^* + 1} \tag{6.12}$$

对于具有式（6.3）所示效用函数的交互式弹性服务，有关系式：

$$\sum_{l:l\in L(p_1)} \mu_l^* = \sum_{l:l\in L(p_2)} \mu_l^* = \lambda_s^* = \frac{w_s}{y_s^*} = \frac{w_s}{\sum_{p:p\in P(s)} x_{sp}^*} \tag{6.13}$$

定理得证。 □

由式（6.9），弹性服务 s 的最优传输速率可以表示为

$$y_s^*(\lambda_s) = \arg\max U_s(y_s(t)) - \lambda_s y_s(t) \tag{6.14}$$

而请求弹性服务 s 的用户应该支付的最优价格为

$$\lambda_s^* = \frac{\mathrm{d}U_s}{\mathrm{d}y_s^*} \tag{6.15}$$

针对弹性服务，最优带宽分配 y_s^* 与支付的最优价格 λ_s^* 之间的关系如图 6.2 所示。由于弹性服务的效用函数是凹函数，所以最优带宽分配与最优价格是一一对应的。

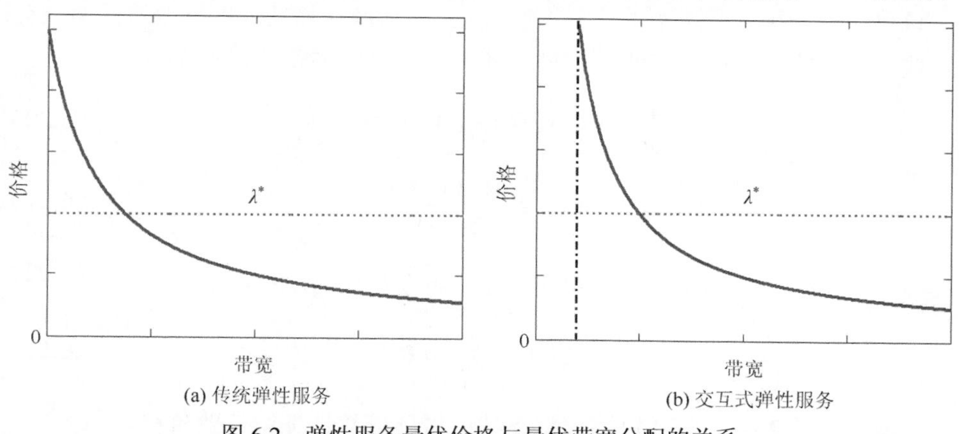

(a) 传统弹性服务　(b) 交互式弹性服务

图 6.2　弹性服务最优价格与最优带宽分配的关系

将式（6.15）代入式（6.9）后，可以改写为

$$\begin{aligned}\hat{L}(x;\mu) &= \sum_{s:s\in S} U_s\left(\sum_{p:p\in P(s)} x_{sp}(t)\right) + \sum_{l:l\in L}\mu_l\left(C_l - \sum_{p:p\in P(l)} x_{sp}(t) - \delta_l^2\right) \\ &= \sum_{s:s\in S}\left(U_s\left(\sum_{p:p\in P(s)} x_{sp}(t)\right) - \sum_{p:p\in P(s)} \mu_l x_{sp}(t)\right) + \sum_{l:l\in L}\mu_l(C_l - \delta_l^2)\end{aligned} \tag{6.16}$$

则由式（6.16）弹性服务 s 在其各条路径上的最优传输速率可以表示为

$$(x_{sp}^*(\mu_l)) = \arg\max U_s\left(\sum_{p:p\in P(s)} x_{sp}(t)\right) - \sum_{p:p\in P(s)} \mu_l x_{sp}(t) \tag{6.17}$$

因此，弹性服务资源分配模型（P6.1）的对偶问题为

$$\min D(\mu) = \hat{L}(x^*(\mu),\mu) \tag{6.18}$$

$$\text{subject to } \mu \geqslant 0 \tag{6.19}$$

多路径网络中，弹性服务的资源分配模型（P6.1）是关于服务效用的最优化问题，目标是在链路带宽一定的前提下，最大化网络中所有服务的聚合效用；而它的对偶问题则是关于链路代价的最优化问题，目标是在满足各服务的效用达到一定程度的前提下，最小化网络中所有链路的代价。由于各个用户在获取服务时是竞争网络资源的非合作关系，上述资源分配问题若从非合作博弈论的角度考虑，最优带宽分配就是该博弈问题的 Nash 平衡点。

6.2.4 流量控制算法

本节提出弹性服务的流量控制算法，从而可以得到弹性服务的最优带宽分配。这里并没有假设同一对源端和目的端之间的多条路径是链路分离的，不过提出的算法也同样适用于链路分离的并行多路径网络。

该算法是一种基于速率的流量控制算法，包括源端算法和链路端算法两部分。在时刻 $t=1,2,\cdots$，每个源端根据下述的源端算法调整传输速率：

$$\frac{\mathrm{d}x_{sp}(t)}{\mathrm{d}t} = \left(\kappa x_{sp}(t)(\lambda_s(t) - q_{sp}(t))\right)_{x_{sp}(t)}^{+} \tag{6.20}$$

$$\lambda_s(t) = \frac{\mathrm{d}U_s(y_s(t))}{\mathrm{d}y_s(t)} \tag{6.21}$$

$$y_s(t) = \sum_{p:p\in P(s)} x_{sp}(t) \tag{6.22}$$

$$q_{sp}(t) = \sum_{l:l\in L(p)} \mu_l(t) \tag{6.23}$$

在时刻 $t=1,2,\cdots$，每条链路根据下述的链路端算法调整链路价格：

$$\frac{\mathrm{d}\mu_l(t)}{\mathrm{d}t}=\left(\nu(z_l(t)-C_l)\right)^+_{\mu_l(t)} \tag{6.24}$$

$$z_l(t)=\sum_{p:p\in P(l)}x_{sp}(t) \tag{6.25}$$

其中，$\kappa>0$，$\nu>0$ 是算法的迭代步长。

在上述的源端算法，即式（6.20）～式（6.23）中，用户在请求弹性服务 s 时，源端根据目前的总速率 $y_s(t)$，利用式（6.21）得出应该支付给路径 p 的价格 $\lambda_s(t)$，通过式（6.23）得到路径 p 收取的端到端价格 $q_{sp}(t)$，然后根据式（6.20）调整其在该路径上的速率 $x_{sp}(t)$；在链路端算法（式（6.24）和式（6.25））中，链路 l 根据式（6.25）得到经过该链路的总流量 $z_l(t)$，利用式（6.24）调整它在该链路上的价格 $\mu_l(t)$。

由此可见，源端算法是在源端实现的，它只需要得到从各条路径 p 上反馈回来的价格信息，根据目前的传输速率调整传输速率 $x_{sp}(t)$；而链路端算法是在链路上实现的，它根据目前经过每条链路 l 的总流量，调整该链路上的价格 $\mu_l(t)$，并将链路的价格信息发送给目的端，目的端再将整条路径的端到端价格反馈给源端。

注 6.1　用户在获取弹性服务时，在各条路径上仅需知道支付的价格和路径收取的价格，就可以调整下一时刻的传输速率；而对于链路端算法，每条链路仅需知道经过该链路的总流量，就可以调整下一时刻的收取价格。很明显，源端算法和链路端算法都仅依赖各自的局部信息，因此算法是分布式的。

注 6.2　通过式（6.24）可以看出，这里选取的链路价格迭代函数其实就是链路上的队长，当然也可以选择其他的价格函数。而式（6.23）可以理解为该路径上的端到端队列长度。

在实际网络环境中，由于源端的内在时钟特性，流量控制算法更多的是以离散形式进行的，所以给出上述算法的离散形式。

源端算法：在时刻 $t=1,2,\cdots$，每个源端根据下述的源端算法调整传输速率，即

$$x_{sp}(t+1)=\left((1-\phi)x_{sp}(t)+\phi\tilde{x}_{sp}(t)+\phi\kappa x_{sp}(t)(\lambda_s(t)-q_{sp}(t))\right)^+_{x_{sp}(t)} \tag{6.26}$$

$$\tilde{x}_{sp}(t+1)=(1-\phi)\tilde{x}_{sp}(t)+\phi x_{sp}(t) \tag{6.27}$$

$$\lambda_s(t)=\frac{\mathrm{d}U_s(y_s(t))}{\mathrm{d}y_s(t)} \tag{6.28}$$

$$y_s(t)=\sum_{p:p\in P(s)}x_{sp}(t) \tag{6.29}$$

$$q_{sp}(t)=\sum_{l:l\in L(p)}\mu_l(t) \tag{6.30}$$

链路端算法：在时刻$t=1,2,\cdots$，每条链路根据下述的链路端算法调整链路价格，即

$$\mu_l(t+1)=\left(\mu_l(t)+\nu(z_l(t)-C_l)\right)^+_{\mu_l(t)} \tag{6.31}$$

$$z_l(t)=\sum_{p:p\in P(l)} x_{sp}(t) \tag{6.32}$$

$\phi>0$是算法的滤波因子，能够避免由于最优点不唯一而导致的算法波动现象。

上述弹性服务的流量控制算法的实现流程可以归结如下。

源端算法：在时刻$t=1,2,\cdots$，请求弹性服务s的源端执行以下步骤。

（1）根据式（6.30）接收到路径p上反馈回来的端到端路径价格$q_{sp}(t)$。

（2）根据式（6.29）计算得到当前时刻在各条路径上的总速率$y_s(t)$。

（3）根据当前时刻的总速率$y_s(t)$，利用式（6.28）得到应支付给路径p的价格$\lambda_s(t)$。

（4）根据式（6.26）和式（6.27）更新下一时刻在路径p上的速率$x_{sp}(t+1)$。

（5）在路径p上的每条链路$l\in L(p)$上，以速率$x_{sp}(t+1)$传输数据包。

链路l的算法：在时刻$t=1,2,\cdots$，链路l执行以下步骤。

（1）根据式（6.32）检测使用该链路的各条路径，得到当前时刻链路上的总流量$z_l(t)$。

（2）根据式（6.31）更新下一时刻该链路的价格$\mu_l(t+1)$。

（3）将链路价格$\mu_l(t+1)$标记在数据包头内，并将端到端的路径价格发送给目的端，以反馈的形式通告给使用该路径的源端。

上述的流量控制算法是一个逐步迭代的过程，直至得到弹性服务的最优资源分配。

6.3　并行多路径网络中弹性服务的资源分配

本节简化弹性服务的资源分配模型（P6.1），考虑并行多路径网络中的弹性服务资源分配问题，并得到资源最优分配的具体表达式。假设同一个服务使用多条链路分离的并行路径完成数据传输，并且每条路径上仅有一条瓶颈链路。因此，网络中存在多条瓶颈链路，但同一个服务使用的不同路径上具有不同的瓶颈链路。

6.3.1　资源分配模型

类似于第3章的讨论，令瓶颈链路的集合为L^B（即$\delta_l=0$，$\forall l\in L^B$，瓶颈链

路 l 的约束是积极约束），路径 p 上的瓶颈链路为 $L^B(p)$ 。

此时，模型（P6.1）可以简化为并行多路径网络中的弹性服务资源分配模型（P6.2）：

$$\text{(P6.2)}: \quad \max \quad \sum_{s:s\in S} U_s(y_s(t)) \tag{6.33}$$

$$\text{subject to} \quad \sum_{p:p\in P(s)} x_{sp}(t) = y_s(t), \quad \forall s\in S \tag{6.34}$$

$$\sum_{p:p\in P(l)} x_{sp}(t) \leqslant C_l, \quad \forall l\in L^B \tag{6.35}$$

$$\text{over} \quad x_{sp}(t) \geqslant 0, \quad s\in S,\ p\in P \tag{6.36}$$

相应地，并行多路径中弹性服务资源分配模型（P6.2）的 Lagrange 函数为

$$\begin{aligned}\hat{L}(x;\mu) &= \sum_{s:s\in S} U_s\left(\sum_{p:p\in P(s)} x_{sp}(t)\right) + \sum_{l:l\in L^B} \mu_l \left(C_l - \sum_{p:p\in P(l)} x_{sp}(t)\right) \\ &= \sum_{s:s\in S}\left(U_s\left(\sum_{p:p\in P(s)} x_{sp}(t)\right) - \sum_{p:p\in P(s)} \mu_l x_{sp}(t)\right) + \sum_{l:l\in L^B} \mu_l C_l \end{aligned} \tag{6.37}$$

由于每条路径仅有一条瓶颈链路，式（6.37）中第一部分中的 μ_l 就是路径 $p\in P(s)$ 上瓶颈链路 $l\in L^B(p)$ 的价格。

6.3.2　最优带宽分配

分析并行多路径网络中弹性服务的资源分配模型（P6.2），利用非线性规划理论可以得到下列定理。

定理 6.3　当服务均是弹性服务时，并行多路径网络资源分配模型（P6.2）是一个凸规划问题，各个服务均存在最优的带宽分配 $y=(y_s^*, s\in S)$，但服务在其各条可用路径上的具体最优带宽分配 $x=(x_{sp}^*, s\in S, p\in P)$ 并不唯一。

该定理的证明类似于定理 6.1 的证明，此处省略。

在弹性服务的资源分配模型（P6.2）的最优点处，通过分析服务使用的多条路径的价格，可以得到下列定理。

定理 6.4　假设 p_1 和 p_2 分别是服务 s 使用的两条并行路径，而 l_1 和 l_2 分别是路径 p_1 和 p_2 上的瓶颈链路，若在模型（P6.2）的最优带宽分配处，该两条路径上的速率均非零，则这两条瓶颈链路的价格是相等的，并且等于请求服务 s 的用户应支付的价格 λ_s 。也就是说，如果 $x_{sp_1}^* > 0$ ， $x_{sp_2}^* > 0$ ，其中 p_1， $p_2\in P(s)$， $l_1\in L^B(p_1)$ ， $l_2\in L^B(p_2)$， 则 $\mu_{l_1}^* = \mu_{l_2}^* = \lambda_s^*$ 。

证明： 在资源分配模型（P6.2）的最优点 $x_{sp_1}^* > 0$ ， $x_{sp_2}^* > 0$ 处，由式（6.37）可得

$$\frac{\partial L}{\partial x_{sp_1}^*} = \frac{\mathrm{d}L}{\mathrm{d}y_s^*}\frac{\partial y_s^*}{\partial x_{sp_1}^*} - \mu_{l_1}^* = 0, \quad \frac{\partial L}{\partial x_{sp_2}^*} = \frac{\mathrm{d}L}{\mathrm{d}y_s^*}\frac{\partial y_s^*}{\partial x_{sp_2}^*} - \mu_{l_2}^* = 0$$

同时，由式（6.10）可得

$$\mu_{l_1}^* = \mu_{l_2}^* = \frac{\mathrm{d}L}{\mathrm{d}y_s} = \lambda_s^* \tag{6.38}$$

因此，在模型（P6.2）的最优带宽分配处，若同一服务在多条并行路径上获得了非零的最优带宽分配，那么这些路径上瓶颈链路的价格是相等的。定理得证。 □

构建一个由 S 和 L^B 组成的无向图 $G=(S,L^B)$，节点代表服务 $s\in S$，而边代表瓶颈链路 $l\in L^B$。若图中两个节点之间有边连接，那么说明这两个服务的路径共享了瓶颈链路，并且在该瓶颈链路上有非零的最优带宽分配。

若无向图 $G=(S,L^B)$ 是连通的，那么网络中各条瓶颈链路的价格都是相等的，即 $\mu_l=\mu$，$\forall l\in L^B$。若该图不是连通的，那么可以划分成 k 个连通的子图 $G_k=(S_k,L_k^B)$，其中 S_k 和 L_k^B 是区域 k 中的服务集合和瓶颈链路集合。每个子图所对应的网络区域中，瓶颈链路的价格是相等的，即 $\mu_l=\mu_k$，$\forall l\in L_k^B$。

基于定理 6.4，可以将式（6.37）简化为

$$\begin{aligned}\hat{L}(x;\mu) &= \sum_k\left(\sum_{s:s\in S_k}\left(U_s\left(\sum_{p:p\in P_k(s)} x_{sp}(t)\right) - \mu_k\sum_{p:p\in P_k(s)} x_{sp}(t)\right) + \mu_k\sum_{l:l\in L_k^B} C_l\right)\\ &= \sum_k\left(\sum_{s:s\in S_k}\big(U_s(y_s(t)) - \mu_k y_s(t)\big) + \mu_k\sum_{l:l\in L_k^B} C_l\right) = \sum_k \hat{L}_k(y_s(t),\mu_k)\end{aligned} \tag{6.39}$$

由式（6.39）可以看出 $\hat{L}_k(y_s(t),\mu_k)$ 关于各用户的总速率 $y_s(t)$ 是分离的，令

$$\frac{\mathrm{d}\hat{L}_k(y_s(t),\mu_k)}{\mathrm{d}y_s(t)} = U_s'(y_s(t)) - \mu_k = 0 \tag{6.40}$$

当服务为传统弹性服务时，服务具有式（6.2）所示的效用函数，在模型（P6.2）的最优带宽分配处，满足

$$\mu_k = \frac{w_s}{y_s+1} = \frac{w_s}{\sum_{p:p\in P_k(s)} x_{sp} + 1} \tag{6.41}$$

将式（6.41）代入 $\hat{L}_k(y_s,\mu_k)$ 后可得

$$\hat{L}_k(y_s,\mu_k) = \sum_{s:s\in S_k}\left(w_s\ln\left(\frac{w_s}{\mu_k}\right) - w_s + \mu_k\right) + \mu_k\sum_{l:l\in L_k^B} C_l \tag{6.42}$$

令 $\mathrm{d}\hat{L}_k(y_s,\mu_k)/\mathrm{d}\mu_k = 0$，可得

$$\mu_k = \frac{\sum_{s:s\in S_k} w_s}{\sum_{l:l\in L_k^B} C_l + \sum_{s:s\in S_k} 1} = \frac{\sum_{s:s\in S_k} w_s}{|S_k| + \sum_{l:l\in L_k^B} C_l} \tag{6.43}$$

由定理 6.4 可以得到 $\lambda_s = \mu_k$。由式（6.41）得

$$y_s = \sum_{p:p\in P_k(s)} x_{sp} = \frac{w_s|S_k| + w_s\sum_{l:l\in L_k^B} C_l}{\sum_{s:s\in S_k} w_s} - 1 \tag{6.44}$$

其中，$|S_k|$是区域 k 内弹性服务的数量。

当服务为交互式弹性服务时，服务具有式(6.3)所示的效用函数，在模型(P6.2)的最优带宽分配处，满足

$$\mu_k = \frac{w_s}{y_s} = \frac{w_s}{\sum_{p:p\in P_k(s)} x_{sp}} \tag{6.45}$$

将式（6.45）代入 $\hat{L}_k(y_s,\mu_k)$ 后可得

$$\hat{L}_k(y_s,\mu_k) = \sum_{s:s\in S_k}\left(w_s\ln\left(\frac{w_s}{\mu_k}\right) - w_s\ln B_s - w_s\right) + \mu_k\sum_{l:l\in L_k^B} C_l \tag{6.46}$$

令 $\mathrm{d}\hat{L}_k(y_s,\mu_k)/\mathrm{d}\mu_k = 0$，可得

$$\mu_k = \frac{\sum_{s:s\in S_k} w_s}{\sum_{l:l\in L_k^B} C_l} \tag{6.47}$$

由定理 6.4 可以得到 $\lambda_s = \mu_k$。由式（6.45）得

$$y_s = \sum_{p:p\in P_k(s)} x_{sp} = \frac{w_s\sum_{l:l\in L_k^B} C_l}{\sum_{s:s\in S_k} w_s} \tag{6.48}$$

由式（6.43）、式（6.44）和式（6.47）、式（6.48）可以得到下列备注。

注 6.3　当服务均是弹性服务时，服务 s 获得的最优带宽分配与区域内所有瓶颈链路的带宽之和 $\sum_{l:l\in L_k^B} C_l$、弹性服务的数量$|S_k|$以及请求服务的用户的支付与总支付的比例 $w_s\Big/\sum_{s:s\in S_k} w_s$ 相关。

6.4　仿真与分析

为了分析弹性服务的流量控制算法的性能，考虑两种网络拓扑：一种是链路

分离的并行多路径网络；另一种是有共享链路的一般多路径网络，并分别给出相应的仿真结果和分析。

6.4.1 并行多路径网络

首先考虑并行多路径网络中，弹性服务流量控制算法的性能。考虑图 6.3 所示的并行多路径网络拓扑，网络中有两对源端和目的端，两个用户各请求一个弹性服务。用户 1 有两条链路分离的路径，即路径 $A \to B$ 与路径 $C \to E$；用户 2 也有两条链路分离的路径，即路径 $C \to E \to F$ 与路径 $G \to H \to I$。

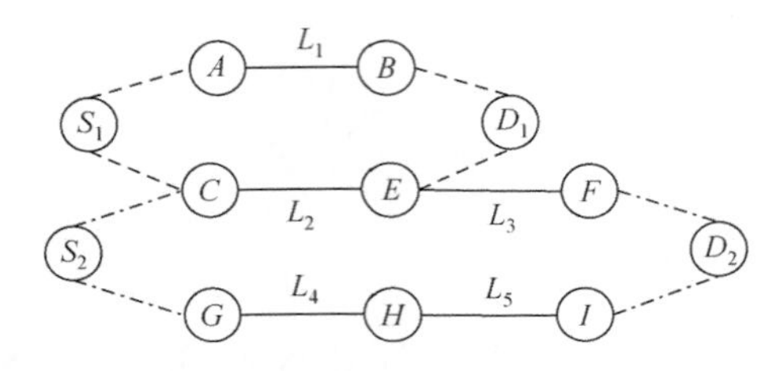

图 6.3 并行多路径网络拓扑

为了分析方便，忽略与终端直接相连的链路，而仅考虑网络中的五条链路，假设链路带宽为 $C=(C_1,C_2,C_3,C_4,C_5)=(2,3,4,2,4)$ Mbit/s。考虑具有式（6.2）所示效用函数的弹性服务，用户提供的支付为 $w=(w_1,w_2)=(2,3)$，各个用户在每条可用路径上的初始速率为 1Mbit/s，算法的迭代步长为 $\kappa=0.2$，$\nu=0.1$。

对于并行多路径网络中弹性服务的资源分配模型，利用流量控制算法（式(6.20)～式（6.25））得到的最优带宽分配如表 6.2 所示。

表 6.2 并行多路径网络中弹性服务的最优资源分配

变量	x_{11}^*	x_{12}^*	x_{21}^*	x_{22}^*
流量控制算法	2.0000	0.6000	2.4000	2.0000
LINGO	2.0000	0.6000	2.4000	2.0000
变量	y_1^*	y_2^*	λ_1^*	λ_2^*
流量控制算法	2.6000	4.4000	0.5556	0.5556
LINGO	2.6000	4.4000	0.5556	0.5556
式（6.43）和式（6.44）	2.6000	4.4000	0.5556	0.5556

对于该优化问题，利用 LINGO 软件得到的最优解也如表 6.2 所示。同时，在

这个并行多路径网络中，两个用户共享了同一个瓶颈链路 L_2，则该网络的用户和链路构成了一个区域（即 $k=1$），路径收取的价格和用户支付的价格是相等的，利用式（6.43）和式（6.44）也可以得到各个服务的最优分配表达式，如表 6.2 所示。由此可见，该算法是收敛的，平衡点就是模型的最优点。各个服务在每条路径上存在最优带宽分配，这与定理 6.1 阐述的结论是一致的。

算法的仿真结果如图 6.4 所示，其中图 6.4（a）是服务 1 使用的路径收取的价格与请求该服务的用户支付的价格，图 6.4（b）是服务 2 使用的路径收取的价格与请求该服务的用户支付的价格，图 6.4（c）是服务 1 在各条路径上的速率与总速率，图 6.4（d）是服务 2 在各条路径上的速率与总速率。

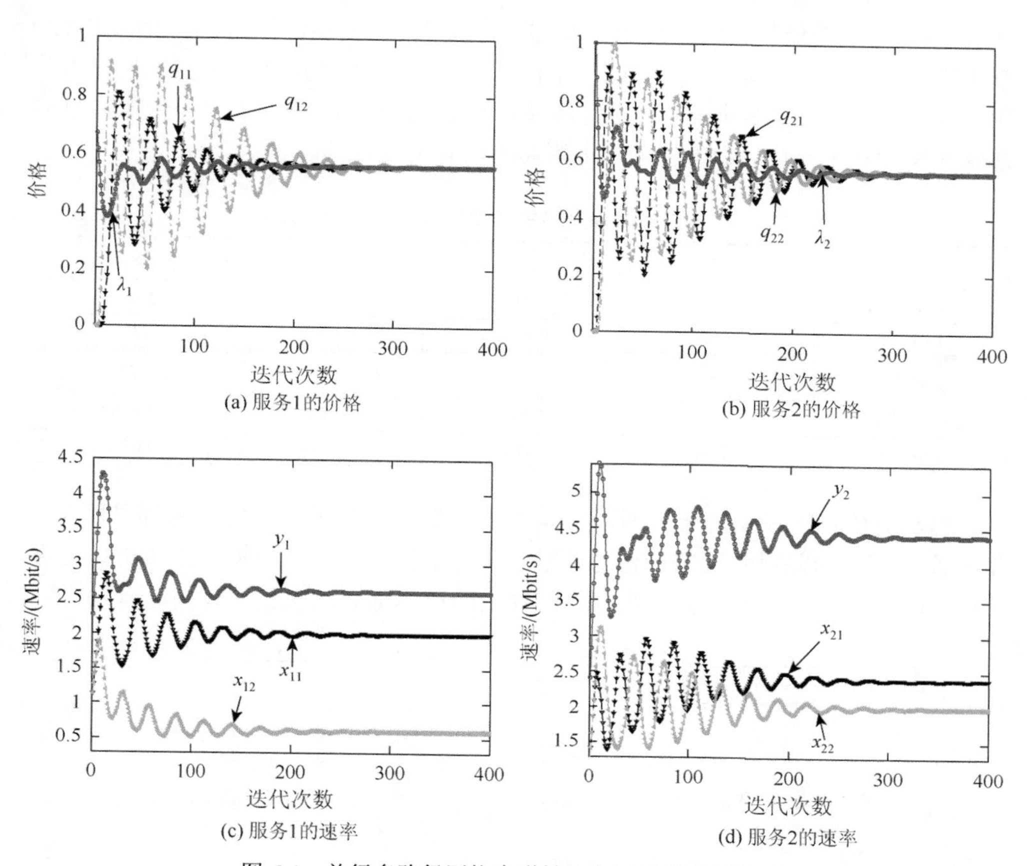

图 6.4　并行多路径网络中弹性服务的最优资源分配

从图 6.4 中可以得到，该算法收敛到了模型的最优带宽分配。而且，当算法收敛到最优点时，请求服务的用户支付给路径的价格与路径收取的价格是相等的，这与定理 6.2 阐述的内容是吻合的。

6.4.2　一般多路径网络

考虑在一般多路径网络中，弹性服务流量控制算法的性能。如图 2.2 所示的多路径网络拓扑，网络中有两个用户，每个用户各请求一个弹性服务。

为了分析方便，不考虑与终端直接相连的链路，而仅考虑网络中的四条链路，假设链路带宽为 $C=(C_1,C_2,C_3,C_4)=(3,6,4,3)$ Mbit/s。考虑具有式（6.2）所示效用函数的弹性服务，用户提供的支付为 $w=(w_1,w_2)=(3,4)$，各个用户在每条可用路径上的初始速率为 1Mbit/s，算法的迭代步长为 $\kappa=0.1$，$\nu=0.05$。

针对该多路径网络中的弹性服务资源分配模型，利用流量控制算法（式(6.20)～式(6.25)）得到的最优带宽分配如表 6.3 所示，同时，对于该优化问题，利用 LINGO 软件得到的最优解也如表 6.3 所示。因此，该算法的平衡点就是模型的最优点。由于服务使用了多条路径，所以在各条路径上的最优速率并不唯一，但服务总的最优速率却是唯一的，这与定理 6.1 阐述的内容是吻合的。

表 6.3　一般多路径网络中弹性服务的最优资源分配

变量	x_{11}^*	x_{12}^*	x_{21}^*	x_{22}^*
流量控制算法	3.0000	0.7143	2.3425	2.9432
LINGO	3.0000	0.7143	2.4643	2.8214
变量	y_1^*	y_2^*	λ_1^*	λ_2^*
流量控制算法	3.7143	5.2857	0.6364	0.6364
LINGO	3.7143	5.2857	0.6364	0.6364

算法的仿真结果如图 6.5 所示，其中图 6.5（a）和图 6.5（b）分别是服务 1 和服务 2 使用的路径收取的价格与请求该服务的用户支付的价格，图 6.5（c）和图 6.5（d）是服务 1 和服务 2 在各条路径上的速率与总速率。

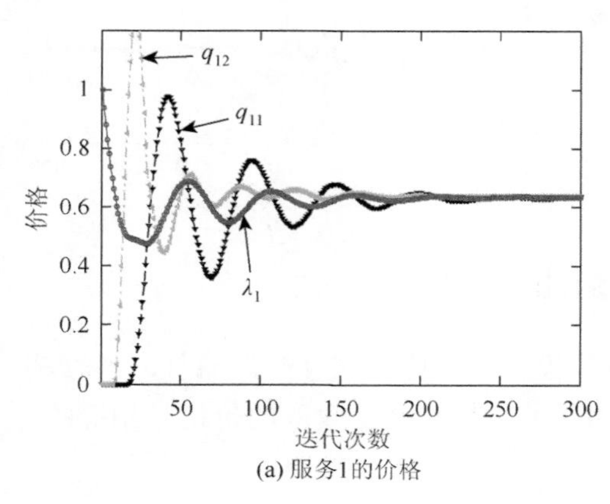

(a) 服务1的价格

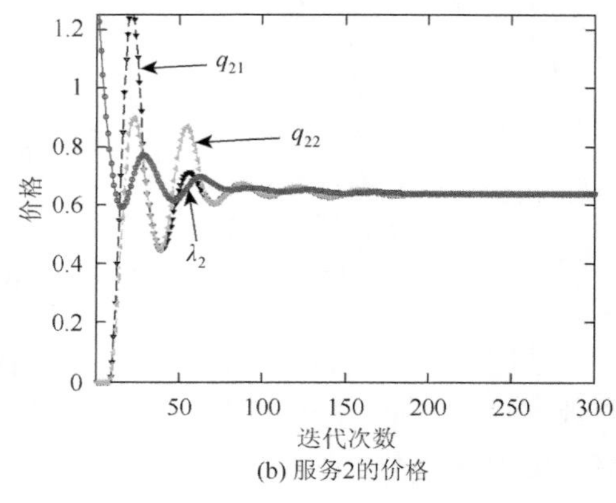

(b) 服务2的价格

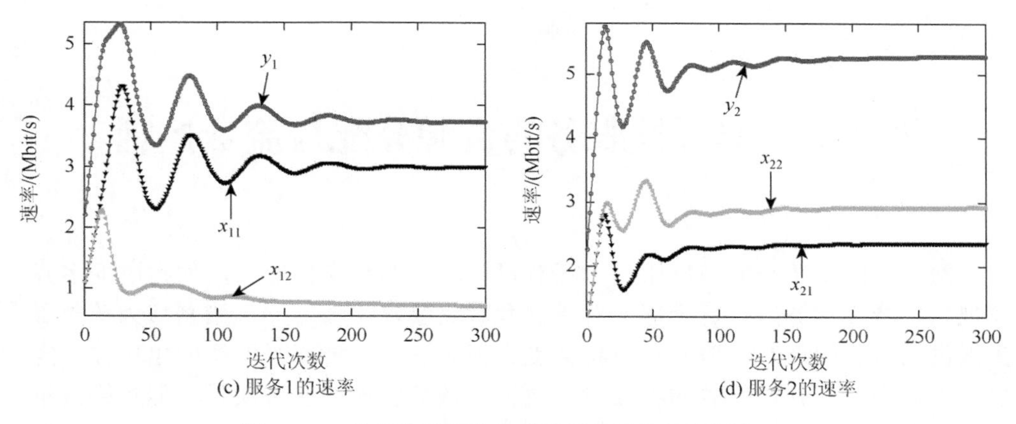

(c) 服务1的速率　(d) 服务2的速率

图 6.5　一般多路径网络中弹性服务的最优资源分配

从图 6.5 中可以得到，该算法收敛到了模型的最优带宽分配。当算法收敛到最优点时，请求服务的用户支付给路径的价格与路径收取的价格是相等的，这与定理 6.2 阐述的内容是吻合的。

6.5　本 章 小 结

网络中的服务比较多，根据用户在获取这些服务时的满意度，服务可以分成弹性服务和非弹性服务两类。弹性服务主要是传统的数据服务，该类服务的效用可以用单调递增的、连续可微的凹函数来描述。

本章分析了多路径网络中具体应用的资源分配问题，建立了弹性服务的资源分配模型，分析了弹性服务的最优带宽分配，阐述了用户在获得服务时支付给路径的价格与路径收取的价格之间的关系。为了得到最优的带宽分配，本章提出了适用于弹性服务的一类流量控制算法，该算法是仅依赖于局部信息的分布式算法。针对并行多路径网络的拓扑场景，分析了共享瓶颈链路的路径价格之间的关系，得到了请求弹性服务的各个用户最优带宽分配的具体表达式。

相对于弹性服务，非弹性服务主要是实时的多媒体服务，该类服务的效用可以用非凹函数来描述，因此多路径网络中非弹性服务的资源分配问题就是一个较难处理的非凸规划问题，这是第 7 章要研究的内容。

第 7 章　非弹性服务的资源分配与流量控制

网络中除了传统的弹性服务，还有日益增长的非弹性服务，如实时的多媒体视频、音频服务等，这类服务对带宽和时延要求比较敏感，当网络为该类服务提供的带宽较低时，服务质量将会受到很大影响。多路径网络的出现在一定程度上提高了非弹性服务的吞吐量，改善了该类服务的服务质量，但网络流量的增加也带来了如何有效地实现资源分配与流量控制问题，这部分的研究成果还比较少。

本章分析多路径网络中非弹性服务的资源分配问题，建立非弹性服务与弹性服务共存时的资源分配模型，该模型是一个较难处理的非凸规划问题。分析资源最优分配与非弹性服务的最优支付价格之间的关系，得到为使模型中各服务均存在非零的最优带宽分配，非弹性服务使用的多路径上链路应该满足的带宽阈值。针对并行多路径网络，得到各类服务最优带宽分配的具体表达式。为了能够在网络中实现该最优分配，本章基于粒子群方法设计了一类流量控制算法。详细内容也可参考文献[97]。

7.1　问题的提出

网络中的服务除了非实时的数据服务，还有实时的多媒体视频、音频等服务，这类服务在一定带宽下的效用可以用非凸函数来描述，如 S 型效用函数、不连续型效用函数等。随着服务获得的带宽的降低，若带宽仍高于某个阈值，则该类服务的服务质量下降得比较平滑，对用户满意度的影响较小，若带宽已经低于了上述阈值，那么该类服务的服务质量将下降得非常剧烈，对用户满意度的影响也较大。相对于服务质量变化比较平滑的弹性服务，这类服务称为非弹性服务。

文献[3]首次讨论了这种实时的非弹性服务，根据所体现出来的服务质量特点得到了效用曲线，但是并没有给出具体的效用函数表达式。为了得到效用函数的具体形式，文献[131]分析了各类服务的效用曲线，将效用函数分成了三类：线性函数、凹函数和阶梯函数，并提出了动态的资源分配算法，实现了网络效用最大化的目标。文献[51]讨论了非弹性服务的资源分配模型，分析了流量控制算法和用户公平性问题。文献[53]和文献[135]讨论了非弹性服务与弹性服务共存时的网络资源分配问题，针对具有 S 型效用的非弹性服务，讨论了基于子梯度的原-对偶算法的收敛性和稳定性，得到了算法收敛的几个充分性条件，针对具有阶梯型效用的非弹性服务，得到了网络对该类服务的接入控制策略与链路价格的关系。文献[55]指出下一代网络中非弹性服务将成为主要类型的服务，分析了非弹性服务与弹性服务共享网络带宽时的资源分配问题，将模型简化为仅在一条链路上的多服务资源分配问题，从而得到了各服务的最优带宽分配，但没有给出相应的流量控制算法。

文献[54]也讨论了非弹性服务与弹性服务共存时的网络资源分配问题，指出由于模型是较难处理的非凸规划问题，传统的子梯度算法未必能收敛到模型的最优点，设计了一种具有自适应（self-regulating）机制的流量控制算法，从而可以收敛到最优的带宽分配。针对非弹性服务的资源分配是一个难以处理的非凸规划问题，文献[136]利用平方和的方法讨论非弹性服务的资源分配问题，提出了一种集中式的速率算法。文献[137]针对下一代网络中广泛存在的非弹性服务，基于对偶问题的拉格朗日改进方法，提出了一种适合于多服务的自适应速率算法，可以求得最优带宽分配。文献[138]也考虑了网络中多类型服务的资源分配，利用人工智能方法设计了一种速率算法。

上述研究成果均是针对单路径网络的多服务资源分配问题，而多路径网络中非弹性服务与弹性服务共存时的资源分配研究还非常少。本章考虑了多路径网络中非弹性服务的资源分配问题，分析了资源最优分配与用户支付的最优价格之间的关系，得到了为使各服务均存在非零的最优带宽，非弹性服务使用的多路径上的链路应该满足的带宽阈值。为了能够在网络中实现该最优分配，本章基于粒子群方法设计了一类流量控制算法，仿真结果表明算法能在有限时间内收敛到最优带宽分配处。

7.2　非弹性服务的资源分配模型

7.2.1　非弹性服务与效用函数

网络中的服务根据在一定带宽时的效用分成了两大类：弹性服务和非弹性服务。弹性服务主要是非实时的数据服务，这类服务的效用可以用单调递增、连续可微的凹函数来描述。非弹性服务主要是对时延和带宽非常敏感的服务，如多媒体视频、音频等，这类服务的效用可以用非凹函数来描述。当网络发生拥塞时，若该类服务的传输速率仍高于一个阈值，那么随着该类服务传输速率的逐步降低，服务的服务质量是逐步平滑下降的，但是当传输速率低于该阈值后，随着服务传输速率的降低，该类服务的服务质量将会出现剧烈的下降。如图 7.1 所示，非弹性服务的效用函数主要有两种，一种是类似于 S 型的单调递增函数，当速率低于阈值 m_r 时，服务的效用是凸函数，而当速率高于该阈值 m_r 时，效用是凹函数，例如，多媒体视频服务的效用函数通常就是这种形式的。这类非弹性服务有时称为“软实时”（soft real-time）服务，其带宽需求和时延变化有一定程度的灵活性。另一种是不连续型的效用函数，当速率低于阈值 m_r 时，服务的效用为零，而当高于该阈值 m_r 时，服务的效用为一个正常数，如多媒体音频服务网络电话，当速率低于一个阈值时，话音通话质量很差，而当速率高于阈值时，话音质量将保持在一个较为恒定的水平。这类服务有时称为“硬实时”（hard real-time）服务，其带宽需求比较明确。

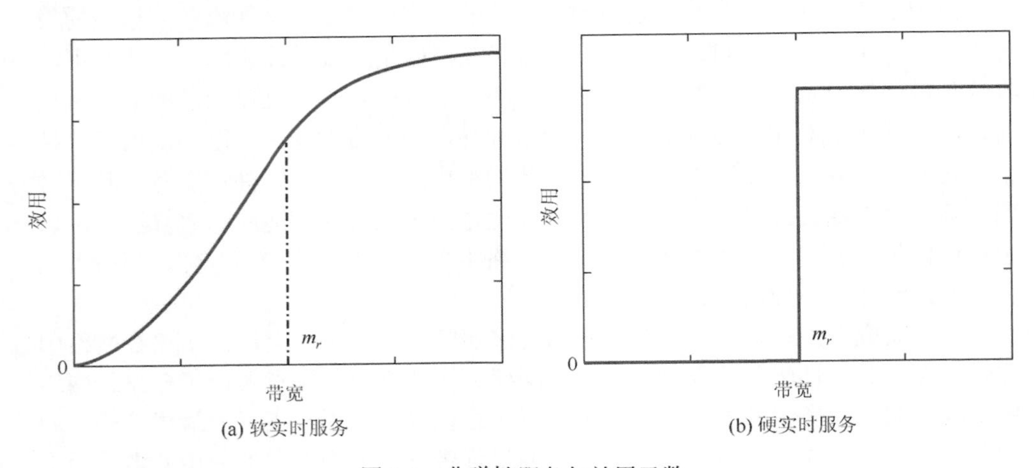

图 7.1　非弹性服务与效用函数

文献[53]～文献[55]提出了非弹性服务的效用函数，S 型效用函数具有下列形式：

$$U_r(y_r(t)) = c_r\left(\frac{1}{1+\mathrm{e}^{-a_r(y_r(t)-b_r)}} + d_r\right) \tag{7.1}$$

其中，a_r、b_r、c_r 和 d_r 是非弹性服务 r 的参数，不同的非弹性服务具有不同的参数。不连续型效用函数具有下列形式：

$$U_r(y_r(t)) = \begin{cases} U_r, & y_r(t) \geqslant m_r \\ 0, & y_r(t) < m_r \end{cases} \tag{7.2}$$

其中，m_r 是具有不连续效用的非弹性服务 r 的速率阈值；$U_r > 0$ 是非弹性服务 r 的恒定效用。

7.2.2　资源分配模型

本节讨论网络中同时有非弹性服务与弹性服务时的资源分配模型。为了区分弹性服务和非弹性服务，令 S 为弹性服务集合，R 为非弹性服务集合；L 为网络中链路的集合，P 为服务的可用路径的集合；$P(s)$ 是弹性服务 $s \in S$ 使用的路径，$P(r)$ 是非弹性服务 $r \in R$ 使用的路径；$P_s(l)$ 是弹性服务经过链路 l 的路径，$P_r(l)$ 是非弹性服务经过链路 l 的路径；$L(p)$ 是路径 p 上的链路。若非弹性服务 r 在路径 p 上的传输速率是 $x_{rp}(t)$，则非弹性服务 r 的总速率是 $y_r(t)=\sum_{p:p\in P(r)} x_{rp}(t)$。

因此，多路径网络中既有非弹性服务又有弹性服务的资源分配问题可归结为模型（P7.1）：

$$\text{(P7.1)}: \quad \max \quad \sum_{s:s\in S} U_s(y_s(t)) + \sum_{r:r\in R} U_r(y_r(t)) \tag{7.3}$$

$$\text{subject to} \quad \sum_{p:p\in P(s)} x_{sp}(t) = y_s(t), \ \sum_{p:p\in P(r)} x_{rp}(t) = y_r(t), \quad s\in S,\ r\in R \tag{7.4}$$

$$\sum_{p:p\in P_s(l)} x_{sp}(t) + \sum_{p:p\in P_r(l)} x_{rp}(t) \leqslant C_l, \quad l\in L \tag{7.5}$$

$$\text{over} \quad x_{sp}(t) \geqslant 0, \quad x_{rp}(t) \geqslant 0, \quad s\in S,\ r\in R,\ p\in P \tag{7.6}$$

其中，$U_s(y_s(t))$ 是弹性服务 s 的效用函数，具有式(6.2)或式(6.3)的形式；$U_r(y_r(t))$ 是非弹性服务 r 的效用函数，具有式（7.1）或式（7.2）的形式；式（7.4）的等式约束说明了每个服务都利用多条路径实现数据传输；式（7.5）的不等式约束说明了经过每一条链路的总流量不应大于该链路的带宽。

上述问题中，通信双方之间建立了多条可用路径，网络的目标就是在每条路径上各个链路带宽一定的前提下，最大化网络中所有服务的聚合效用，满足请求服务的网络用户的满意度。

7.3　软实时非弹性服务

7.3.1　资源分配模型

首先考虑具有 S 型效用的软实时非弹性服务与弹性服务共存时，多路径网络中各服务的最优带宽分配。类似于弹性服务最优带宽分配模型的分析，多类型服务资源分配模型（P7.1）的 Lagrange 函数为

$$\begin{aligned} L(x,y;\lambda,\mu) &= \sum_{s:s\in S}\left(U_s(y_s(t)) + \lambda_s\left(\sum_{p:p\in P(s)} x_{sp}(t) - y_s(t)\right)\right) \\ &\quad + \sum_{r:r\in R}\left(U_r(y_r(t)) + \lambda_r\left(\sum_{p:p\in P(r)} x_{rp}(t) - y_r(t)\right)\right) \\ &\quad + \sum_{l:l\in L^B} \mu_l\left(C_l - \sum_{p:p\in P_s(l)} x_{sp}(t) - \sum_{p:p\in P_r(l)} x_{rp}(t)\right) \end{aligned} \tag{7.7}$$

其中，$\lambda_r \geqslant 0$ 是请求非弹性服务 r 的用户支付给它使用的路径 $P(r)$ 的价格；$\mu_l \geqslant 0$ 是瓶颈链路 l 对路径途经该链路的用户所收取的价格。

上述 Lagrange 函数可以改写为

$$L(x,y;\lambda,\mu)=\underbrace{\sum_{s:s\in S}\big(U_s(y_s(t))-\lambda_s y_s(t)\big)+\sum_{r:r\in R}\big(U_r(y_r(t))-\lambda_r y_r(t)\big)}_{\text{第一部分}}$$

$$\underbrace{+\sum_{s:s\in S}\sum_{p:p\in P(s)}x_{sp}(t)\left(\lambda_s-\sum_{l:l\in L(p)}\mu_l\right)+\sum_{r:r\in R}\sum_{p:p\in P(r)}x_{rp}(t)\left(\lambda_r-\sum_{l:l\in L(p)}\mu_l\right)+\sum_{l:l\in L}\mu_l C_l}_{\text{第二部分}}$$

（7.8）

注意到，式（7.8）第一部分对变量 $y_s(t)$ 和 $y_r(t)$ 是分离的，而第二部分对变量 $x_{sp}(t)$ 和 $x_{rp}(t)$ 是分离的。因此，对偶问题的目标函数为

$$\begin{aligned}D(\lambda,\mu)&=\max_{x,y}L(x,y;\lambda,\mu)\\&=\sum_{s:s\in S}P_s(\lambda_s)+\sum_{r:r\in R}P_r(\lambda_r)+\sum_{s:s\in S}\sum_{p:p\in P(s)}R_{sp}(\lambda_s,\gamma_{sp})+\sum_{r:r\in R}\sum_{p:p\in P(r)}R_{rp}(\lambda_r,\gamma_{rp})+\sum_{l:l\in L}\mu_l C_l\end{aligned}$$

（7.9）

其中

$$P_s(\lambda_s)=\max_{y_s(t)}U_s(y_s(t))-\lambda_s y_s(t) \tag{7.10}$$

$$P_r(\lambda_r)=\max_{y_r(t)}U_r(y_r(t))-\lambda_r y_r(t) \tag{7.11}$$

$$R_{sp}(\lambda_s,\gamma_{sp})=\max_{x_{sp}(t)}x_{sp}(t)(\lambda_s-\gamma_{sp}),\quad \gamma_{sp}=\sum_{l:l\in L(p)}\mu_l,\quad p\in P(s) \tag{7.12}$$

$$R_{rp}(\lambda_r,\gamma_{rp})=\max_{x_{rp}(t)}x_{rp}(t)(\lambda_r-\gamma_{rp}),\quad \gamma_{rp}=\sum_{l:l\in L(p)}\mu_l,\quad p\in P(r) \tag{7.13}$$

可以从经济学的角度给出上述子问题的实际含义。

优化式（7.10）和式（7.11）可以认为是 USER 子问题，对应网络的服务层。在式（7.10）中，网络中每个用户 s 都是自私的，都想使自己的效用达到最大，而效用的大小依赖于它所获得的总速率大小 $y_s(t)$。同时，用户在获得相应带宽时，要支付其使用该带宽的费用。由于 λ_s 可以理解为用户支付的每单位带宽的费用，所以 $U_s(y_s(t))-\lambda_s y_s(t)$ 就是用户 s 获得的收益，即用户获得的效用与支付的费用之间的差值，实现该子问题的最优值是网络应用层的目标。

优化式（7.12）和式（7.13）可以认为是 PATH 子问题，对应网络的传输层，将用户、路径与链路联系起来，决定了用户在路径上的传输速率和价格。式（7.12）中，$\lambda_s x_{sp}(t)$ 是用户 s 在使用路径 p 传输数据时，当获得资源为 $x_{sp}(t)$ 时而支付给该路径的费用。$\sum_{l:l\in L(p)}\mu_l$ 是路径 p 上各条链路价格之和，即路径 p 收取的价格，则 $x_{sp}(t)\sum_{l:l\in L(p)}\mu_l$

就是路径 p 为用户 s 提供带宽 $x_{sp}(t)$ 时收取的费用，该子问题就是路径 p 实现收益最大化，实现该子问题的最优值是网络传输层的目标。

由式（7.11）可以得到，非弹性服务 r 的最优传输速率可以表示为

$$y_r^*(\lambda_r) = \arg\max U_r(y_r(t)) - \lambda_r y_r(t) \tag{7.14}$$

而非弹性服务 r 应该支付的最优价格为

$$\lambda_r^* = \frac{\mathrm{d}U_r}{\mathrm{d}y_r^*} \tag{7.15}$$

由此，异构服务资源分配模型的对偶问题为

$$\text{(D7.1)}: \quad \min \ D(\lambda, \mu) \tag{7.16}$$

$$\text{over } \lambda_s \geqslant 0, \ \lambda_r \geqslant 0, \ \mu_l \geqslant 0, \ s \in S, \ r \in R, \ l \in L \tag{7.17}$$

上述对偶问题可以认为是 NETWORK 问题，该问题的目标是在所有用户均保证一定满意度的约束下，最小化网络所有链路收取的价格。由于该问题并不是凸优化问题，所以传统的基于子梯度的价格算法不一定能收敛到最优点，该类算法可能得到次优点或局部最优点。

7.3.2 模型分析

本节考虑多类型服务资源分配模型（P7.1）中瓶颈链路的带宽，分析用户支付的最优价格与最优带宽分配的关系，得到在并行多路径网络中，为使模型存在非零最优带宽分配，瓶颈链路应该满足的充分性条件。

对于 S 型效用函数，即式（7.1），从原点出发作该函数的切线，令切点处的横坐标为 y_r^0，相应的切线斜率为 λ_r^0，如图 7.2 所示。同时，对于该类效用函数，存在一个拐点 m_r。当 $y_r < m_r$ 时，满足 $\mathrm{d}^2U_r(y_r)/\mathrm{d}y_r^2 > 0$，当 $y_r > m_r$ 时，满足 $\mathrm{d}^2U_r(y_r)/\mathrm{d}y_r^2 < 0$。也就是说，拐点 m_r 将效用函数分成了凸函数和凹函数两部分，很明显 $y_r^0 > m_r$。

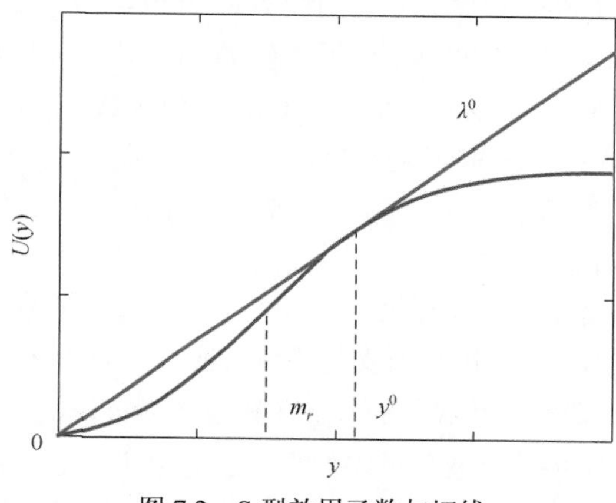

图 7.2 S 型效用函数与切线

接下来分析请求非弹性服务 r 的用户所支付的最优价格 λ_r^* 与服务的最优传输速率 y_r^* 的关系，如图 7.3 所示的 S 型效用函数的导数曲线，给定一个 Lagrange 乘子 λ^*，相应的带宽分配就可以得到，不过存在两种带宽分配方案：$y_1(\lambda^*)$ 与 $y_2(\lambda^*)(\geqslant y_1(\lambda^*))$。

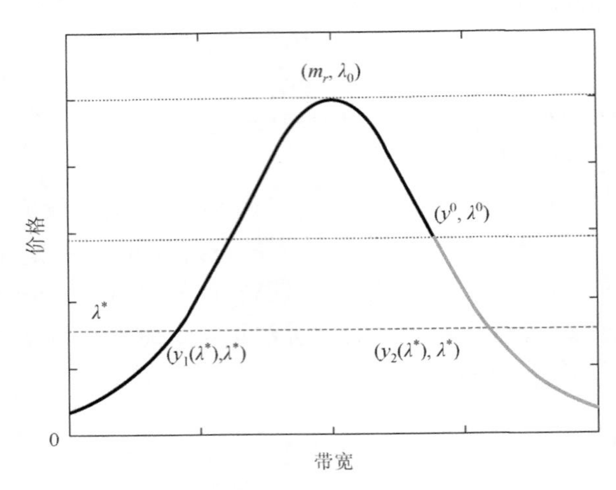

图 7.3　软实时非弹性服务最优价格与最优带宽的关系

由式（7.14）可得，若 $\lambda \geqslant \lambda^0$，则 $y_1^*(\lambda)=y_2^*(\lambda)=\arg\max U(y)-\lambda y=0$；若 $\lambda<\lambda^0$，则只有图 7.3 中的 $y_2^*(\lambda)>0$ 才是非零的最优传输速率（实际上，如图 7.3 所示，当选择 $y_1^*(\lambda)>0$ 时，函数 $U(y)-\lambda y$ 获得了最小值）。

为了更加清楚地说明用户在请求非弹性服务时支付的价格与服务的带宽分配之间的关系，给出下面的一个例子。

考虑一个软实时的非弹性服务，效用函数是 $U(y)=2/(1+\mathrm{e}^{-(y-4)})-2/(1+\mathrm{e}^4)$，则 $m=4$，$y^0=5.5398$，$\lambda^0=0.2908$。分析函数 $f(y)=2/(1+\mathrm{e}^{-(y-4)})-2/(1+\mathrm{e}^4)-\lambda y$ 的最优点，如图 7.4 所示，当 $\lambda<\lambda^0$ 时，$y_2^*(\lambda)>0$ 使函数 $U(y)-\lambda y$ 取得最大值，而 $y_1^*(\lambda)>0$ 使函数 $U(y)-\lambda y$ 取得最小值；当 $\lambda=\lambda^0$ 时，$y_2^*(\lambda)>0$ 与 $y_1^*(\lambda)=0$ 都使函数 $U(y)-\lambda y$ 取得最大值；当 $\lambda>\lambda^0$ 时，$y_2^*(\lambda)=0$ 与 $y_1^*(\lambda)=0$ 都使函数 $f(y)=U(y)-\lambda y$ 取得最大值。

因此，多类型服务资源分配模型（P7.1）中各个服务若要获得非零的最优带宽分配，请求非弹性服务 r 的用户所支付的价格应该不高于 λ_r^0。而如果支付的最优价格满足 $\lambda_r^*\leqslant\lambda_r^0$，则非弹性服务的最优传输速率应该满足 $y_r^*(\lambda_r^*)\geqslant y_r^0(\lambda_r^0)$。同时，对于与该非弹性服务共享瓶颈链路的弹性服务来说，瓶颈链路对其收取的价格与对非弹性服务收取的价格是一致的，因此此时弹性服务的最优传输速率也应

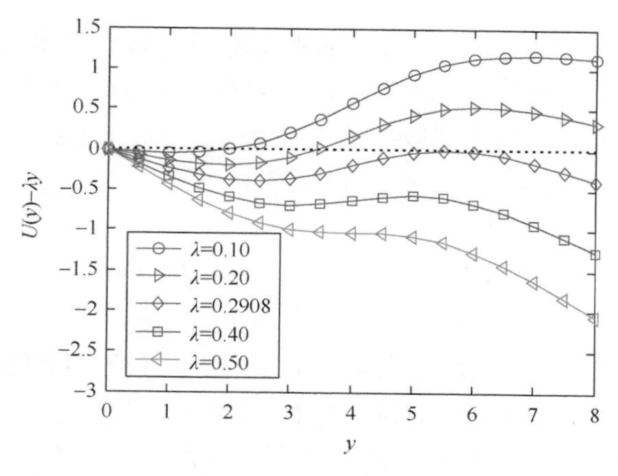

图 7.4　函数 $f(y)=2/(1+\mathrm{e}^{-(y-4)})-2/(1+\mathrm{e}^{4})-\lambda y$

该满足一定阈值。假设与该非弹性服务共享瓶颈链路的弹性服务是 S_r，则对于每一个弹性服务 $s\in S_r$，请求该服务的用户支付给瓶颈链路的价格也不应高于 λ_r^0，此时该弹性服务的最优传输速率应该满足 $y_s^*\geqslant U_s'^{-1}(\lambda_r^0)$。

一般来说，增加链路带宽可降低链路收取的价格，从而实现各个用户获得非零最优带宽分配。接下来考虑一般多路径网络，分析非弹性服务使用的链路带宽，研究链路带宽应该满足的资源阈值，从而保证非弹性服务的最优资源分配满足 $y_r^*\geqslant y_r^0$。

7.3.3　最优带宽保障

为了得到最优的带宽保障，从而保证各类型服务均存在非零全局最优资源分配，考虑链路带宽 C 为链路价格 μ 的函数，即 $C(\mu)$。不失一般性，假设所有链路上都存在具有 S 型效用的非弹性服务的流量，否则若链路上不存在具有 S 型效用的非弹性服务的流量，这些链路就可以忽略掉（在这些链路上增加带宽对提升非弹性服务的 QoS 没有任何作用）。

令非弹性服务的链路集合表示为 $L\times P_r$ 的矩阵 R^r（其中，若 $l\in L(p)$，则元素 (l,p) 为 1，否则为 0），弹性服务的链路集合表示为 $L\times P_s$ 的矩阵 R^s。令非弹性服务的路径集合表示为 $P_r\times R$ 的矩阵 P^r（其中，若 $p\in P(r)$，则元素 (p,r) 为 1，否则为 0），弹性服务的路径集合表示为 $P_s\times S$ 的矩阵 P^s。令非弹性服务的速率集合表示为 $R\times P_r$ 的矩阵 X^r（其中，若 $p\in P(r)$，则元素 (r,p) 为正数，否则为零），弹性服务的速率集合表示为 $S\times P_s$ 的矩阵 X^s。

令 y^{r0} 和 λ^{r0} 为非弹性服务效用函数从原点出发的切线处的速率和价格向量，

为保证各类型服务均存在非零全局最优资源分配，得到如下的带宽保障充分条件。

定理 7.1　考虑多类型服务资源分配模型（P7.1），如果价格向量 $\mu^* \succ 0$ 满足下述不等式，则该模型中各类型服务存在全局最优带宽分配：

$$\lambda^{r0} \succ (R^r P^r)^{\mathrm{T}} \mu^* \tag{7.18}$$

链路带宽为 $C = C(\mu^*)$，其中

$$C(\mu^*) = R^r X^r(\mu^*)^{\mathrm{T}} e + R^s X^s(\mu^*)^{\mathrm{T}} e \tag{7.19}$$

$$y^r = X^r(\mu^*)e, \quad y^s = X^s(\mu^*)e \tag{7.20}$$

其中，$X^r(\mu^*)$ 与 $X^s(\mu^*)$ 分别是由式（7.10）～式（7.13）得到的基于价格的非弹性服务和弹性服务的速率分配，e 是元素均为 1 的单位向量。

证明：Lagrange 对偶函数 $D(\lambda,\mu)$ 对链路价格 μ 的子梯度为

$$\nabla D(\lambda,\mu)|_{\mu} = C - R^r X^{r\mathrm{T}} e - R^s X^{s\mathrm{T}} e$$

若链路带宽满足 $C = C(\mu^*)$，则在链路价格 μ^* 处的子梯度为零，即 $\nabla D(\lambda,\mu)|_{\mu} = 0$，此时互补松弛性条件成立，因此 μ^* 是对偶问题的最优值，$(X^s(\mu^*), X^r(\mu^*))$ 则是原问题的最优值。对于非弹性服务，满足 $\lambda_r^* = \gamma_{rp}^* = \sum\limits_{l:l\in L(p)} \mu_l^*$，$p \in P(r)$，而且 $\lambda_r^0 > \sum\limits_{l:l\in L(p)} \mu_l^*$，$p \in P(r)$。因此，存在 $\lambda_r^* < \lambda_r^0$，即获得该非弹性服务的用户 r 支付的最优价格小于非弹性服务效用函数的切线斜率。也就是说，用户 r 获得最优带宽分配 y_r^* 大于关键速率值 y_r^0，即从原点出发的非弹性服务效用函数的切线处的速率值，这意味着最优带宽分配值位于 S 型效用函数的凹部，此时的最优值 $(X^s(\mu^*), X^r(\mu^*))$ 是全局最优的。定理得证。　□

注意到，最优速率值随着链路价格 μ 是非递增的，因此非弹性需求越强的服务（即 λ_r^0 越小），为了保证网络中存在全局最优资源分配，所需要的链路带宽保障值 $C(\mu)$ 就越高。

在上述充分条件的基础上，为弹性服务提出的基于子梯度的资源分配算法（式（6.26）～式（6.32））也可以应用于异构服务的资源分配中。事实上，虽然存在 S 型效用函数的非弹性服务，算法仍能收敛到全局最优资源分配，此时请求非弹性服务的用户在其路径上也能获得非零的最优资源分配。

7.3.4　并行网络模型

接下来简化多类型服务资源分配模型（式（7.3）～式（7.6）），考虑并行多路径网络情形，此时假设各个用户的每条路径存在一条瓶颈链路（事实上，若路径上有多条瓶颈链路，则选择其中最小的一条）。

当网络中仅有一个非弹性服务 r 时，为了使请求该服务的用户所支付的最优

价格不高于 λ_r^0，从而多路径网络中各个服务均存在非零的最优带宽分配，非弹性服务 r 和弹性服务 $s \in S_r$ 所用路径上瓶颈链路的带宽应满足下列条件：

$$C_l \geqslant \sum_{p:p\in P_s(l)} x_{sp}^0 + x_{rp}^0, \quad l \in L^B \tag{7.21}$$

$$\sum_{l:l\in L^B(P(r))} C_l \geqslant y_r^0(\lambda_r^0) = \sum_{p:p\in P(r)} x_{rp}^0, \quad r \in R \tag{7.22}$$

$$\sum_{l:l\in L^B(P(s))} C_l \geqslant U_s'^{-1}(\lambda_r^0) = \sum_{p:p\in P(s)} x_{sp}^0, \quad s \in S_r \tag{7.23}$$

其中，式（7.21）说明了每条路径上瓶颈链路的带宽不能低于阈值 $\sum_{p:p\in P_s(l)} x_{sp}^0 + x_{rp}^0$，该阈值包括非弹性服务应该满足的传输速率 x_{rp}^0（由于假设只有一个非弹性服务，所以只有该非弹性服务的路径途经链路 l），以及共享该链路的各个弹性服务应该满足的传输速率 x_{sp}^0；式（7.22）说明了非弹性服务所用的多条并行路径的传输能力之和不能低于该非弹性服务的总速率 $y_r^0(\lambda_r^0)$；式（7.23）说明与非弹性服务共享瓶颈链路的各个弹性服务所用的多条并行路径的传输能力之和不低于该弹性服务的总速率 $U_s'^{-1}(\lambda_r^0)$。

当网络中存在多个非弹性服务，并且有共享的瓶颈链路时，可以构造一个由 R 和 L^B 组成的简单图，其中节点代表了请求非弹性服务 r 的用户，边代表了共享的瓶颈链路 l。若该图是连通的，那么可以将整个网络看作一个区域；若不是连通的，那么每个独立的连通子图都可以看作网络的独立区域。因此，在每个包含 n 个非弹性服务的独立区域内，为了使资源分配模型存在非零的最优带宽分配，瓶颈链路的带宽应该满足下列条件：

$$C_l \geqslant \sum_{p:p\in P_s(l)} x_{sp}^0 + \sum_{p:p\in P_r(l)} x_{rp}^0, \quad l \in L^B \tag{7.24}$$

$$\sum_{l:l\in L^B(P(r_i))} C_l \geqslant y_{r_i}^0(\lambda_{\min}^0) = \sum_{p:p\in P(r_i)} x_{r_i p}^0, \quad r \in R \tag{7.25}$$

$$\sum_{l:l\in L^B(P(s))} C_l \geqslant U_s'^{-1}(\lambda_{\min}^0) = \sum_{p:p\in P(s)} x_{sp}^0, \quad s \in S_{r_i} \tag{7.26}$$

其中，$y_{r_i}^0(\lambda_{\min}^0) = \arg\max U_{r_i}(y_{r_i}) - \lambda_{\min}^0 y_{r_i}$；$\lambda_{\min}^0 = \min\{\lambda_{r_i}^0, 1 \leqslant i \leqslant n\}$。式（7.24）说明最优带宽分配应该满足链路带宽的约束性条件，即瓶颈链路的带宽不能低于阈值 $\sum_{p:p\in P_s(l)} x_{sp}^0 + \sum_{p:p\in P_r(l)} x_{rp}^0$，该阈值包括使用该链路的各个弹性服务应该满足的速率值 x_{sp}^0 以及各个非弹性服务应该满足的速率值 x_{rp}^0；式（7.25）说明每个非弹性服务所用的多条并行路径的传输能力之和不能低于该非弹性服务的总速率 $y_{r_i}^0(\lambda_{\min}^0)$，由于多个非弹性服务之间共享了瓶颈链路，所以应该保证所有非弹性服务的支付价格均不高于 $\lambda_{\min}^0$；式（7.26）说明与非弹性服务共享瓶颈链路的每个弹性服务所用的多条并行路径的传输能力之和不低于该弹性服务的总速率$U_s'^{-1}(\lambda_{\min}^0)$。

在上述充分性条件的前提下，模型（P7.1）可以修改成如下非弹性服务具有一定 QoS 保证的资源分配模型（P7.2）：

$$\text{(P7.2)}: \max \quad \sum_{s:s\in S} U_s(y_s(t)) + \sum_{r:r\in R} U_r(y_r(t)) \tag{7.27}$$

$$\text{subject to} \quad \sum_{p:p\in P(s)} x_{sp}(t) = y_s(t), \quad \sum_{p:p\in P(r)} x_{rp}(t) = y_r(t), \quad s\in S,\ r\in R \tag{7.28}$$

$$\sum_{p:p\in P_s(l)} x_{sp}(t) + \sum_{p:p\in P_r(l)} x_{rp}(t) \leqslant C_l, \quad l\in L^B \tag{7.29}$$

$$y_r(t) \geqslant y_r^0, \quad r\in R \tag{7.30}$$

$$\text{over} \quad x_{sp}(t)\geqslant 0, \quad x_{rp}(t)\geqslant 0, \quad s\in S,\ r\in R,\ p\in P \tag{7.31}$$

在该模型中，非弹性服务获得的带宽满足不小于y_r^0，因此若路径上瓶颈链路的带宽满足充分性条件（式（7.24）～式（7.26）），各个服务均能获得非零的最优带宽分配，此时非弹性服务的 QoS 得到了一定的保证。

注意到式（7.24）～式（7.26）仅是并行多路径网络异构服务资源分配模型存在全局最优点的充分性条件，如果用户选择更为合适的路径，那么有可能存在更低的带宽保障阈值。

7.3.5 最优带宽分配

对于非弹性服务具有一定 QoS 保证的资源分配模型（P7.2），可以得到下列定理。

定理 7.2 若请求非弹性服务的用户所支付的价格满足$\lambda_r\leqslant\lambda_r^0$，并且瓶颈链路带宽满足式（7.24）～式（7.26），那么非弹性服务具有 QoS 保证的模型（P7.2）是一个凸规划问题，各个服务均存在最优的带宽分配$y^*=(y_s^*,y_r^*,s\in S,r\in R)$。

证明：当网络中请求非弹性服务r的用户所支付的价格满足$\lambda_r\leqslant\lambda_r^0$时，由式（7.25）可得该服务的传输速率应该满足$y_r(\lambda_r)\geqslant y_r(\lambda_r^0)$，而由式（7.25）也可得该非弹性服务所用的多条路径的传输能力满足$\sum_{l:l\in L^B(P(r))} C_l \geqslant y_r^0(\lambda_{\min}^0)\geqslant y_r(\lambda_r^0)$，所以，此时该非弹性服务的效用函数是一个严格的凹函数。同时，对于与非弹性服务共享瓶颈链路的弹性服务，其支付的价格也应满足$\lambda_s\leqslant\lambda_r^0$，而由式（7.26）可得该弹性服务所用多条路径的传输能力满足$\sum_{l:l\in L^B(P(s))} C_l \geqslant U_s'^{-1}(\lambda_{\min}^0)\geqslant U_s'^{-1}(\lambda_r^0)$，同时由式（7.24）可得每条链路满足模型的约束条件，这意味着该模型存在非零的可行解。所以，模型（P7.2）的目标函数是凹函数而约束域是凸集，该模型是一个凸规划问题，存在最优的带宽分配$y^*=(y_s^*,y_r^*,s\in S,r\in R)$。定理得证。　□

当模型达到最优带宽分配时，分析非弹性服务使用到的多条并行路径，可以得到下列结论。

注 7.1　在资源分配模型（P7.2）的最优带宽分配处，非弹性服务的多条并行路径上瓶颈链路所收取的价格是相等的，也就是说，若 $l_1 \in L^B(p_1)$， $l_2 \in L^B(p_2)$，其中 p_1， $p_2 \in P(r)$，则 $\mu_{l_1}^* = \mu_{l_2}^* = \lambda_r^*$。

7.4　硬实时非弹性服务

本节考虑具有不连续效用的非弹性服务与弹性服务共存时，多路径网络的资源分配问题，并得到为使各服务均有非零最优带宽分配而瓶颈链路应满足的带宽阈值。当传输速率高于阈值 m_r 时，服务的效用为一个正常值，而当服务的传输速率低于该阈值时，服务的效用为零，如前面所述的网络电话服务。这类服务的效用函数是阶梯状的不连续函数。

7.4.1　资源分配模型

当网络中既有弹性服务，也有不连续型效用的硬实时非弹性服务时，多路径网络资源分配问题可以归结为模型（P7.3）：

（P7.3）：max
$$\sum_{s:s\in S} U_s(y_s(t)) + \sum_{r:r\in R} U_r \frac{\operatorname{sgn}(y_r(t)-m_r)+1}{2} \tag{7.32}$$

subject to
$$\sum_{p:p\in P(s)} x_{sp}(t) = y_s(t), \quad \sum_{p:p\in P(r)} x_{rp}(t) = y_r, \quad s\in S,\ r\in R \tag{7.33}$$

$$\sum_{p:p\in P_s(l)} x_{sp}(t) + \sum_{p:p\in P_r(l)} x_{rp}(t) \leqslant C_l, \quad l\in L^B \tag{7.34}$$

over
$$x_{sp}(t) \geqslant 0, \quad x_{rp}(t) \geqslant 0, \quad s\in S,\ r\in R,\ p\in P \tag{7.35}$$

其中，sgn(·)是符号函数，具有式（6.4）的形式。

由于资源分配模型（P7.3）中有符号函数，所以该模型是一个较难处理的非凸规划问题。为了得到该模型的最优带宽分配，考虑如下（P7.4）和（P7.5）两个子问题：

（P7.4）：max
$$\sum_{s:s\in S} U_s(y_s(t)) \tag{7.36}$$

subject to
$$\sum_{p:p\in P(s)} x_{sp}(t) = y_s(t), \quad \sum_{p:p\in P(r)} x_{rp}(t) < m_r, \quad s\in S,\ r\in R \tag{7.37}$$

$$\sum_{p:p\in P_s(l)} x_{sp}(t) + \sum_{p:p\in P_r(l)} x_{rp}(t) \leqslant C_l, \quad l\in L^B \tag{7.38}$$

over
$$x_{sp}(t) \geqslant 0, \quad x_{rp}(t) \geqslant 0, \quad s\in S,\ r\in R,\ p\in P \tag{7.39}$$

和

$$\text{(P7.5)}: \max \quad \sum_{s:s\in S} U_s(y_s(t)) + \sum_{r:r\in R} U_r \tag{7.40}$$

$$\text{subject to} \quad \sum_{p:p\in P(s)} x_{sp}(t) = y_s(t), \quad \sum_{p:p\in P(r)} x_{rp}(t) \geqslant m_r, \quad s\in S,\ r\in R \tag{7.41}$$

$$\sum_{p:p\in P_s(l)} x_{sp}(t) + \sum_{p:p\in P_r(l)} x_{rp}(t) \leqslant C_l, \quad l\in L^B \tag{7.42}$$

$$\text{over} \quad x_{sp}(t) \geqslant 0, \quad x_{rp}(t) \geqslant 0, \quad s\in S,\ r\in R,\ p\in P \tag{7.43}$$

此时，两个子问题的目标函数均是凹函数，而约束域都是凸集，所以两个子问题均是凸规划问题。对于资源分配模型（P7.4），各个非弹性服务 r 的传输速率低于各自阈值 m_r，因此服务的效用为零。此时该模型中仅有弹性服务，类似于第 6 章讨论的弹性服务的最优带宽分配问题，因此本节省略了这种情况。而对于资源分配模型（P7.5），各个非弹性服务 r 的传输速率高于各自阈值 m_r，因此服务获得了一个值为 u_r 的效用，此时服务的 QoS 得到了保证。本节将讨论这种情况下服务的最优带宽分配问题，得到为使各服务均有非零最优带宽分配，瓶颈链路的带宽应该满足的充分性条件。

具有 QoS 保证的资源分配模型（P7.5）的 Lagrange 函数为

$$L(x,y;\lambda,\mu) = \sum_{s:s\in S} U_s(y_s(t)) + \sum_{r:r\in R} U_r + \sum_{l:l\in L^B} \mu_l \left(C_l - \sum_{p:p\in P_s(l)} x_{sp}(t) - \sum_{p:p\in P_r(l)} x_{rp}(t) \right)$$
$$+ \sum_{s:s\in S} \lambda_s \left(\sum_{p:p\in P(s)} x_{sp}(t) - y_s(t) \right) + \sum_{r:r\in R} \lambda_r \left(\sum_{p:p\in P(r)} x_{rp}(t) - m_r \right) \tag{7.44}$$

假设最优价格为 $\{\mu^*,\lambda^*\}$，最优传输速率为 x^*，则弹性服务满足 $\lambda_s^* = U_s'(y_s^*)$，$\mu_{l_1}^* = \mu_{l_2}^* = \lambda_s^*$，其中 $l_1 \in L^B(p_1)$，$l_2 \in L^B(p_2)$，p_1，$p_2 \in P(s)$，同时非弹性服务满足 $\mu_{l_3}^* = \mu_{l_4}^* = \lambda_r^*$，其中 $l_3 \in L^B(p_3)$，$l_4 \in L^B(p_4)$，p_3，$p_4 \in P(r)$。若 $l \in L^B(p_1) \cap L^B(p_3)$，其中 $p_1 \in P(s)$，$p_3 \in P(r)$，则 $\lambda_s^* = \mu_l^* = \lambda_r^*$。因此，若非弹性服务和弹性服务共享同一条瓶颈链路，则请求非弹性服务的用户支付的价格等于请求弹性服务的用户支付的价格。所以，为了分析瓶颈链路的带宽，得到模型存在最优带宽分配的充分性条件，只需考虑非弹性服务之间共享瓶颈链路的情形。

7.4.2 最优带宽保障

接下来分析具有不连续效用的非弹性服务的最优接入控制策略，探讨保证该类服务成功接入链路带宽应该满足的阈值。对于该类非弹性服务，引入接入控制策略参数 a_r，根据网络中的资源情况判断是否对其进行接入。当 $a_r = 1$ 时，非弹性服务允许接入，此时非弹性服务的效用为 U_r；当 $a_r=0$ 时，服务被拒绝，此时服务的效用为 0。因此，此时模型为

$$\text{(P7.6)}: \max \quad \sum_{s:s\in S} U_s\left(\sum_{p:p\in P(s)} x_{sp}(t)\right)+\sum_{r:r\in R} a_r U_r \tag{7.45}$$

$$\text{subject to} \quad \sum_{p:p\in P(r)} a_r x_{rp}(t)=a_r m_r, \quad r\in R \tag{7.46}$$

$$\sum_{p:p\in P_s(l)} x_{sp}(t)+\sum_{p:p\in P_r(l)} x_{rp}(t)\leqslant C_l, \quad l\in L^B \tag{7.47}$$

$$\text{over} \quad x_{sp}(t)\geqslant 0,\quad x_{rp}(t)\geqslant 0,\quad a_r\in\{0,1\},\ s\in S,\ r\in R,\ p\in P \tag{7.48}$$

其中，$s\in S$ 是弹性服务；$r\in R$ 是具有不连续型效用的硬实时非弹性服务。

由于非弹性服务具有不连续的效用，此时映射模型（P7.6）是一个比较难以处理的整数规划问题。所以，对模型的约束条件进行适当的扩展，令接入控制策略选择参数 $a_r\in[0,1]$，分析如下的扩展模型：

$$\text{(P7.7)}: \max \quad \sum_{s:s\in S} U_s\left(\sum_{p:p\in P(s)} x_{sp}(t)\right)+\sum_{r:r\in R} a_r U_r \tag{7.49}$$

$$\text{subject to} \quad \sum_{p:p\in P(r)} a_r x_{rp}(t)=a_r m_r, \quad r\in R \tag{7.50}$$

$$\sum_{p:p\in P_s(l)} x_{sp}(t)+\sum_{p:p\in P_r(l)} x_{rp}(t)\leqslant C_l, \quad l\in L^B \tag{7.51}$$

$$\text{over} \quad x_{sp}(t)\geqslant 0,\quad x_{rp}(t)\geqslant 0,\quad a_r\in[0,1],\ s\in S,\ r\in R,\ p\in P \tag{7.52}$$

此时的扩展模型（P7.7）是一个凸规划问题，类似于第 6 章中资源分配模型的讨论，该模型存在非零的最优带宽分配，并且当得到最优点时，各个服务使用的多条路径的价格均是相等的，即若 $x^*_{rp_1}>0$，$x^*_{rp_2}>0$，其中 p_1，$p_2\in P(r)$，则 $\sum_{l:l\in L(p_1)}\mu^*_l=\sum_{l:l\in L(p_2)}\mu^*_l$。

令非弹性服务 r 在路径 p 上的最优价格是 $q^*_{rp}=\sum_{l:l\in L(p)}\mu^*_l$，通过分析服务在各条路径上的最优价格 q^*_{rp} 和接入控制策略 a^*_r 的关系，可以得到下列定理。

定理 7.3　非弹性服务 r 在各条路径上的接入策略 a^*_r 与该路径的最优价格 q^*_{rp} 存在如下的关系式。

Ⅰ：① $a^*_r=1\Rightarrow U_r/m_r\geqslant q^*_{rp}$；② $0<a^*_r<1\Rightarrow U_r/m_r=q^*_{rp}$；③ $a^*_r=0\Rightarrow U_r/m_r\leqslant q^*_{rp}$。

Ⅱ：① $q^*_{rp}<U_r/m_r\Rightarrow a^*_r=1$；② $q^*_{rp}=U_r/m_r\Rightarrow 0<a^*_r<1$；③ $q^*_{rp}>U_r/m_r\Rightarrow a^*_r=0$。

证明：首先，资源分配模型（P7.7）的 Lagrange 函数为

$$L(x(t);\mu)=\sum_{s:s\in S}U_s\left(\sum_{p:p\in P(s)}x_{sp}(t)\right)+\sum_{r:r\in R}a_rU_r$$
$$+\sum_{l:l\in L}\left(\mu_lC_l-\sum_{p:p\in P_s(l)}x_{sp}(t)-\sum_{p:p\in P_r(l)}a_rx_{rp}(t)\right)+\sum_{r:r\in R}\gamma_r(1-a_r)+\sum_{r:r\in R}\nu_ra_r \tag{7.53}$$

其中，$\mu_l\geqslant 0$ 是关于链路 l 的 Lagrange 因子，可以理解为该链路的价格；$\gamma_r\geqslant 0$ 和 $\nu_r\geqslant 0$ 是关于接入策略 a_r 的因子。令最优价格为 $\{\mu^*,\gamma^*,\nu^*\}$，最优速率与接入控制策略为 $\{x^*,a^*\}$。利用非线性规划理论中的互补松弛条件，对于非弹性服务可以得到关系式：

$$U_r=\sum_{l:l\in L(p)}\mu_l^*\sum_{p:p\in P(r)}x_{rp}^*+\gamma_r^*-\nu_r^*=q_{rp}^*m_r+\gamma_r^*-\nu_r^*$$
$$\gamma_r^*(1-a_r^*)=0,\quad \nu_r^*a_r^*=0$$

对于定理的前半部分，有如下结论：

若 $a_r^*=1$，则 $\gamma_r^*\geqslant 0$ 和 $\nu_r^*=0$，所以 $U_r/m_r\geqslant q_{rp}^*$。

若 $0<a_r^*<1$，则 $\gamma_r^*=0$ 和 $\nu_r^*=0$，所以 $U_r/m_r=q_{rp}^*$。

若 $a_r^*=0$，则 $\gamma_r^*=0$ 和 $\nu_r^*\geqslant 0$，所以 $U_r/m_r\leqslant q_{rp}^*$。

对于定理的后半部分，注意到 $\gamma_r^*\neq 0$ 和 $\nu_r^*\neq 0$ 不能同时成立，因为这样需要 a_r^* 同时满足 $a_r^*=1$ 与 $a_r^*=0$。因此，有如下结论：

若 $q_{rp}^*<U_r/m_r$，则 $\gamma_r^*>0$，$\nu_r^*=0$，所以 $a_r^*=1$。

若 $q_{rp}^*=U_r/m_r$，则 $\gamma_r^*=0$，$\nu_r^*=0$，所以 $0<a_r^*<1$。

若 $q_{rp}^*>U_r/m_r$，则 $\gamma_r^*=0$，$\nu_r^*>0$，所以 $a_r^*=0$。

定理得证。 □

由于资源分配模型（P7.7）的约束域包含模型（P7.6）的约束域，所以模型（P7.6）的最优效用以模型（P7.7）的最优效用为上界。这意味着若模型（P7.7）在 $\{a_r=0,a_r=1\}$ 取得最优效用，则此时的最优带宽分配正好就是模型（P7.6）的最优解。现在一个问题就是，当具有不连续型效用的非弹性服务所使用的链路带宽满足什么条件时，所有的非弹性服务都可以被网络接入（即 $a_r=1$）？接下来分析非弹性服务使用的链路带宽，得到所有非弹性服务均可被成功接入的充分性条件。

由式（7.44）得到，请求非弹性服务的用户 r 支付的最优价格实际上等于该非弹性服务使用的路径所收取的最优价格，即 $\lambda_r^*=\gamma_{rp}^*$，$p\in P(r)$。令常量 U_r/m_r 为用户 r 的关键价格 λ_r^0，如果用户 r 支付的价格 λ_r^* 小于该关键价格 λ_r^0，即 $\lambda_r^*<\lambda_r^0=U_r/m_r$，则非弹性服务就会被成功接入，用户 r 获得的最优带宽分配大

于或等于速率阈值 m_r。该结论与 7.3.3 节讨论的具有 S 型效用的非弹性服务的带宽保障阈值是类似的。令 m^r 为所有非弹性服务的速率阈值向量，λ^{r0} 为相应的关键价格向量。

定理 7.4　考虑多路径网络中多类型服务资源分配模型（P7.3），其中非弹性服务具有不连续型效用函数，如果价格向量 $\mu^* \succ 0$ 满足下述不等式，则该模型的最优解是所有的非弹性服务均可被接入，即 $a_r = 1$，且存在全局最优带宽分配：

$$\lambda^{r0} \succ (R^r P^r)^{\mathrm{T}} \mu^* \tag{7.54}$$

链路带宽为 $C = C(\mu^*)$，其中

$$C(\mu^*) = R^r X^r(\mu^*)^{\mathrm{T}} e + R^s X^s(\mu^*)^{\mathrm{T}} e \tag{7.55}$$

$$y^r = X^r(\mu^*)e \succ m^r, \quad y^s = X^s(\mu^*)e \tag{7.56}$$

其中，$X^r(\mu^*)$ 与 $X^s(\mu^*)$ 分别是由式（7.10）～式（7.13）得到的基于价格的非弹性服务和弹性服务的速率分配；e 是元素均为 1 的单位向量。

该定理的证明过程类似于定理 7.1，其得到了包含具有不连续型效用非弹性服务的多类型服务资源分配模型的带宽保障条件。同时，注意到最优速率值随着链路价格 μ 是非递增的，因此非弹性需求越强的服务（即 m_r 越大），为了保证网络中存在全局最优资源分配，所需要的链路带宽保障值 $C(\mu)$ 就越高。

由于该类非弹性服务的效用值是不连续型的分段函数，所以为弹性服务提出的基于子梯度的资源分配算法（式（6.26）～式（6.32））不能直接用于求解多类型服务资源分配模型（P7.3）。然而，由定理 7.4 得到启发，为了分析该模型的最优资源分配，修改原算法（式（6.26）～式（6.32））中价格函数 $\lambda_r(t)$ 为如下形式：

$$\lambda_r(t) = \frac{U_r}{y_r(t)} \tag{7.57}$$

后面章节中将比较基于 PSO 的算法和上述修改后算法的不同性能。

注 7.2　对于该类非弹性服务，U_r/m_r 可以理解为服务所能接受的目标价格，q_{rp}^* 是该服务使用的路径收取的价格，因此该定理说明了服务能接受的目标价格和路径收取价格的大小关系直接影响了该服务是否被接入或者拒绝。例如，当路径价格 q_{rp}^* 低于服务的目标价格时，该价格在服务可以接受的范围内，因此服务可以被接入；反之，当路径价格 q_{rp}^* 高于服务的目标价格时，超过了服务可以接受的阈值，因此服务被拒绝。

7.4.3　并行网络模型

接下来简化多类型服务资源分配模型（P7.3），考虑并行多路径网络情形，此

时假设各个用户的每条路径存在一条瓶颈链路（事实上，若路径上有多条瓶颈链路，则选择其中最小的一条）。

若网络中仅有一个非弹性服务，为了使非弹性服务的速率满足 $y_r \geqslant m_r$，那么在该非弹性服务所用的多条路径上，瓶颈链路的带宽应满足下列条件：

$$\sum_{l:l \in L^B(P(r))} C_l \geqslant m_r = y_r^0 = \sum_{p:p \in P(r)} x_{rp}^0 \tag{7.58}$$

该条件说明了当非弹性服务利用并行多路径进行数据传输时，瓶颈链路的带宽之和应不低于该非弹性服务应该满足的最低带宽需求 m_r。

若网络中存在多个非弹性服务，并且有共享的瓶颈链路，可以构造一个由 R 和 L^B 组成的简单图，其中节点代表了请求非弹性服务 r 的用户，边代表了共享的瓶颈链路 l。若该图是连通的，那么可以将整个网络看作一个区域；若不是连通的，那么每个独立的连通子图都可以看作网络的独立区域。因此，在每个包含 n 个非弹性服务的独立区域内，为了使非弹性服务满足 $y_r \geqslant m_r$，瓶颈链路的带宽应该满足下列条件：

$$\sum_{l:l \in L^B(P(r_i))} C_l \geqslant m_{r_i} = y_{r_i}^0 = \sum_{p:p \in P(r_i)} x_{r_i p}^0 \tag{7.59}$$

$$C_l \geqslant \sum_{p:p \in P_r(l)} x_{r_i p}^0 \tag{7.60}$$

其中，$1 \leqslant i \leqslant n$。式（7.59）说明了每个非弹性服务使用多条并行路径传输数据时，瓶颈链路的带宽之和应不低于该服务应该满足的最低带宽需求 m_{r_i}；式（7.60）说明了在每条瓶颈链路上，该链路的带宽应该不低于阈值 $\sum_{p:p \in P_r(l)} x_{r_i p}^0$，该阈值是经过该链路的所有非弹性服务的数据流速率之和，而同时每个非弹性服务在多条路径上的数据流速率总和应该满足 m_{r_i}。

由于硬实时非弹性服务对带宽要求比较敏感，所以当该类非弹性服务使用的每条路径上的瓶颈链路满足一定的带宽要求时，如充分性条件（式（7.59）和式（7.60））时，各类服务才能获得非零的最优带宽分配，非弹性服务的 QoS 才能得到一定保证。

7.4.4　最优带宽分配

对于非弹性服务具有一定 QoS 保证的模型（P7.5），目标函数是凹函数，而约束域是凸集，因此该模型是一个凸规划问题。由式（7.59）和式（7.60）可得，该模型存在可行解，由此可以得到下列定理。

定理 7.5　资源分配模型（P7.5）是一个凸规划问题，若满足式（7.59）和式（7.60），那么模型（P7.5）中各服务均存在最优的带宽分配 $y^* = (y_s^*, y_r^*, s \in S, r \in R)$。

前面已经讨论过，当非弹性服务和弹性服务共享同一条瓶颈链路时，请求非弹性服务的用户支付的价格与请求弹性服务的用户所支付的价格均等于该瓶颈链路收取的价格。所以，构造一个由服务和链路组成的无向图，并根据图的连通性将网络分成 k 个独立的区域，在每个区域内瓶颈链路收取的价格是 μ_k 。

此时，Lagrange 函数为

$$
\begin{aligned}
\hat{L}(x,y;\lambda,\mu) &= \sum_{s:s\in S} U_s\left(\sum_{p:p\in P(s)} x_{sp}(t)\right) + \sum_{r:r\in R} U_r + \sum_{r:r\in R} \lambda_r\left(\sum_{p:p\in P(r)} x_{rp}(t) - m_r\right) \\
&\quad + \sum_{l:l\in L^B} \mu_l\left(C_l - \sum_{p:p\in P_s(l)} x_{sp}(t) - \sum_{p:p\in P_r(l)} x_{rp}(t)\right) \\
&= \sum_{s:s\in S}\left(U_s\left(\sum_{p:p\in P(s)} x_{sp}(t)\right) - \sum_{p:p\in P(s)} \mu_l x_{sp}(t)\right) + \sum_{l:l\in L^B} \mu_l C_l \\
&\quad + \sum_{r:r\in R}\left(U_r - \sum_{p:p\in P(r)} \mu_l x_{rp}(t) + \lambda_r\left(\sum_{p:p\in P(r)} x_{rp}(t) - m_r\right)\right) \\
&= \sum_k\left(\sum_{s:s\in S_k}\big(U_s(y_s(t)) - \mu_k y_s(t)\big) + \mu_k \sum_{l:l\in L_k^B} C_l + \sum_{r:r\in R_k}\big(U_r - \mu_k y_r(t) + \lambda_r(y_r(t) - m_r)\big)\right) \\
&\overset{(a)}{=} \sum_k\left(\sum_{s:s\in S_k}\big(U_s(y_s(t)) - \mu_k y_s(t)\big) + \mu_k \sum_{l:l\in L_k^B} C_l + \sum_{r:r\in R_k}(U_r - \mu_k m_r)\right) \\
&= \sum_k \hat{L}_k(y_s(t),\mu_k)
\end{aligned}
\tag{7.61}
$$

其中，等式（a）成立是因为在区域 k 内，满足 $\lambda_s = \lambda_r = \mu_k$ 。

考虑具有式（6.2）形式的效用函数的弹性服务，并令 $\mathrm{d}\hat{L}_k(y_s(t),\mu_k)/\mathrm{d}y_s(t) = 0$ ，得

$$
y_s = \frac{w_s}{\mu_k} - 1 \tag{7.62}
$$

将式（7.62）代入式（7.61）的 $\hat{L}_k(y_s(t),\mu_k)$ 中，得

$$
\hat{L}_k(\mu_k) = \sum_{s:s\in S_k}\left(w_s \ln\left(\frac{w_s}{\mu_k}\right) - w_s + \mu_k\right) + \mu_k \sum_{l:l\in L_k^B} C_l + \sum_{r:r\in R_k}(U_r - \mu_k m_r) \tag{7.63}
$$

并令 $\mathrm{d}\hat{L}_k(\mu_k)/\mathrm{d}\mu_k = 0$ ，可以得到

$$
\mu_k = \frac{\sum_{s\in S_k} w_s}{|S_k| + \sum_{l\in L_k^B} C_l - \sum_{r\in R_k} m_r} \tag{7.64}
$$

而且

$$y_s = \frac{w_s |S_k| + w_s \sum_{l \in L_k^B} C_l - w_s \sum_{r \in R_k} m_r}{\sum_{s \in S_k} w_s} - 1 \tag{7.65}$$

$$y_r = m_r \tag{7.66}$$

注意到，由式（7.60）可得 $\sum_{l \in L_k^B} C_l \geqslant \sum_{r \in R_k} y_r^0 = \sum_{r \in R_k} m_r$ ，再由式（7.64）可以看出最优价格满足 $\mu_k > 0$ 。

注 7.3　当网络中既有弹性服务也有硬实时非弹性服务时，在模型（P7.5）的最优带宽分配处，非弹性服务 r 的最优带宽分配正是服务的速率阈值 m_r 。

注 7.4　弹性服务 s 获得的最优带宽分配与区域内所有瓶颈链路的带宽之和 $\sum_{l:l \in L_k^B} C_l$ 、弹性服务的数量 $|S_k|$ 、非弹性服务的速率阈值之和 $\sum_{r \in R_k} m_r$ 以及请求弹性服务的用户支付与总支付的比例 $w_s \Big/ \sum_{s:s \in S_k} w_s$ 相关。

7.5　基于 PSO 的非凸优化算法

当网络中既有弹性服务也有非弹性服务时，多类型服务资源分配模型（P7.1）是一个较难处理的非凸优化问题。为此，本节提出了一种基于 PSO 的非凸优化算法，该算法可以有效地收敛到模型的最优带宽分配。

7.5.1　PSO 算法

PSO 算法[139]是 1995 年提出的一种群智能优化算法，来源于对一个简化社会模型的模拟。PSO 算法提出以后便引起了世界上许多学者的研究兴趣，并已经在许多复杂的最优化问题上得到了广泛的应用，如网络速率控制[138]、图像分割[140, 141]、神经网络训练[142]、数据聚类[143]、电力系统负荷分配[144]等领域。粒子群算法主要优点有：①对优化问题的连续性无特殊要求；②只需调整算法中非常少的参数；③实现简单、收敛速度快；④相对其他演化算法而言，只需要较小的演化群体；⑤易于收敛，相比其他演化算法，只需要较少的评价函数来计算次数就可达到收敛；⑥无集中控制约束，不会因个体的故障影响整个问题的求解，算法具有较强的鲁棒性。

粒子群算法根据对环境的适应度将群体中的个体移动到好的区域，它将每个个体看作寻优空间中的一个没有质量、没有体积的粒子，在搜索空间中以一定的速度飞行，通过对环境的学习与调整，根据个体与群体的飞行经验的综合分析结果来动态调整飞行速度。

粒子群算法是一种基于迭代模式的优化算法，在搜索最优解的整个过程中，每个粒子的适应值（fitness value）取决于所选择的优化函数的值，并且每个粒子都具有以下几类信息：粒子当前所处位置；到目前为止自己发现的最优位置(Pbest)，将信息视为粒子的自身飞行经验；到目前为止整个群体中所有粒子发现的最优位置（Gbest）（Gbest 是 Pbest 中的最优值），这可视为粒子群的同伴共享飞行经验。在每一步迭代过程中，粒子群算法中包含了趋向于 Pbest 与 Gbest 的速度变化量，并对速度变量分别赋予了一定的惯性权重。因此，各粒子的运动速度受到本身和群体的历史运动状态信息影响，并以自身和群体的历史最优位置来对粒子当前的运动方向和运动速度加以影响，很好地协调了粒子自身运动和群体运动之间的关系。

7.5.2　非凸优化算法描述

为了利用粒子群算法得到多路径网络多类型服务资源分配模型的最优带宽分配，本节给出模型中的变量与粒子群方法中变量之间的对应关系，然后再给出具体的算法描述。

粒子可以看作网络中请求服务的所有用户；粒子的位置可以看作资源分配模型的一组解，粒子的最优位置也就是模型的最优带宽分配；粒子的速度可以看作模型求解过程中的辅助变量；粒子群算法中的适应度函数可以由模型中的目标函数与约束条件构造得到。

每个粒子可以用空间中的坐标位置与速度来描述，其中速度定义为每次迭代中粒子移动的距离。因此，将第 i 个粒子位置表示为 $X^i=(x_{11}^i,\cdots,x_{1p}^i;\cdots;x_{s1}^i,\cdots,x_{sp}^i;\cdots;x_{r1}^i,\cdots,x_{rp}^i)$，速度表示为 $V^i=(v_{11}^i,\cdots,v_{1p}^i;\cdots;v_{s1}^i,\cdots,v_{sp}^i;\cdots;v_{r1}^i,\cdots,v_{rp}^i)$。简单起见，令向量 $X^i=(x_{sp}^i;x_{rp}^i)$，$V^i=(v_{sp}^i;v_{rp}^i)$。同时，令 $\text{Pbest}^i=(x_{sp}^{i\text{Pbest}};x_{rp}^{i\text{Pbest}})$，$\text{Gbest}=(x_{sp}^{\text{Gbest}};x_{rp}^{\text{Gbest}})$ 分别表示粒子 i 的当前最优位置与粒子群的最优位置（即当前局部最优带宽与整体的全局最优带宽最优分配）。则粒子的速度和位置迭代方程分别为

$$V^i(k+1)=\omega V^i(k)+c_1\Re_1(\text{Pbest}^i(k)-X^i(k))+c_2\Re_2(\text{Gbest}(k)-X^i(k)) \tag{7.67}$$

$$X^i(k+1)=X^i(k)+V^i(k+1) \tag{7.68}$$

其中，$V^i(k)$ 是粒子 i 在第 k 次迭代时的速度，满足 $V_{\min}^i \leqslant V^i(k) \leqslant V_{\max}^i$；$\omega$ 是惯性权重；c_1 和 c_2 是加速常数，使粒子趋向于最优位置；$\Re_1$ 和 $\Re_2$ 是 0～1 的随机数；$X^i(k)$ 是粒子 i 在第 k 次迭代时的当前位置；$\text{Pbest}^i(k)$ 是粒子 i 在 k 次迭代后的历史最优位置，它与粒子的当前位置 $X^i(k)$ 之差用于设定该粒子向其最优位置的下一步运动方向；$\text{Gbest}(k)$ 是整个粒子群在 k 次迭代后的历史最优位

置，它与粒子的当前位置 $X^i(k)$ 之差用于改变该粒子向群体最优值运动的下一步运动方向。

粒子的运动由上述方程共同作用。粒子的运动速度增量与其历史飞行经验和群体飞行经验相关，并受到最大飞行速度的限制。从社会学的角度来看粒子的飞行速度方程，即式（7.67），第一部分是粒子之前的速度乘一个权值进行加速，表示粒子对当前自身运动状态的信任，依据自身的速度进行惯性运动，因此称这个权值为“惯性权重”；第二部分（粒子当前位置与自身最优位置之间的距离）为“认知”部分，表示粒子自身的思考，即粒子的运动来源于自身经验学习的部分；第三部分（粒子当前位置与群体最优位置之间的距离）为“社会”部分，表示粒子间的信息共享与相互合作，即粒子的运动过程中来源于其他粒子经验的部分，它通过认知模仿了粒子群中较好同伴的运动。

在多路径网络效用最大化模型中，目标函数是最大化网络中所有服务的聚合效用，而约束条件是有关链路带宽的线性约束，因此在本节提出的基于 PSO 的非凸优化算法中，利用罚函数[145]构造粒子群算法中的适应度函数，如下：

$$F_f=\begin{cases}\sum\limits_{s:s\in S}U_s\left(\sum\limits_{p:p\in P(s)}x_{sp}(t)\right)+\sum\limits_{r:r\in R}U_r\left(\sum\limits_{p:p\in P(r)}x_{rp}(t)\right), & \sum\limits_{p:p\in P_s(l)}x_{sp}(t)+\sum\limits_{p:p\in P_r(l)}x_{rp}(t)\leqslant C_l\\ \sum\limits_{s:s\in S}U_s\left(\sum\limits_{p:p\in P(s)}x_{sp}(t)\right)+\sum\limits_{r:r\in R}U_r\left(\sum\limits_{p:p\in P(r)}x_{rp}(t)\right) & \\ +\sum\limits_{l:l\in L^B}\mu_l\left(C_l-\sum\limits_{p:p\in P_s(l)}x_{sp}(t)-\sum\limits_{p:p\in P_r(l)}x_{rp}(t)\right), & \text{其他}\end{cases}\tag{7.69}$$

由式（7.69）可以看出，当粒子满足约束条件时，适应度函数就是网络资源分配模型的目标函数，此时该粒子就是一个可行粒子，相应的粒子位置就是资源分配模型的一种可行的网络带宽分配方案；否则引入惩罚函数的机制，利用一个无限大的惩罚因子（也就是链路收取的价格 μ_l），对用户速率超出链路带宽的部分进行一定的惩罚，从而避免在该链路上发生拥塞，此时的适应度函数就是效用最大化模型的目标函数与惩罚项之和。

7.5.3 非凸优化算法实现

本节给出基于 PSO 的非凸优化算法求解多路径网络资源分配问题的具体步骤。算法通过辅助变量（PSO 算法中的速度），根据目标函数（PSO 算法中的适应度函数）的最优值，得到多路径网络资源分配问题的最优解（粒子的最优位置）。

（1）初始化变量和参数。设定最大的迭代次数 K ，并初始化 $k=0(k=0,1,2,\cdots,K)$ ；初始化粒子的位置 X^i ，对应于网络效用最大化模型中可行的带宽分配；初始化粒子的速度 V^i ，对应于求解网络效用最大化模型的辅助变量。粒子的位置和速度满足资源分配模型的约束条件，是该模型的可行解。初始化算法中的参数 (ω,c_1,c_2) 。

（2）计算适应度函数。在迭代次数为 k 时，根据各个粒子的当前位置，利用式（7.69）计算适应度函数，得到粒子 i 当前的最优搜索点 $\text{Pbest}^i(k)$ ，以及所有粒子当前搜索点 $\text{Pbest}^i(k)$ 中的最优点 $\text{Gbest}(k)$ ，也就是粒子群的最优点。

（3）调整搜索点。根据式（7.67）与式（7.68）调整搜索点，得到新搜索点 $\text{Pbest}^i(k+1)$ 与 $\text{Gbest}(k+1)$ 。计算粒子 i 的位置的适应度值，若比当前得到的适应度值大，那么将 $\text{Pbest}^i(k+1)$ 更新为该粒子当前的最好位置；若粒子群中的适应度值比以前得到的数值大，那么就将 $\text{Gbest}(k+1)$ 更新为粒子群当前的最优位置。

（4）终止搜索。当达到最大迭代次数 K 或者粒子群的最优位置不再变化时，算法迭代终止。此时得到的 $\text{Gbest}(K)$ 就是效用最大化模型的最优点，即各个服务在路径上的最优带宽分配。

通过选择合适的参数 (ω,c_1,c_2) ，基于 PSO 的非凸优化算法能够收敛到最优带宽分配，关于算法的收敛性分析请参阅粒子群算法相关文献。

7.6　仿真与分析

本节考虑基于 PSO 的非凸优化算法的性能，给出相应的仿真结果和性能分析。为了讨论使各个服务存在最优带宽分配而瓶颈链路应该满足的充分性条件，考虑如图 7.5 所示的多路径网络。该网络有三对源端和目的端，即三个用户，每个用户各请求一个服务。服务 1 有两条路径，即路径 $L_1\to L_4\to L_5$ 与路径 $L_2\to L_4\to L_5$；服务 2 也有两条路径，即路径 L_2 与路径 L_3；服务 3 也有两条路径，即路径 $L_1\to L_4\to L_6$ 与路径 $L_3\to L_4\to L_6$。忽略与终端直接相连的链路，仅考虑网络中的六条链路，如图 7.5 所示。基于子梯度的弹性服务的分布式算法（式（6.26）～式（6.32））中步长参数为 $\kappa=0.5$ ，滤波参数 $\phi=0.2$ ，基于 PSO 的非凸优化算法中的参数为 $\omega=1$ ， $c_1=c_2=2$ ，粒子数量为 100，迭代次数为 250。

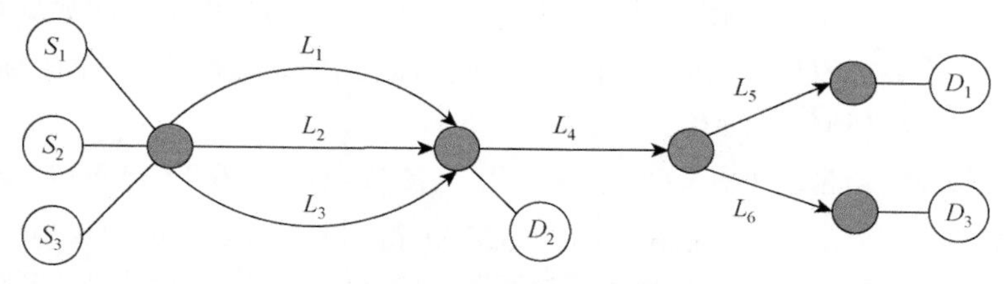

图 7.5　多路径网络拓扑

7.6.1　弹性服务仿真与分析

首先分析当网络中的服务均是弹性服务时算法的仿真结果。考虑具有式（6.2）形式效用函数的弹性服务，分别为$U_1(y_1(t)) = 2\ln(y_1(t)+1)$，$U_2(y_2(t)) = \ln(y_2(t)+1)$，$U_3(y_3(t)) = 3\ln(y_3(t)+1)$。网络链路带宽为$C = (C_1, C_2, C_3, C_4, C_5, C_6) = (4,6,8,10,8,8)$ Mbit/s。每个服务在其可用路径上的初始传输速率为 2Mbit/s。

在该资源分配模型中，利用基于 PSO 的非凸优化算法得到的目标函数值如图 7.6 所示，可以看出，在有限的迭代时间内，利用该算法可以有效地得到最优的带宽分配，此时网络的目标函数也得到了最优效用值。

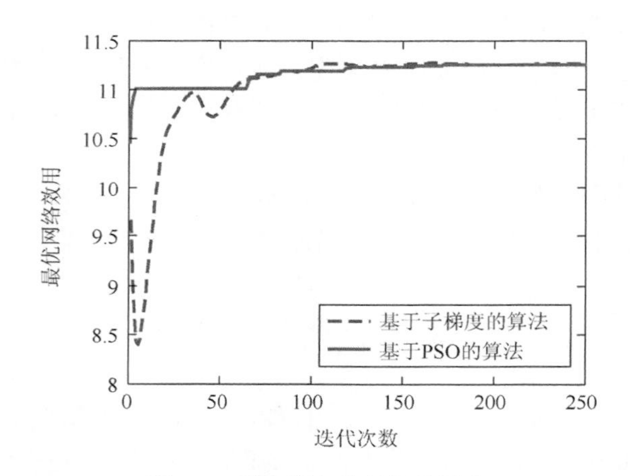

图 7.6　弹性服务的最优效用值

7.6.2　软实时非弹性服务仿真与分析

考虑网络中同时存在非弹性服务与弹性服务时，资源分配模型的最优解与基于 PSO 的非凸优化算法的性能。假设网络的三个服务中，第一个和第二个都是弹性服务，具有式（6.2）形式的效用函数，分别为$U_1(y_1(t)) = 2\ln(y_1(t)+1)$，$U_2(y_2(t)) = \ln(y_2(t)+1)$，而第三个是非弹性服务，具有式（7.1）形式的 S 型效用函数$U_3(y_3(t)) = 2/(1+\mathrm{e}^{-(y_3(t)-4)}) - 2/(1+\mathrm{e}^4)$。对于此非弹性服务的效用函数，存在速率阈值$y_3^0 = 5.5398$与价格阈值$\lambda_3^0 = 0.2908$。

首先，假设链路带宽为$C = (C_1, C_2, C_3, C_4, C_5, C_6) = (6,6,8,6,8,6)$ Mbit/s。利用基于子梯度的资源分配算法（式（6.26）～式（6.32））得到的仿真结果如图 7.7 所示。可以发现，服务 3 的路径 2 收取的价格大于该服务的价格阈值λ_3^0。现在增加链路 L_4 的带宽为 12Mbit/s，此时式（7.18）～式（7.20）是满足的，而服务 3 的最优价格为 0.2718，小于该服务的价格阈值，而基于子梯度的资源分配算法的仿真如图 7.8 所示，算法在有限的迭代次数内达到了平衡点，此时得到了最优的资源分配策略 $x^* = (x_{11}^*, x_{12}^*, x_{21}^*, x_{22}^*, x_{31}^*, x_{32}^*) = (3.4960, 2.8618, 3.1384, 4.8633, 2.5044, 3.1369)$Mbit/s。

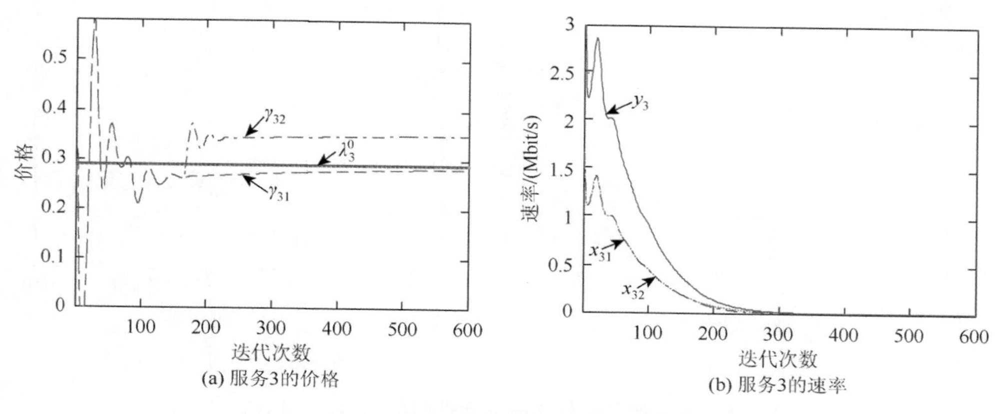

图 7.7　基于子梯度的资源分配算法仿真结果（一）

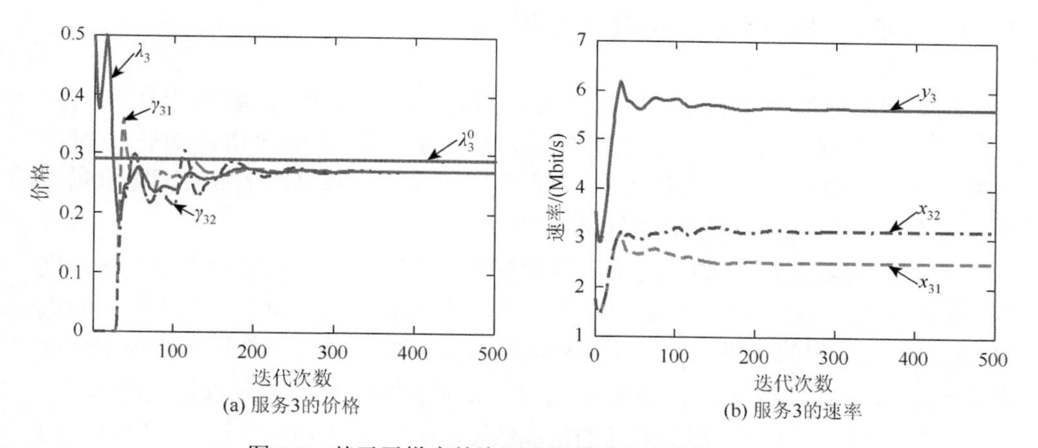

图 7.8　基于子梯度的资源分配算法仿真结果（二）

本章同时给出了基于子梯度的算法和基于 PSO 的算法得到的最优网络效用值，如图 7.9（a）所示，此时链路带宽满足式（7.18）～式（7.20），基于子梯度的资源分配算法也可以收敛到最优点，但基于 PSO 的算法能够更有效地得到最优资源分配策略。同时，分析了基于 PSO 的算法中不同粒子数对算法性能的影响，仿真结果如图 7.9（b）所示，当粒子数从 50 增加到 500 时，算法的收敛性能得到了提升，而且可以发现当粒子数较小时，算法收敛所需要的迭代次数较大，因此粒子数在算法收敛过程中起到至关重要的作用，在实际实施中，需要选择合适的粒子数，从而保证算法的有效性与收敛性，同时又不能增加算法的复杂度。

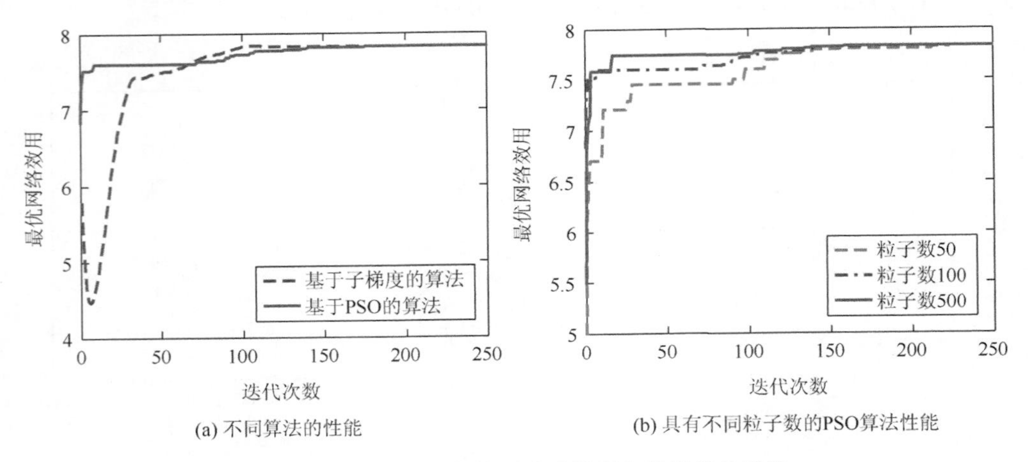

(a) 不同算法的性能　　(b) 具有不同粒子数的PSO算法性能

图 7.9　弹性服务与软实时非弹性服务的最优效用值

7.6.3　硬实时非弹性服务仿真与分析

假设网络中第一个和第二个都是弹性服务，效用函数与 7.6.2 节中相同，而第三个是非弹性服务，具有式（7.2）形式的不连续型效用函数，当速率 $y_3(t) \geqslant m_3 = 4\,\text{Mbit/s}$ 时，效用 $U_3 = 1$，否则效用为零。假设网络中的链路带宽为 $C = (C_1, C_2, C_3, C_4, C_5, C_6) = (6,6,8,10,8,6)\,\text{Mbit/s}$。

具有价格函数式（7.57）的资源分配算法（式（6.26）～式（6.30））的仿真结果如图 7.10 所示。可以发现，用户 3 的两条路径收取的价格均大于价格阈值 $\lambda_3^0 = U_3/m_3$，用户的速率值 y_3 小于速率阈值 m_3，这意味着非弹性服务实际上并没有被接入。现在增加链路 L_4 的带宽至 12Mbit/s，此时瓶颈链路带宽满足式(7.54)～式（7.56），得到基于子梯度的算法的仿真结果，如图 7.11 所示，这里，用户 3 的两条路径收取的价格均低于价格阈值 $\lambda_3^0 = U_3/m_3$，而用户 3 的速率则高于速率阈值 m_3。该情形下基于子梯度的算法得到的最优资源分配为 $x^* = (x_{11}^*, x_{12}^*, x_{21}^*, x_{22}^*, x_{31}^*, x_{32}^*) =$ (4.3057, 3.3585, 2.6417, 5.3598, 1.6947, 2.6404)Mbit/s，然而该最优资源分配策略仅是次优解，不是资源分配模型的全局最优解，此时增加非弹性服务所用的资源大于速率阈值后对增大网络效用没有作用。本节也给出了利用基于子梯度的算法和基于 PSO 的算法得到的最优网络效用值，如图 7.12（a）所示，明显地看到，前者得到的最优网络效用值要比后者得到的最优网络效用值小，实际上，利用基于 PSO 算法得到的最优资源分配策略为 $x^* = (x_{11}^*, x_{12}^*, x_{21}^*, x_{22}^*, x_{31}^*, x_{32}^*) = (4.2622, 3.7376, 2.2620, 5.7367, 1.7373, 2.2627)$Mbit/s，其中用户 3 得到的最优速率 y_3^* 正好就是其要求的速率阈值 m_3。本节同时探讨了粒子数对算法性能的影响，仿真结果如图 7.12（b）所示，当粒子数从 20 增加到 500 时，算法的收敛速度得到了较大提升，因此粒子数对算法的收敛性起到非常重要的作用。

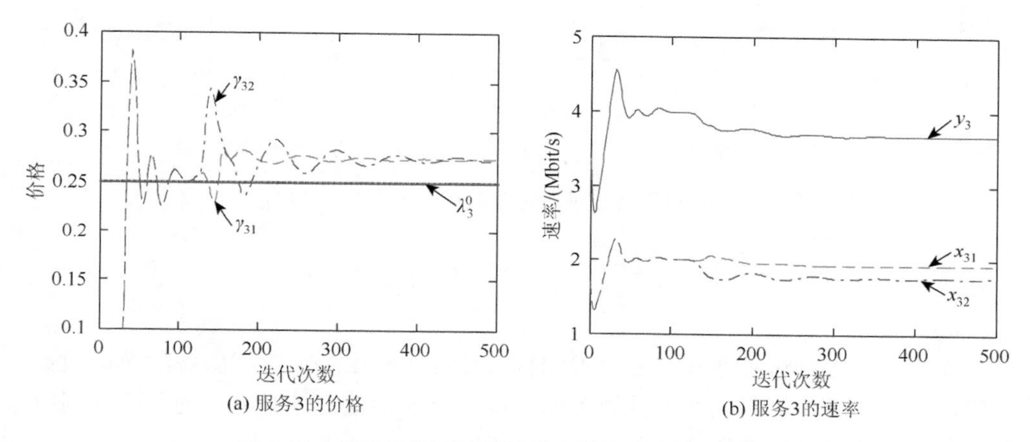

(a) 服务3的价格　(b) 服务3的速率

图 7.10　基于子梯度的资源分配算法仿真结果（三）

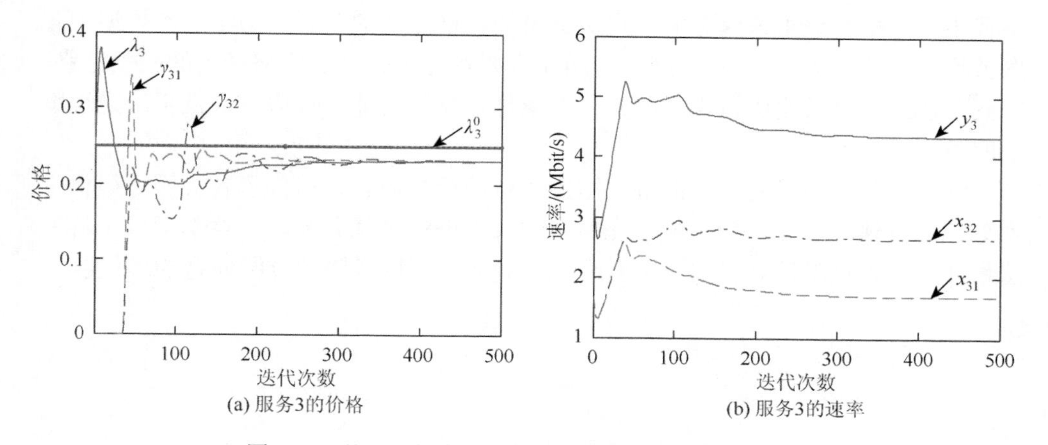

(a) 服务3的价格　(b) 服务3的速率

图 7.11　基于子梯度的资源分配算法仿真结果（四）

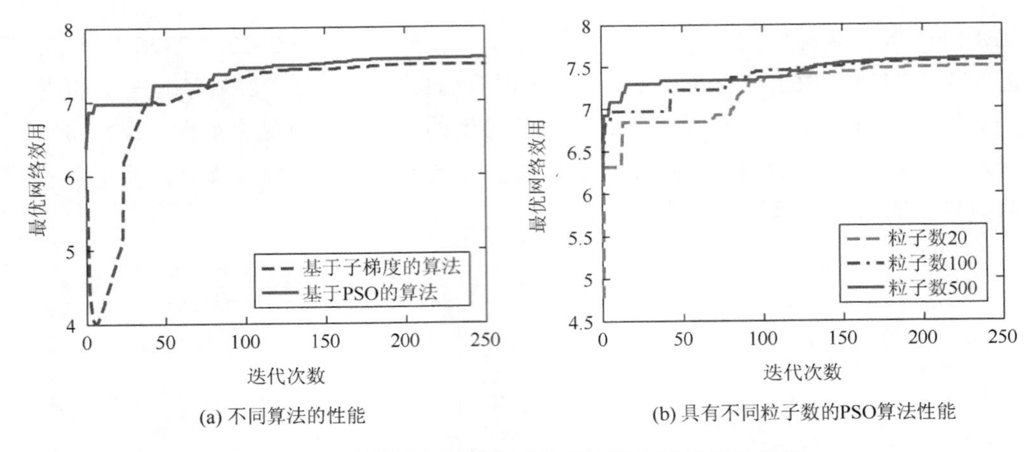

(a) 不同算法的性能　　(b) 具有不同粒子数的PSO算法性能

图 7.12　弹性服务与硬实时非弹性服务的最优效用值

7.7　本 章 小 结

非弹性服务是对带宽和时延要求比较敏感的实时服务，该类服务的效用函数一般都不是凹函数，因此非弹性服务的资源分配模型就是较难处理的非凸规划问题，各个服务的最优带宽分配并不一定存在。

本章分析了多路径网络中多类型服务的资源分配问题，分析了非弹性服务的最优带宽分配与请求该服务的用户所支付的价格之间的关系，为了实现模型中各服务均存在非零的最优带宽分配，分析了非弹性服务使用的多路径上的瓶颈链路，得到了瓶颈链路带宽应该满足的充分性条件，从而为非弹性服务提供了一定程度的服务质量保证。

针对并行多路径网络中的多类型服务资源分配问题，得到了各类服务最优带宽分配的具体表达式。为了能够在网络中实现资源最优分配，本章基于粒子群方法设计了一种流量控制算法，可以有效得到多类型服务资源分配问题的最优解。

第 8 章　多路径网络异构服务的资源分配

网络中既有传统的弹性服务，还有日益增多的非弹性服务，多路径网络的出现则为两类服务提供了高质量的数据传输能力。然而两类服务共存时，如何实现异构服务资源最优分配与流量控制的研究成果还比较少。

本章分析多路径网络中异构服务的资源分配问题，建立多路径网络异构服务资源分配模型，该模型是一个较难处理的非凸规划问题，最优解不一定存在，而且利用传统算法也很难得到。本章将该模型进行转换，得到与此对应的近似优化问题，并讨论二者之间的关系。同时，提出一类分布式资源分配算法，该算法能够有效地收敛到满足异构服务资源分配模型 KKT 条件的最优点。最后通过仿真验证算法的有效性和收敛性，并讨论该算法与其他类似算法的区别。详细内容也可参考文献[98]。

8.1　问题的提出

针对多路径网络中的资源分配与流量管理问题，文献[146]针对弹性服务流提出了一种新的资源分配与流量控制协议。文献[147]探讨了多类型服务的异构数据流的资源分配问题，给出了一类资源优化与分配机制，并结合多路径网络给出了应用实例。文献[148]针对弹性服务流给出了具体的网络协议与算法。而本书作者[93]则利用用户支付价格和路径收取价格之间的博弈关系设计了资源分配算法，同时分析了资源公平分配算法的稳定性，得到了具有传输时延的算法在平衡点处局部稳定的充分性条件。文献[149]则研究了一类修正后的多路径网络效用优化模型，并根据设计的资源分配策略提出了一类多路径网络拥塞控制算法，通过仿真验证了该算法和传统的 TCP 算法是友好的。文献[97]分析了多路径网络异构服务资源分配问题，该问题是较难处理的非凸优化问题，为此利用粒子群优化方法，设计了一类资源分配算法，能够有效得到异构服务资源分配模型的最优点。

本章讨论了异构服务情形下的资源分配模型，将该非凸优化问题转换为一系列近似的凸优化问题，并提出了相应的资源分配算法。该算法能够逐步接近原资源分配模型的最优点，并通过仿真验证了算法的有效性，讨论了算法与传统算法的区别和优势。

8.2　多路径网络异构服务的资源分配模型

本节考虑多路径网络异构服务的资源分配模型，该资源分配模型是非凸优化问题，将该非凸优化问题转换成凸优化问题。

8.2.1　资源分配模型

在一个多路径网络中，令 S 为网络服务的集合，L 为网络中链路的集合，P 为服务的可用路径的集合；$P(s)$ 是服务 $s \in S$ 使用的路径，$P(l)$ 是经过链路 l 的可用路径；$L(p)$ 是路径 p 上的链路。若服务 s 在路径 p 上的传输速率是 $x_{sp}(t)$，则服务 s 的总速率是 $y_s(t) = \sum_{p:p\in P(s)} x_{sp}(t)$，请求服务 s 的用户获得效用为 $U_s(y_s(t))$，同时，链路 l 上的总传输速率为 $z_l(t) = \sum_{p:p\in P(l)} x_{sp}(t)$。

此时，多路径网络异构服务的资源分配问题可以归结为模型（P8.1）：

$$\text{(P8.1)}: \max \quad \sum_{s:s\in S} U_s(y_s(t)) \tag{8.1}$$

$$\text{subject to} \quad \sum_{p:p\in P(s)} x_{sp}(t) = y_s(t), \quad \forall s \in S \tag{8.2}$$

$$\sum_{p:p\in P(l)} x_{sp}(t) \leqslant C_l, \quad \forall l \in L \tag{8.3}$$

$$\text{over} \quad x_{sp}(t) \geqslant 0, \quad s \in S, \ p \in P \tag{8.4}$$

该模型就是在充分利用各条路径上瓶颈链路的传输能力的前提下，最大限度地满足网络中所有用户的聚合效用。由于非弹性服务的效用函数是 S 型函数，所以该模型是一个较难处理的非凸优化问题，最优解不一定存在而且较难获得。本节将讨论这个较难处理的非凸优化问题，将该问题转换为一个近似的凸优化问题，并且提出分布式的资源分配算法。

8.2.2　近似优化模型

上述的异构服务资源分配模型（P8.1）等价于下列的优化问题：

$$\text{(P8.2)}: \max \quad \ln\left(\sum_{s:s\in S} U_s(y_s(t))\right)$$

$$\text{subject to} \quad \sum_{p:p\in P(s)} x_{sp}(t) = y_s(t), \quad \forall s \in S$$

$$\sum_{p:p\in P(l)} x_{sp}(t) \leqslant C_l, \quad \forall l \in L$$

$$\text{over} \quad x_{sp}(t) \geqslant 0, \quad s \in S, \ p \in P$$

然而，该问题依然是一个非凸优化问题。基于优化问题的转换原则（文献[39]的 4.2.4 节），将优化问题（P8.2）转换为下列等价问题：

$$
\begin{aligned}
&(\text{P8.3}):\ \max\ V\\
&\text{subject to}\quad V \leqslant \ln\left(\sum_{s:s\in S} U_s(y_s(t))\right)\\
&\qquad\qquad \sum_{p:p\in P(s)} x_{sp}(t) = y_s(t),\quad \forall s\in S\\
&\qquad\qquad \sum_{p:p\in P(l)} x_{sp}(t) \leqslant C_l,\quad \forall l\in L\\
&\text{over}\qquad x_{sp}(t)\geqslant 0,\quad s\in S,\ p\in P
\end{aligned}
$$

上述模型的第一个约束依然是非凸的，因此模型（P8.3）依然是非凸优化问题。为了得到近似的凸优化问题，可以将该非凸的约束替换为凸的约束条件。根据 Jensen 不等式原理，引入下列引理。

引理 8.1　对于任何一个向量 $\xi=[\xi_1,\xi_2,\cdots,\xi_S]$，其中 $\xi_s>0$，$\sum_s \xi_s = 1$，则下列不等式成立：

$$
\ln\left(\sum_{s:s\in S} U_s(y_s(t))\right) \geqslant \sum_{s:s\in S} \xi_s \ln\left(\frac{U_s(y_s(t))}{\xi_s}\right) \tag{8.5}
$$

当且仅当：

$$
\xi_s = \frac{U_s(y_s(t))}{\sum_{s:s\in S} U_s(y_s(t))} \tag{8.6}
$$

式（8.5）的等式才成立。

基于引理 8.1，可以得到近似优化问题：

$$
\begin{aligned}
&(\text{P8.4}):\ \max\ U\\
&\text{subject to}\quad U \leqslant \sum_{s:s\in S} \xi_s \ln\left(\frac{U_s(y_s(t))}{\xi_s}\right)\\
&\qquad\qquad \sum_{p:p\in P(s)} x_{sp}(t) = y_s(t),\quad \forall s\in S\\
&\qquad\qquad \sum_{p:p\in P(l)} x_{sp}(t) \leqslant C_l,\quad \forall l\in L\\
&\text{over}\qquad x_{sp}(t)\geqslant 0,\quad s\in S,\ p\in P
\end{aligned}
$$

优化问题（P8.4）可以描述为

$$
\begin{aligned}
&(\text{P8.5}):\ \max\quad \sum_{s:s\in S} V(y_s(t),\xi_s)\\
&\text{subject to}\quad \sum_{p:p\in P(s)} x_{sp}(t) = y_s(t),\quad \forall s\in S\\
&\qquad\qquad \sum_{p:p\in P(l)} x_{sp}(t) \leqslant C_l,\quad \forall l\in L\\
&\text{over}\qquad x_{sp}(t)\geqslant 0,\quad s\in S,\ p\in P
\end{aligned}
$$

其中

$$V(y_s(t),\xi_s)=\xi_s\ln\left(\frac{U_s(y_s(t))}{\xi_s}\right) \tag{8.7}$$

注意到，当选择不同的ξ_s值时，$V(y_s(t),\xi_s)$代表了不同的目标函数值。给定一个初始值ξ，模型（P8.5）的解就是模型（P8.1）的一个子优化解，将该子优化解代入式（8.6）后可以得到一个新的ξ值，则模型（P8.5）又可以得到一个新的子优化解。经过一系列的逼近后，模型（P8.5）的解收敛于原模型（P8.1）的全局最优解。8.3 节将给出一种分布式资源分配策略，可以收敛到模型（P8.5）的稳定点。在此稳定点，模型（P8.5）等价于模型（P8.1），该稳定点就是模型（P8.1）的最优资源分配策略。

引理 8.2　对于弹性服务和非弹性服务，目标函数$V(y_s(t),\xi_s)$均是连续可微的，而且是严格的凹函数。

证明：由凸规划理论[39, 111]可得，一个函数是凹函数当且仅当该函数的二次导数是小于等于零的，则

$$\frac{\mathrm{d}^2V(y_s(t),\xi_s)}{\mathrm{d}y_s^2(t)}=\frac{\xi_s}{U_s^2(y_s(t))}\left(U_s(y_s(t))\frac{\mathrm{d}^2U_s(y_s(t))}{\mathrm{d}y_s^2(t)}-\left(\frac{\mathrm{d}U_s(y_s(t))}{\mathrm{d}y_s(t)}\right)^2\right)$$

将弹性服务的效用函数（式（6.1））或非弹性服务的效用函数（式（7.1））代入上式，可以得到$\mathrm{d}^2V(y_s(t),\xi_s)/\mathrm{d}y_s^2(t)\leqslant 0$。定理得证。　□

现在，模型（P8.5）的目标函数对变量$y_s(t)$是严格的凹函数，而对于变量$x_{sp}(t)$是凹函数但不是严格的凹函数。同时，约束条件是线性的，则该优化模型的约束域是凸集。基于凸规划理论[39, 111]，可以得到下列结论。

定理 8.1　对于具有效用函数式（6.1）和式（7.1）的资源分配模型（P8.5），每个服务的最优资源分配y_s存在而且是唯一的，但每个服务在其可用路径上的传输速率x_{sp}却并不唯一。

8.2.3　模型分析

本节利用凸优化理论分析多路径网络异构服务资源分配模型，即非线性规划问题（P8.5）。首先，模型（P8.5）的 Lagrange 函数为

$$\begin{aligned}L(x,y;\lambda,\mu;\delta^2)=&\sum_{s:s\in S}\left(V(y_s(t),\xi_s)+\lambda_s\left(\sum_{p:p\in P(s)}x_{sp}(t)-y_s(t)\right)\right)\\&+\sum_{l:l\in L}\mu_l\left(C_l-\sum_{p:p\in P(l)}x_{sp}(t)-\delta_l^2\right)\end{aligned} \tag{8.8}$$

其中，$\lambda=(\lambda_s, s\in S)$、$\mu=(\mu_l, l\in L)$ 是 Lagrange 乘子向量；$\delta^2=(\delta_l^2, l\in L)$ 是松弛因子向量；λ_s 可以理解为用户 s 请求服务时支付给它使用的路径 $P(s)$ 的价格；μ_l 可以理解为链路 l 对路径经过该链路的用户所收取的价格；$\sum_{p:p\in P(l)} x_{sp}(t)$ 是各个用户已经使用的链路 l 的带宽；$\delta_l^2 \geqslant 0$ 可以认为是链路 l 上的剩余带宽。

式（8.8）可以改写为

$$L(x,y;\lambda,\mu;\delta^2)=\sum_{s:s\in S}\left(V(y_s(t),\xi_s)-\lambda_s y_s(t)\right)$$
$$+\sum_{s:s\in S}\sum_{p:p\in P(s)} x_{sp}(t)\left(\lambda_s-\sum_{l:l\in L(p)}\mu_l\right)+\sum_{l:l\in L}\mu_l\left(C_l-\delta_l^2\right) \tag{8.9}$$

式（8.9）右边的第一部分对变量 $y_s(t)$ 是独立的，第二部分对变量 $x_{sp}(t)$ 是独立的。因此，对偶问题的目标函数为

$$D(\lambda,\mu)=\max_{x,y} L(x,y;\lambda,\mu;\delta^2)=\sum_{s:s\in S}P_s(\lambda_s)+\sum_{s:s\in S}\sum_{p:p\in P(s)}R_{sp}(\lambda_s,\gamma_{sp})+\sum_{l:l\in L}\mu_l\left(C_l-\delta_l^2\right) \tag{8.10}$$

其中

$$P_s(\lambda_s)=\max_{y_s(t)} V(y_s(t),\xi_s)-\lambda_s y_s(t) \tag{8.11}$$

$$R_{sp}(\lambda_s,\gamma_{sp})=\max_{x_{sp}(t)} x_{sp}(t)(\lambda_s-\gamma_{sp}),\quad \gamma_{sp}=\sum_{l:l\in L(p)}\mu_l \tag{8.12}$$

可以从经济学的角度给出上述两个子问题（式（8.11）和式（8.12））的实际含义。

在式（8.11）中，网络中每个用户都是自私的，都想使自己的效用达到最大，而效用的大小依赖于它所获得的总速率大小 $y_s(t)$。同时，用户在获得相应带宽时，要支付其使用该带宽的费用。由于 λ_s 可以理解为用户支付的每单位带宽的费用，所以 $v_s(y_s(t),\xi_s)-\lambda_s y_s(t)$ 就是用户 s 获得的收益，即用户获得的效用与支付的费用之间的差值。实现该子问题的最优解是网络应用层的目标。

在式（8.12）中，$\lambda_s x_{sp}(t)$ 是用户 s 在使用路径 p 传输数据时，当获得资源为 $x_{sp}(t)$ 时支付给该路径的费用。$\sum_{l:l\in L(p)}\mu_l$ 是路径 p 上各条链路价格之和，即路径 p 收取的价格，则 $x_{sp}(t)\sum_{l:l\in L(p)}\mu_l$ 就是路径 p 为用户 s 提供带宽 $x_{sp}(t)$ 时收取的费用。后面分析可以得到，在多路径网络异构服务资源分配问题的最优点处满足 $\lambda_s=\sum_{l:l\in L(p)}\mu_l$，即用户支付的价格与路径收取的价格是相等的。该子问题对应网络的传输层，将用户、路径与链路联系起来，决定了用户在路径上的传输速率和价格。实现该子问题的最优解是网络传输层的目标。

多路径网络异构服务资源分配模型（P8.5）的对偶问题为

$$
\begin{aligned}
\text{(D8.1)}: \ & \min \ D(\lambda,\mu) \\
& \text{over } \lambda_s \geqslant 0,\ \mu_l \geqslant 0,\ s\in S,\ l\in L
\end{aligned} \tag{8.13}
$$

上述的对偶问题（D8.1）目标就是在请求服务的用户获得一定满意度的前提下，最小化整个网络系统的链路价格，该问题可以理解为网络系统的价格优化问题。

8.3 分布式算法

为了能够在非集中式的网络环境中得到上述的最优带宽分配，本节提出求解多路径网络异构服务资源分配模型（P8.1）的分布式算法，分析该算法的平衡点和稳定性，并给出算法在网络中的具体实现。

8.3.1 算法描述

该算法是一种基于速率的流量控制算法，包括源端算法和链路端算法两部分，都是依赖于局部信息的分布式算法。

源端算法：在时间t，用户s在源端采用如下的速率算法，即

$$
x_{sp}(t+1)=\left((1-\phi)x_{sp}(t)+\phi\tilde{x}_{sp}(t)+\phi\kappa x_{sp}(t)(\lambda_s(t)-\gamma_{sp}(t))\right)^{+}_{x_{sp}(t)} \tag{8.14}
$$

$$
\tilde{x}_{sp}(t+1)=(1-\phi)\tilde{x}_{sp}(t)+\phi x_{sp}(t) \tag{8.15}
$$

$$
\lambda_s(t)=\frac{\partial V(y_s(t),\xi_s(t))}{\partial y_s(t)} \tag{8.16}
$$

$$
y_s(t)=\sum_{p:p\in P(s)} x_{sp}(t) \tag{8.17}
$$

$$
\gamma_{sp}(t)=\sum_{l:l\in L(p)} \mu_l(t) \tag{8.18}
$$

其中，$\kappa>0$是速率算法的迭代步长；$\phi>0$是滤波因子。

在上述的源端算法中，用户s根据目前的总速率$y_s(t)$，利用式（8.16）得到自己应该支付给路径p的价格$\lambda_s(t)$，通过式（8.18）得到路径p收取的端到端价格$\gamma_{sp}(t)$，然后根据式（8.14）和式（8.15）调整其在该路径上的速率$x_{sp}(t)$，这里采用了滤波原理，参数$\phi>0$能消除由于最优解不唯一而带来的算法波动。

链路端算法：在时间t，链路l在链路端采用如下的价格算法，即

$$\mu_l(t+1)=\left(\mu_l(t)+\nu\frac{z_l(t)-C_l}{C_l}\right)^{+}_{\mu_l(t)} \tag{8.19}$$

$$z_l(t)=\sum_{p:p\in P(l)} x_{sp}(t) \tag{8.20}$$

其中，$\nu>0$ 是算法的迭代步长。在链路端算法中，链路 l 根据式（8.20）得到经过该链路的总流量 $z_l(t)$，利用式（8.19）调整它在该链路上的价格 $\mu_l(t)$。

由此可见，在源端算法中，用户 s 根据自己支付给路径的价格 $\lambda_s(t)$ 与从各条路径 p 上反馈回来的价格信息 $\gamma_{sp}(t)$，及时地适当调整源端的传输速率 $x_{sp}(t)$，最终得到速率和价格的平衡点；而在链路端算法中，链路 l 根据途经该链路的总流量 $z_l(t)$，及时地调整该条链路上的价格 $\mu_l(t)$，并将链路价格发送给目的端，目的端再将整条路径的端到端价格 $\gamma_{sp}(t)$ 用 ACK 的形式反馈给源端。

模型（P8.5）包含了一系列的近似优化模型，而每一个近似问题都可以由一个 ξ 确定。选择一组合适的值 $\xi=[\xi_1,\xi_2,\cdots,\xi_S]$，例如，$\xi_i=1/|S|$，$i\in S$，其中 $|S|$ 是网络中服务的数量，则利用提出的资源分配策略，可以得到相应的近似优化问题的最优解。为了保证模型（P8.5）的近似模型更加准确，式（8.5）中的等式总是成立的，每个请求服务的用户 s 用下述形式更新参数 $\xi_s(t)$：

$$\xi_s(t)=\frac{U_s(y_s(t))}{\sum_{s:s\in S}U_s(y_s(t))} \tag{8.21}$$

上述算法（式（8.14）～式（8.21））中，每个请求服务的用户需要得到所有服务的效用值，从而利用式（8.21）得到 $\xi_s(t)$。所以，每个用户在利用算法进行迭代计算时，需要向网络中的其他用户广播自己获得的服务效用，而下次迭代计算的初始值正好就是上次迭代计算后所得到的平衡点。因此，上述资源分配算法可以用以下的伪代码描述。

```
1: t←0
2: xsp(t), μl(t)←initial solution
3: while termination conditions not met do
4: t←t+1
5: update ξs(t) according to(8.21)
6: update the flow rate according to(8.14)-(8.18)
7: update the price according to(8.19)-(8.20)
8: end while
9: obtain the optimal resource allocation
```

8.3.2 算法性能分析

本节考虑提出的算法（式（8.14）～式（8.21））的收敛性能，类似于式（8.8），可以得到模型（P8.2）、（P8.3）和（P8.4）的 Lagrange 函数。在最优资源分配处，可以得到下列结论。

引理 8.3 令η和υ分别为模型(P8.2)的第一个和第二个约束所对应的Lagrange因子，ζ、η和υ分别为模型（P8.3）的第一个、第二个和第三个约束所对应的 Lagrange 因子。如果$(x^*,y^*,U^*,\zeta^*,\eta^*,\upsilon^*)$是模型（P8.3）的一个 KKT 点，那么$(x^*,y^*,\eta^*,\upsilon^*)$就是模型（P8.2）的一个 KKT 点，而$\left(x^*,y^*,\eta^*\left(\sum_{s:s\in S}U_s(y_s^*)\right),\upsilon^*\right)$则是原资源分配模型（P8.1）的一个 KKT 点。

同时，令φ、λ和μ为模型（P8.4）的第一个、第二个和第三个约束所对应的 Lagrange 因子。如果$(x^*,y^*,U^*,\varphi^*,\lambda^*,\mu^*)$是模型（P8.4）的一个 KKT 点，则$(x^*,y^*,\lambda^*,\mu^*)$也是近似优化问题（P8.5）的一个 KKT 点，并且一个网络服务所使用的多条路径收取的价格是相等的，即$p,q\in P(s)$，$p\neq q$，则$\sum_{l:l\in L(p)}\mu_l^*=\sum_{l:l\in L(q)}\mu_l^*$。

证明：基于凸规划理论[39, 111]，可以得到每一个优化问题在最优点处的 KKT 条件。对这些 KKT 条件一对一地进行比较，即可得到上述结论。在此省略。

基于上述引理，可以得到下列结论。

定理 8.2 流量控制算法（式（8.14）～式（8.21））可以收敛到满足资源分配模型（P8.1）KKT 条件的平衡点。

证明：模型（P8.3）和模型（P8.4）的第一个约束条件可以分别改写为

$$f_1(x)=\frac{U}{\ln\left(\sum_{s:s\in S}U_s\left(\sum_{p:p\in P(s)}x_{sp}(t)\right)\right)}\leqslant 1$$

$$f_2(x)=\frac{U}{\sum_{s:s\in S}\xi_s\ln\left(\frac{1}{\xi_s}U_s\left(\sum_{p:p\in P(s)}x_{sp}(t)\right)\right)}\leqslant 1$$

模型（P8.4）包含了模型（P8.3）的一系列近似优化问题。由文献[150]可得，如果近似优化问题满足下述三个条件，则该系列近似优化问题的解将收敛到满足原问题 KKT 条件的一个平衡点。

（1）对于所有的x，有$f_1(x)\leqslant f_2(x)$。

（2）$f_1(\tilde{x})\leqslant f_2(\tilde{x})$，其中$\tilde{x}$是前一次迭代过程中近似优化模型的最优解。

（3）$\nabla f_1(\tilde{x})\leqslant\nabla f_2(\tilde{x})$。

对于该定理，条件（1）可以由引理 8.1 得到，条件（2）可以由引理 8.1 和引理 8.2 得到，而通过得到的梯度进行比较，条件（3）是成立的。因此，流量控制算法（式（8.14）～式（8.21））能够收敛到一个最优点，而该点正好满足模型（P8.3）的 KKT 条件。同时，由引理 8.3，该平衡点正好就是模型（P8.2）和模型（P8.1）的一个 KKT 条件。定理得证。　□

因此，提出的流量控制算法（式（8.14）～式（8.21））能够有效地收敛到多路径网络异构服务资源分配模型的最优点。

8.4　仿真与分析

本节给出数值例子，验证提出的上述分布式流量控制算法的性能，给出分布式流量控制算法的仿真结果。

考虑如图 2.2 所示的多路径网络拓扑，每个用户的路径并不是链路分离的，网络中有两对源端和目的端，即两个用户。为了分析方便，不考虑与终端直接相连的链路，而仅考虑网络中的四条链路，不妨假设链路带宽为 $C=(C_1,C_2,C_3,C_4)=$ (3, 6, 4, 3)Mbit/s。

8.4.1　弹性服务仿真与分析

首先，考虑弹性服务的资源分配，两个网络用户均请求弹性服务，效用函数分别为 $U_1(y_1(t))=2\ln(y_1(t)+1)$ 与 $U_2(y_2(t))=\ln(y_2(t)+1)$。此时，资源分配模型是一个凸规划问题，最优资源分配值可以通过现有的算法得到，例如，标准的基于子梯度的流量控制算法[82]、基于 PSO 的非凸优化算法[138]等。

为了比较本章提出的算法与现有算法的性能，这里给出几种算法的收敛效果，如图 8.1 所示。在该仿真中，基于子梯度的算法迭代步长为 0.3，基于 PSO 的算法粒子数为 20，而本章提出的算法的迭代步长为 $\kappa=0.8$，$\nu=0.3$，滤波因子为 $\phi=0.4$。

可以发现，在有限的迭代次数内，网络效用逐渐趋于最优值 5.2840，同时链路的利用率趋于 100%。在此情形下，本章提出的算法能够有效地收敛于全局最优点 $x^*=(x_{11}^*,x_{12}^*,x_{21}^*,x_{22}^*)=(3.000,3.2763,0.7237,2.000)$Mbit/s。

8.4.2　异构服务仿真与分析

考虑网络中用户 1 请求一个弹性服务，效用函数为 $U_1(y_1(t))=2\ln(y_1(t)+1)$，用户 2 请求一个非弹性服务，效用函数为 $U_2(y_2(t))=1/(1+\mathrm{e}^{-(y_2(t)-4)})-1/(1+\mathrm{e}^4)$。此时的资源分配模型是非凸优化问题，最优解难以用传统的基于子梯度的算法得到。

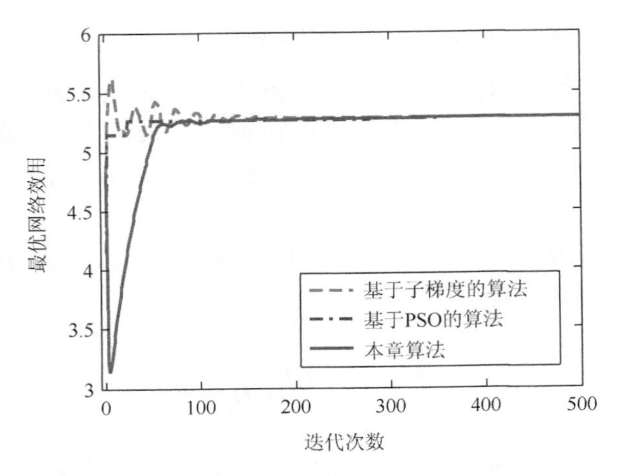

图 8.1　弹性服务时不同算法的性能

考虑与 8.4.1 节中相同的网络环境与算法参数，利用传统的基于子梯度的算法得到的仿真结果如图 8.2 所示。可以发现，即使采取逐步递减的迭代步长，此时算法也是不能收敛到最优点的。本章提出的算法的仿真结果如图 8.3 所示，该算法能够有效收敛到最优点 $x^*=(x_{11}^*,x_{12}^*,x_{21}^*,x_{22}^*)=(3, 4, 0, 2)$Mbit/s。在最优点处，用户在其路径上获得了非零资源分配，该用户两条路径收取的价格相等。

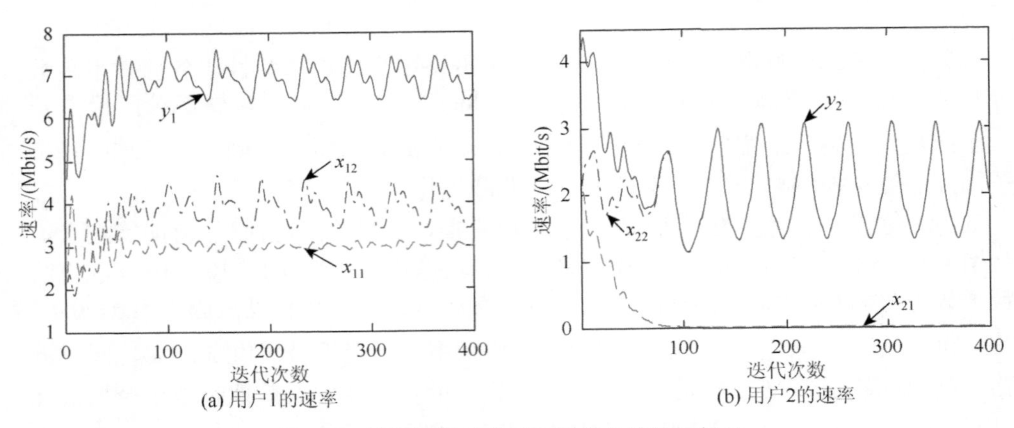

图 8.2　异构服务时基于子梯度的算法的性能

本章同时比较了几种不同算法所得到的网络效用，如图 8.4 所示。对于基于子梯度的算法[82]，无论选择何种步长，算法都不能有效地收敛。同时，对于基于 PSO 的算法[138]，当粒子数量为 20 时，该算法能收敛到最优值 4.2601。对于本章提出的算法，选择参数 $\kappa=0.8$，$\nu=0.3$，滤波因子 $\phi=0.4$，算法能够有效收敛到最优点。

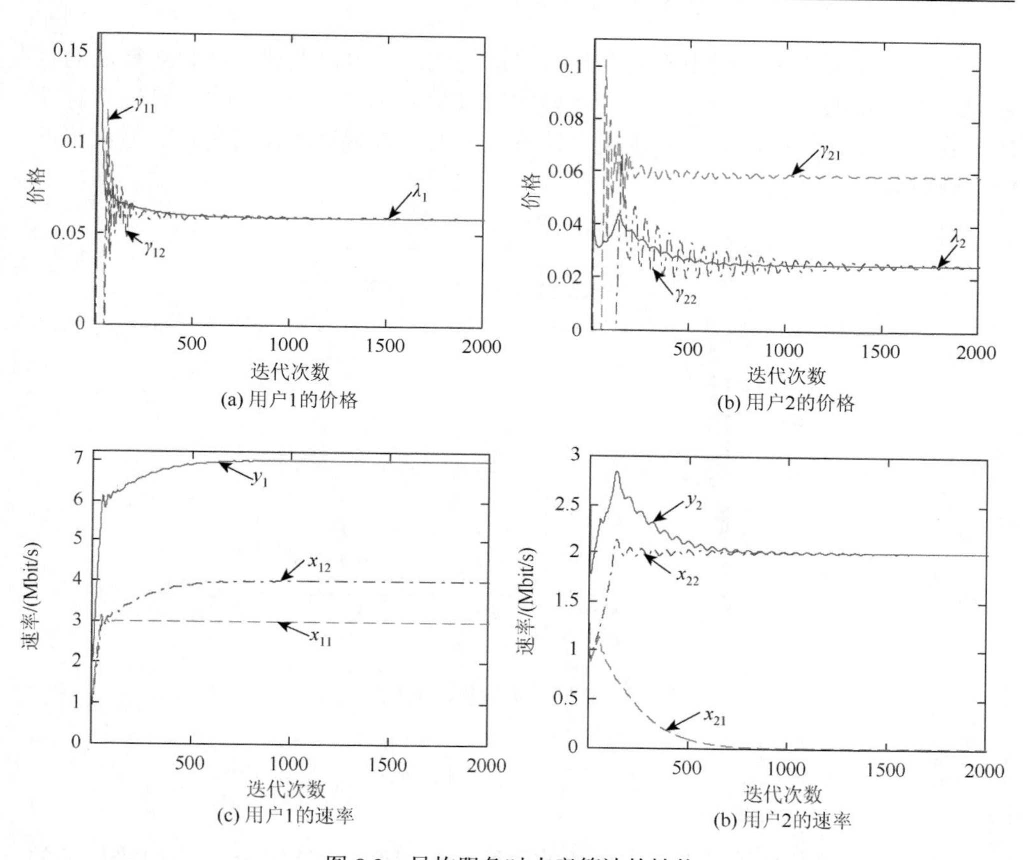

图 8.3　异构服务时本章算法的性能

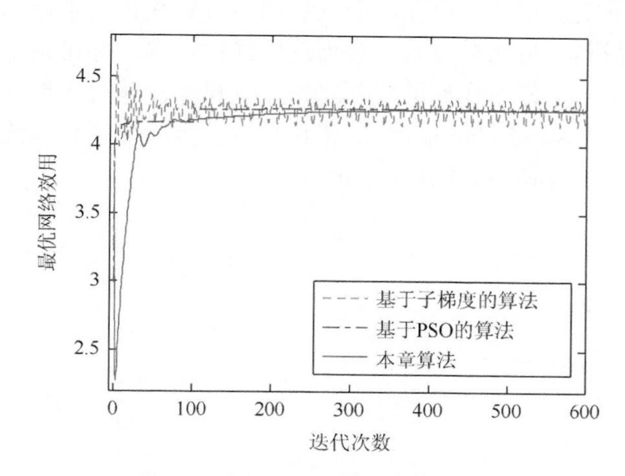

图 8.4　异构服务时不同算法的性能

最后，在图 8.5 中给出不同参数时算法的性能。可以发现，参数对算法的收敛速度有一定的影响。当选取的步长较大时（如 $\kappa = 0.8$， $\nu = 0.4$ ），算法具有较快的收敛速度。然而，算法的迭代步长不能过大，否则算法在最优点邻域内将不能有效收敛。

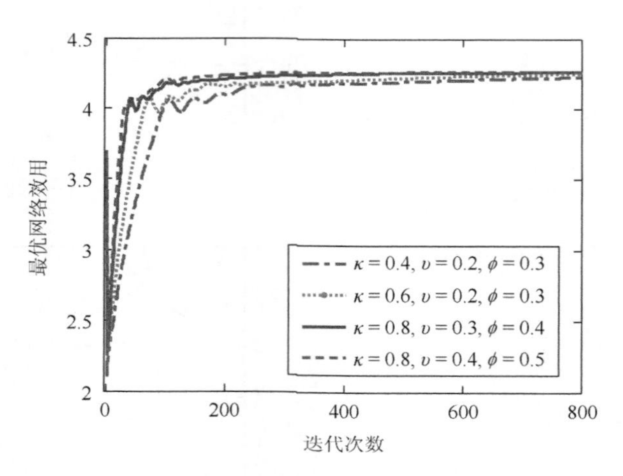

图 8.5　不同参数时算法的性能

8.5　本 章 小 结

本章分析了多路径网络异构服务的资源分配问题，该问题是一个较难处理的非凸优化问题，最优解不一定存在，而且利用传统算法也很难得到。本章将该模型进行了转换，得到了与此对应的一系列近似优化问题，并讨论了二者之间的关系。同时，提出了一类分布式流量控制算法，该算法能够有效地收敛到满足异构服务资源分配模型 KKT 条件的最优点。最后通过仿真验证了算法的有效性和收敛性，并讨论了该算法与其他类似算法的区别。

第9章　基于效用最优化的网络跨层映射

互联网体系架构是近几年计算机网络领域的前沿和热点方向，本章分析互联网体系架构，基于网络效用最大化的思想，给出从服务到连接的多对多映射和从连接到路径的多对多映射的数学描述，得到多路径网络跨层映射的数学模型。该映射模型的目标就是合理地为服务选择路径并分配路径带宽，从而使得请求服务的源端用户的聚合效用达到最优。

为了能够在分布式环境中得到该最优带宽分配，本章设计了一类分布式资源分配算法，该算法的动态系统是全局渐近稳定的，且平衡点就是映射模型的最优带宽分配，仿真结果验证了算法的有效性和收敛性。针对这种多对多的网络跨层映射，分别从安全性和可靠性的角度分析了映射的性能，理论分析和仿真结果均表明经过映射后，用户利用多路径进行数据传输提高了数据传输的安全性和可靠性。详细内容也可参考文献[101]。

9.1　问题的提出

网络技术的不断发展促使人们对各种各样服务的需求也飞速增长。为了完成一次服务，网络各个层需要维护的信息量越来越多，信息交互的方式越来越复杂，服务层的数据分割、传输层的多连接、网络层的多路径等技术已经出现并广泛应用于网络中。对于应用层，由于互联网承载的网络服务日益多样化，网络服务的内容日趋复杂，一次复杂的网络服务可以分割成多个逻辑上相互独立的部分，从而提高了服务完成的鲁棒性和灵活性；对于传输层，由于一次服务可分割成多个独立的子服务块，传输层需要为一次服务提供多条连接，利用多连接并行地传输数据，从而支持了服务的灵活分割，提高了传输的吞吐量，增强了传输的可靠性；对于网络层，各种网络接入技术的出现为通信两端多路径的建立提供了网络接入支持，形成了并行的端到端多路径通信。因此，互联网分层内部正发生重大变化，其中重要的两个就是端到端并行多连接和多路径技术。

传输层利用并行多连接来传输数据可以极大地提高上层应用的吞吐量，减少应用完成的时间，提高应用完成的效率。而网络层端到端多路径技术的兴起主要得益于接入技术的多样化以及接入设备成本的不断降低。随着网络用户的不断增加，各种网络接入方式和接入技术不断涌现。例如，对于无线用户，可以通过GPRS、3G进行广域网接入；通过Ricochet进行城域网接入；通过IEEE 802.11、HiperLAN、蓝牙、红外等进行局域网接入。另外，随着各种接入设备价格的逐渐下降，一台主机上有多块网络接入设备越来越平常，因此同一主机便具有了多宿的特性，这为通信两端并行多路径的建立提供了接入支持。目前一个广泛应用的技术是利用端到端并行多路径技术来为同一个应用提供服务支持，提高传输效率和服务完成的可靠性。

由于多连接多路径技术可以明显地提高传输的吞吐量和带宽的利用率，而且可以实现数据传输的较高的安全性和可靠性，所以成为下一代互联网研究的一个重要内容。本章分析多连接多路径技术在网络体系中的应用，基于网络效用最大化的思想研究网络的跨层映射，给出从服务到多连接和从多连接到多路径映射的数学描述，指出应用层的服务通过多连接再映射到多路径所要实现的目标，就是通过合理有效地选择连接与路径并分配路径带宽，实现应用层的聚合效用达到最优。同时，理论分析了利用多连接多路径进行数据传输的安全性和可靠性，分别针对安全性和可靠性给出了服务能够成功完成的概率。

9.2节介绍现有的多连接和多路径技术，并简要介绍网络效用最大化的研究进展。9.3节给出从服务到多连接和从多连接到多路径映射的数学描述。9.4节提出基于网络效用最大化的网络跨层映射模型，并给出各层所对应的映射参数。9.5节提出一种分布式算法，可以实现映射模型的最优点，即请求服务的各用户获得的最优带宽分配。9.6节分析从服务经连接到路径的多对多映射的安全性和可靠性。9.7节给出仿真结果，验证算法的收敛性，分析映射的安全性和可靠性。9.8节总结。

9.2　相 关 工 作

9.2.1　多连接多路径

应用层可以利用数据分割技术将各个应用的数据分割成多个相互独立的部分，利用源端和目的端的多个套接口，实现传输层的并行多连接传输，然后再利用通信双方之间的多条并行路径，实现网络层的并行多路径传输。因此，从应用到连接和从连接到路径的映射都是多对多的。

近几年来，利用并行多连接来传输数据已经出现在多种场景和应用中，如Netscape[151]、SRB（Storage Resource Broker）[152]、(I2-DSI)（Internet-2 Distributed

Storage Initiative）[153]。在这些应用中，通过修改 TCP，允许用户利用多个 TCP 连接传输数据，从而降低应用完成的时间，提高了数据传输的吞吐量，改善了系统的性能。在高带宽网络中，文献[154]设计了一个支持多连接的函数库（Psockets），将同一应用的数据进行分割，然后再利用多个 TCP 连接传输。相对于单 TCP 连接，此设计明显提高了吞吐量，增强了网络的性能。文献[155]利用多个并行的 TCP 套接口，建立并行的连接来传输数据，从而提高了服务完成的效率，改善了网络性能。

上述工作主要是从实验和仿真的角度研究多连接传输的性能，对于传输层利用多连接技术进行数据传输的理论分析方面，文献[156]讨论了多连接传输提高网络性能的特征和意义，分析了如何最优地选择并行多连接的数目，从而在避免网络拥塞的前提下使 TCP 吞吐量达到最大。文献[157]分析和解释了相对于单连接来说，多 TCP 连接能够提高网络性能的原因。文献[158]分析了多 TCP 连接对网络整体性能的影响，指出利用多连接传输数据可以极大地提高吞吐量，但同时可能会增加尽力而为业务的丢包。

利用并行多路径来实现上层应用数据包的路由，能够大大提高上层应用完成的效率。接入技术的多样化和接入成本的不断降低促成了并行多路径技术的广泛应用，现在一个主机拥有多个独立的接入设备已经很普遍，因此同一主机就可以通过多种方式接入到互联网。一体化网络架构[78]中，每个源端利用了多个接入设备，从而实现了并行多路径传输和路由。pTCP[75]实现了传输层的数据分割，同时探测可用路径并实现网络拥塞控制，利用探测到的多条路径传输数据。mTCP[20]解决了多路径传输带来的乱序问题，实现了在 RON[73]上的并行多路径传输。SCTP[22]可以在具有多宿地址的主机间实现并行多路径传输，但标准的 SCTP 只是使用多路径中的某一条来传输数据，其余路径仅作为备用。通过修改 SCTP 的发送端机制，文献[24]引入了一个可以跨路径记录数据包顺序的序号，实现了并行多路径传输。而通过修改 SCTP 数据包的格式，文献[76]引入了一个记录路径内数据包顺序的序号，将 SCTP 的拥塞控制从面向关联扩展到面向路径，实现了并行多路径传输。LS-SCTP[25]可以在通信两端动态地添加一些新的可用路径，也实现了并行多路径传输。W-PR-SCTP[77]利用多条并行路径为实时业务传输数据，从而较好地满足了实时业务对带宽的较高要求。对于多路径路由的性能，文献[69]指出在互联网范围内应用多路径技术能够提高数据传输的安全性、鲁棒性和实现负载均衡。

9.2.2　网络效用优化

近年来，利用网络效用最大化的思想研究和设计网络体系架构与协议成了一个重要的研究方向。文献[37]首次提出了网络效用最大化模型，该模型已经广泛应用在有线和无线网络的网络资源分配、协议分析和设计中。文献[38]从该模型的对偶问题角度进行了考虑，利用最优化理论中的梯度算法设计了一种源-链路端算法，该算法能够收敛到模型的全局最优点，即各个源端的最优带宽分配。文献[29]对文献[38]提出的链路端算法进行了改进，设计了一种著名的主动队列管理算法 REM。基于网络效用最大化模型，文献[40]从原-对偶问题的角度分析了 TCP/AQM，将 TCP 源端算法作为原问题，而将 AQM 链路端算法作为对偶问题，得到了几个著名 TCP 扩展协议的效用函数，为基于网络效用最大化理论框架分析网络协议与架构提供了重要的研究方法。在网络效用最大化模型的基础上，文献[42]分析了当源端速率和路由都动态变化时的 TCP/IP 跨层优化问题，指出了模型平衡点与路由之间的关系。上述研究均是基于网络效用最大化理论来研究现有网络协议的。文献[56]给出了网络效用最大化模型的分解方法，指出网络效用最大化模型可以分解为多个子模块，而每个子模块均可以看作各层的资源分配问题，为基于网络效用最大化框架设计网络协议和架构提供了理论支持。文献[59]对网络效用最大化框架的研究进行了综述，形成了利用网络效用最大化来分析和设计网络协议与网络架构的系统性理论，对今后网络协议和网络架构的分析、设计与优化具有重要的指导意义。基于网络效用最大化的设计思想，文献[62]考虑了多跳无线网络中的拥塞控制、接入控制和能量控制，利用网络效用最大化框架提出了无线网络跨层优化问题，给出了无线网络协议的跨层设计框架。

上述研究内容都是基于网络效用最大化的思想分析单连接或单路径情形下的网络协议和架构，本章研究了多连接多路径情形下的网络架构，分析了此时网络跨层之间的映射关系，提出了从服务经连接到路径的映射模型，从理论上指出了跨层映射应该满足的目标，同时设计了一种分布式算法，该算法能够收敛到映射模型的最优点，即请求服务的各个源端用户的最优带宽分配。

9.3 网络跨层映射

网络在完成一次服务时，若建立一个连接进行数据传输，那么实际上是从服务到连接的一对一简单映射关系。而下一代网络中随着服务数量的快速增长，服务分割技术的出现，端到端多连接和多路径技术的应用，各层之间交互的信息会比较多，所以各层之间的映射会更多地以多对一、一对多和多对多的复杂映射为主。例如，一个服务通过数据分割技术，成为几个独立的子服务，而每个子服务的数据均可以通过多个连接多条路径进行传输，这样就提高了服务完成的效率和带宽的利用率，增强了传输的安全性和可靠性。这里将一次服务的成功完成看成两次映射过程：即从服务到连接的多对多映射和从连接到路径的多对多映射。下面给出这两次多对多映射的数学描述以及映射所要实现的目标。

9.3.1　服务到连接的映射

下一代网络中，服务的形式将多样化，服务的内容也将复杂化。多连接多路径技术将满足用户不断增长的服务需求，实现请求服务的用户的满意度。假设应用层需要完成的服务的集合为 S，其元素是网络中的各个服务。连接的集合为 C，其元素是网络中可以为服务建立的各个连接。从一个服务到多个连接的映射意味着某个服务 $s \in S$ 需要由多个连接 $c \in C$ 完成，即服务请求者和提供者建立多个连接来完成该服务；从多个服务到多个连接的多对多映射意味着每个服务 $s \in S$ 需要由多个连接 $c \in C$ 完成。

服务到连接的多对多映射可以用映射矩阵 $A=(a_{sc})_{S \times C}$ 表示，元素 $a_{sc} \in \{0,1\}$ 代表服务 s 是否利用连接 c 传输数据，或者说连接 c 是否支持服务 s 。若 $a_{sc}=1$ ，则服务 s 利用连接 c 传输数据；若 $a_{sc}=0$ ，则服务 s 不利用连接 c 传输数据。

9.3.2　连接到路径的映射

每个连接可以选择一条或者多条路径来进行路由，因此从连接到路径的映射也存在着多种映射关系。假设路径的集合是 P ，其元素是网络中可以为连接提供路由支持的各条路径。从一个连接到多条路径的一对多映射意味着某个连接 $c \in C$ 在多条路径 $p \in P$ 上路由，这样提高了数据传输速率和效率；从多个连接到一条路径的多对一映射意味着多个连接 $c \in C$ 在一条路径 $p \in P$ 上路由，这样提高了该路径的利用率；从多个连接到多个路径的多对多映射意味着多个连接 $c \in C$ 由多条路径 $p \in P$ 完成路由，可以认为是上述两种映射的综合。

连接到路径的多对多映射可以用映射矩阵 $B=(b_{cp})_{C \times P}$ 表示，元素 $b_{cp} \in \{0,1\}$ 代表连接 c 是否利用路径 p 传输数据，或者说路径 p 是否支持连接 c 。若 $b_{cp}=1$ ，则连接 c 利用路径 p 传输数据；若 $b_{cp}=0$ ，则连接 c 不利用路径 p 传输数据。

因此，从服务经连接到路径的映射矩阵为 $C=AB=(c_{sp})_{S \times P}$ ，其中元素 $c_{sp}=\sum_{c} a_{sc} b_{cp}$ ，代表服务 s 是否选择路径 p 以及选择该路径的权重。c_{sp} 越大，说明服务 s 选择路径 p 的权重也就越大，其在路径 p 获得的带宽的比例也就越大。这里，假设同一个服务使用的多条路径相互之间是链路分离的，但是不同服务使用的路径相互之间可能会共享一些相同的链路，不妨假设共享的都是路径上的瓶颈链路。

用户在请求某服务时，总是想使自己的满意度达到最大，但是从整个网络的角度考虑，映射的目标是使得所有请求服务的用户满意度之和达到最优。所以，从服务到连接的映射就是如何为服务合理选择连接的过程，而从连接到路径的映射就是如何为服务选择路径，从而最优分配路径带宽的过程，而最关键的映射目标是在带宽约束下实现网络中所有请求服务的用户的满意度之和达到全局最优。

9.4　网络跨层映射模型

从应用层的角度考虑，如何为服务合理有效地分配网络带宽是映射的主要内容。用户在请求得到一个服务时获得不同的带宽就会有不同的满意度，而映射的目标则是要使所有用户的满意度之和达到最大。用户的满意度可以用效用函数来描述。

9.4.1　效用函数

效用函数描述了用户对于所获得的某种服务在一定服务带宽下的满意度，是关于所获得的服务带宽的单调递增函数。假设网络中的每个用户只请求获得一个服务，也用符号 s 表示要获得服务 s 的网络用户，当该源端用户获得的服务带宽为 y_s 时，其效用函数为 $U_s(y_s)$ 。这里选取效用函数 $U_s(y_s)=w_s\ln y_s$ ，其中 w_s 是用户为获得该服务而愿意提供的支付。该效用函数广泛应用于有线和无线网络中的网络资源分配与相应的算法设计中，实现了竞争网络资源的各用户间的比例公平性[59]。当然，为了实现用户之间的其他公平性，还可以选择其他的效用函数，如负指数型的效用函数 $U_s(y_s)=-w_s/y_s$ 。

9.4.2　映射模型

令 $S(p)$ 是使用某条路径 p 的所有服务的集合，也可以说是使用某条路径 p 的所有用户的集合（这里，用户与其请求的服务是相对应的）。$P(s)$ 是某个服务（或请求该服务的用户） s 使用的所有路径的集合。因此 $s\in S(p)$ 当且仅当 $p\in P(s)$ ，即服务（用户） s 使用了路径 p ，或者该路径 p 为服务（用户） s 提供路由支持。

某服务从建立连接到选路完成，经过了两次多对多的映射：服务到连接的映射和连接到路径的映射。假设服务（用户）s 在路径 p 上获得的带宽分配为 x_{sp}，而服务（用户）s 获得的总带宽为 y_s，则 $y_s = \sum_{p:p\in P(s)} x_{sp}$。同时，每条路径 p 都有各自的最大传输能力 C_p，C_p 与该路径上瓶颈链路的带宽有关，可以认为是路径上所有瓶颈链路带宽的最小值。所以该路径 p 为各个服务分配的带宽之和不超过该路径的最大传输能力 C_p，即 $\sum_{s:s\in S(p)} x_{sp} \leqslant C_p$。映射的目标就是通过合理选择路径、最优分配各个路径的带宽，从而使得所有请求服务的源端用户的效用之和达到最优，即下列的非线性优化问题（P9.1）：

$$\text{(P9.1)：}\quad \max \quad \sum_{s:s\in S} U_s(y_s) \tag{9.1}$$

$$\text{subject to} \quad \sum_{p:p\in P(s)} x_{sp} = y_s, \quad s\in S \tag{9.2}$$

$$\sum_{s:s\in S(p)} x_{sp} \leqslant C_p, \quad p\in P \tag{9.3}$$

$$\text{over} \quad x_{sp} \geqslant 0, \quad s\in S,\ p\in P \tag{9.4}$$

对于映射模型（P9.1），可以得到下列定理。

定理 9.1　从服务到路径的映射模型（P9.1）是一个凸规划问题，对于各个服务（用户）存在唯一的最优带宽分配 $\{y_s^*, s\in S\}$，但各个服务（用户）在每条路径上的最优带宽分配 $\{x_{sp}^*, s\in S, p\in P\}$ 并不唯一。

由非线性规划理论[111]可以得到，源端用户的效用函数 $U_s(y_s)$ 均是凹函数，而约束条件是线性的，即约束域是凸集。该优化问题的目标函数是凹函数而约束域是凸集，则该优化问题是一个凸规划问题，存在最优解 $\{y_s^*, s\in S\}$，并且由于效用函数关于变量 y_s 是严格凹的，则该最优解 $\{y_s^*, s\in S\}$ 是唯一的。但是由于 $y_s^* = \sum_{p:p\in P(s)} x_{sp}^*$，即源端在各个路径上的不同带宽分配 x_{sp}^* 之和可能会得到相同的带宽分配 y_s^*，所以每个服务（用户）在各条路径上获得的最优带宽分配并不唯一，可能会存在多种形式。

9.4.3　模型分析

本节将分析映射模型（P9.1），得到该映射模型的最优点，也就是源端用户在路径上的最优带宽分配。

映射模型（P9.1）的 Lagrange 函数为

$$\overline{L}(x,y;\lambda,\mu)=\sum_{s:s\in S}U_s(y_s)+\sum_{s:s\in S}\lambda_s\left(\sum_{p:p\in P(s)}x_{sp}-y_s\right)+\sum_{p:p\in P}\mu_p\left(C_p-\sum_{s:s\in S(p)}x_{sp}-\delta_p^2\right) \tag{9.5}$$

其中，λ_s、μ_p 是 Lagrange 因子；δ_p 是松弛因子。类似于文献[37]和文献[38]，Lagrange 因子可以理解为使用单位资源时支付或者收取的价格（price），则 λ_s 可以理解为用户 s 为获得每单位资源而支付的价格，μ_p 可以理解为路径 p 为提供每单位资源而收取的价格。求解式（9.5）就可以得到映射模型（P9.1）的最优解。

式（9.5）可以写为

$$\overline{L}(x,y;\lambda,\mu)=\sum_{s:s\in S}\left(U_s(y_s)-\lambda_s y_s\right)+\sum_{p:p\in P}\sum_{s:s\in S(p)}x_{sp}\left(\lambda_s-\mu_p\right)+\sum_{p:p\in P}\mu_p\left(C_p-\delta_p^2\right) \tag{9.6}$$

因此，上述 Lagrange 函数最大值的问题可以分解为下述三个子问题，如表 9.1 所示。

表 9.1　网络跨层映射模型的子问题

USER	RATE	PATH
max $U_s(y_s)-\lambda_s y_s$ over $y_s\geqslant 0$	max $x_{sp}(\lambda_s-\mu_p)$ over $x_{sp}\geqslant 0$	max $\mu_p(C_p-\delta_p^2)$ over $\mu_p\geqslant 0$

可以从经济学的角度阐述上述三个子问题的意义。

子问题 USER 中，由于网络中各个源端用户都是自私的，都想使自己的效用达到最大，而效用依赖于它获得的带宽分配 y_s。同时，用户在获得相应的带宽分配时，要支付其使用该带宽的费用。由于 λ_s 是用户 s 支付的每单位带宽的价格，所以 $\lambda_s y_s$ 是该用户支付的其使用的所有带宽的费用（cost），而 $U_s(y_s)-\lambda_s y_s$ 也就是用户获得的效益（profit），反映了用户获得的效用和付出的成本之间的关系。

子问题 RATE 将服务或用户与路径联系起来，决定了用户在路径上的传输速率与价格。$x_{sp}\mu_p$ 是路径 p 为用户 s 提供带宽 x_{sp} 时收取的费用，$x_{sp}\lambda_s$ 是用户 s 为获得路径 p 提供的带宽 x_{sp} 而支付的费用，二者的关系其实就是路径 p 和用户 s 间的一个博弈，网络的目标是使该博弈达到平衡，即差值 $x_{sp}\mu_p-x_{sp}\lambda_s$ 最小（后面分析可以得到，映射模型达到最优时满足 $\mu_p=\lambda_s$）。

子问题 PATH 中，松弛因子 δ_p^2 可以理解为路径 p 上的剩余带宽，则 $C_p-\delta_p^2$ 就是已经分配给各个用户使用的路径带宽。由于 μ_p 是路径 p 收取的价格，所以 $\mu_p(C_p-\delta_p^2)$ 其实就是路径 p 获得的效益。

令 $\partial\overline{L}/\partial\delta_p=-2\mu_p\delta_p=0$，则 $\mu_p=0$ 或者 $\delta_p=0$。若 $\mu_p=0$，则有关路径 p 的不等式约束就是不积极约束（inactive constraint），因此可以省略；而若 $\delta_p=0$，则有关路径 p 的不等式约束就是积极约束（active constraint）。映射模型中，各用户在获得服务时，总是想充分利用路径的传输能力而使自己的效用达到最大，因此，只要有一个请求服务的用户使用该路径，它就会充分使用该路径带宽，有关该路径的不等式约束就是积极的。在后面的分析中，不妨假设 $\delta_p=0$，$\forall p\in P$。

将效用函数 $U_s(y_s)=w_s\ln y_s$ 代入式（9.5）中，可以得到 $\partial\overline{L}/\partial y_s=w_s/y_s-\lambda_s=0$，则 $y_s=w_s/\lambda_s$，并代入式（9.5）中，得到

$$\tilde{L}(x,y;\lambda,\mu)=\sum_{s:s\in S}\left(w_s\ln\left(\frac{w_s}{\lambda_s}\right)-w_s+\lambda_s\sum_{p:p\in P(s)}x_{sp}\right)+\sum_{p:p\in P}\mu_p\left(C_p-\sum_{s:s\in S(p)}x_{sp}\right)\tag{9.7}$$

令 $\partial\tilde{L}/\partial\lambda_s=-w_s/\lambda_s+\sum\limits_{p:p\in P(s)}x_{sp}=0$，则有

$$\lambda_s=\frac{w_s}{\sum\limits_{p:p\in P(s)}x_{sp}}\tag{9.8}$$

将式（9.8）代入式（9.7），得

$$L(x;\mu)=\sum_{s:s\in S}w_s\ln\left(\sum_{p:p\in P(s)}x_{sp}\right)+\sum_{p:p\in P}\mu_p\left(C_p-\sum_{s:s\in S(p)}x_{sp}\right)\tag{9.9}$$

若 $x_{sp}\neq0$，令 $\partial L/\partial x_{sp}=w_s\Big/\sum\limits_{p:p\in P(s)}x_{sp}-\mu_p=0$，则有

$$\mu_p=\frac{w_s}{\sum\limits_{p:p\in P(s)}x_{sp}}\tag{9.10}$$

因此，通过分析各条路径收取的价格和各个源端用户支付的价格，可以得到下列定理。

定理 9.2　在映射模型的最优点，请求服务的用户利用多条路径传输时，各条路径的价格是相等的，而且它们就等于用户支付的价格，即如果存在 $p,q\in P(s)$，$p\neq q$，则 $\mu_p=\mu_q=\lambda_s$。

事实上，由式(9.8)和式(9.10)可以得到，在映射模型的最优点，如果 $p,q\in P(s)$ 且 $p\neq q$，由于 $x_{sp}>0$，$x_{sq}>0$，则下式成立：

$$\mu_p=\mu_q=w_s\Big/\sum_{p:p\in P(s)}x_{sp}=\lambda_s$$

因此，该定理就可以得到。

可以构建一个由集合 P 和 S 组成的简单图，节点 $s\in S$ 代表一个源端用户，节点间的边 $p\in P$ 代表两个用户请求服务时使用了共同路径 p 并在该路径上获得了

非零最优带宽分配。若该图是连通的，那么 $\forall p\in P$，有 $\mu_p=\mu$，且 $\forall s\in S$，有 $\lambda_s=\lambda$。若该图不是连通的，那么该图可以划分成几个独立的子图，每个子图都是连通的，并且在第 $k(\geqslant 1)$ 个连通的子图中，$\forall p\in P_k$，$\mu_p=\mu_k$，且 $\forall s\in S_k$，$\lambda_s=\lambda_k$。所以，根据各个子图的连通性，可以将整个网络划分成几个独立的域，在每个单独的域中，各条路径的价格均是相等的。简单起见，假设整个图是连通的，因此，在最优带宽分配处，所有路径的价格均是相等的。事实上，如果整个图不是连通的，那么它可以划分成多个独立的子图，下列的分析方法可在各个单独的子图中独立进行。

因此，式（9.9）可以写为

$$\begin{aligned}L(x;\mu)&=\sum_{s:s\in S}w_s\ln\sum_{p:p\in P(s)}x_{sp}+\sum_{p:p\in P}\mu_pC_p-\sum_{s:s\in S}\sum_{p:p\in P(s)}\mu_px_{sp}\\&=\sum_{s:s\in S}\left(w_s\ln\sum_{p:p\in P(s)}x_{sp}-\mu\sum_{p:p\in P(s)}x_{sp}\right)+\mu\sum_{p:p\in P}C_p\end{aligned}\tag{9.11}$$

将式（9.10）代入式（9.11），可以得到

$$L(x;\mu)=\sum_{s:s\in S}\left(w_s\ln\left(\frac{w_s}{\mu}\right)-w_s\right)+\mu\sum_{p:p\in P}C_p\tag{9.12}$$

令 $\partial L/\partial\mu=0$，则有

$$\mu=\frac{\sum_{s:s\in S}w_s}{\sum_{p:p\in P}C_p}\tag{9.13}$$

由式（9.10）得

$$y_s=\sum_{p:p\in P(s)}x_{sp}=\frac{w_s}{\mu}=\frac{w_s\sum_{p:p\in P}C_p}{\sum_{s:s\in S}w_s}\tag{9.14}$$

同时，由式（9.8）得到

$$\lambda_s=\lambda=\mu\tag{9.15}$$

由式（9.13）和式（9.14）可以看出，请求服务的源端用户获得的最优带宽分配和它的支付 w_s 与所有源端的支付之和的比例是相关的，即 $w_s\Big/\sum_{s:s\in S}w_s$。因此，各用户获得的最优带宽分配是满足比例公平性的。从经济学的角度来讲，这是符合实际情况的，用户支付的成本越高，那么它获得的带宽也就越大，它的满意度也就越高。由式（9.14）还可以看出，各个用户得到的总的最优带宽分配是唯一的，正如定理 9.1 中阐述的那样。

9.4.4　协议栈与映射参数

由上述映射关系和映射模型得到，应用层的目标是使用户的聚合效用达到最优；传输层的目标是建立多条连接，进行速率控制和拥塞控制，调整源端的传输速率；网络层的目标是选择合适的多条并行路径进行路由，在传输层的配合下分配路径带宽。各层协议与其对应的映射参数如图 9.1 所示，这里没有考虑链路层。

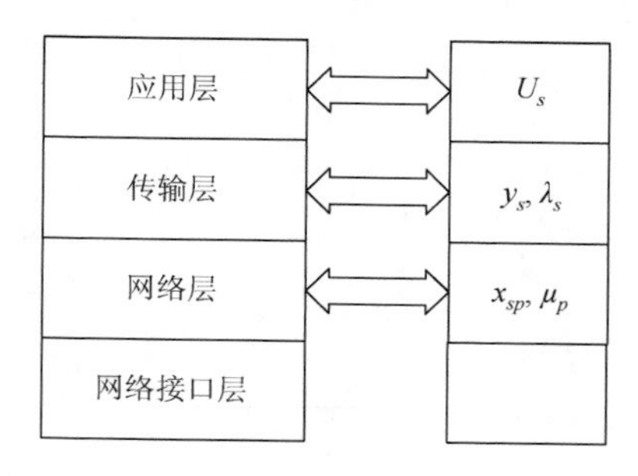

图 9.1　协议栈与映射参数

传输层根据应用层要实现的效用目标进行速率控制和拥塞控制，在网络层提供的多条路径上传输数据，通过源端用户支付的价格 λ_s 和路径收取的价格 μ_p 调整用户在各条可用路径上的传输速率，最终在充分利用路径传输能力的前提下，实现应用层的聚合效用达到最优。因此，上述各层之间的映射过程若从控制论的角度考虑，应用层要实现的效用目标可以看作系统输入，而传输层和网络层的源端速率控制与路径带宽分配过程可以看作一个反馈控制系统，而请求服务的用户的最优带宽分配和实现的网络最大效用可以认为是当系统达到平衡态时的输出，如图 9.2 所示。

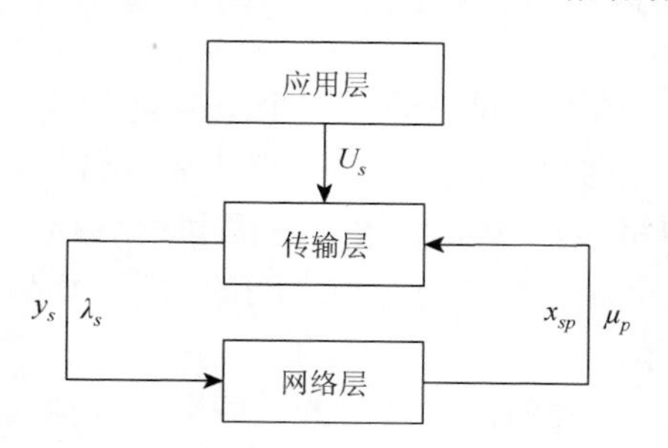

图 9.2　映射的闭环控制结构

当然，利用上述的三个子问题，也可以从效益的角度考虑和阐述映射关系与映射模型。服务层的目标是，各个用户在获得服务时使自己的效益达到最优，即它获得的效用与付出的成本之差达到最优。传输层的目标是，根据用户支付给路径的价格和路径对用户收取的价格来调整其传输速率，最终达到网络的平衡点，即用户支付的价格和路径收取的价格相等。网络层的目标是，为上层的应用提供路径支持并分配路径带宽，并对使用路径的应用收取一定的费用，使各条路径的效益均达到最优。本章只从网络效用的角度来分析网络的跨层映射，基于网络效益的角度分析跨层映射就不进行详细论述了。

文献[78]提出了一种新的网络体系架构——一体化网络，如图 9.3 所示，该网络架构是一种标识网络，克服了现有互联网地址具有的双重属性，实现了网络地址和身份的分离，各层之间的映射通过标识间的转换来完成，很好地支持了服务的迁移性、源端的移动性，同时增强了数据传输的安全性和可靠性。该网络架构设计了服务标识解析映射，实现了从服务层中虚拟服务模块的各个服务到虚拟连接模块的多个连接的多对多映射；同时，设计了连接标识解析映射，实现了从虚拟连接模块的多个连接到网通层的多条并行路径的多对多映射。

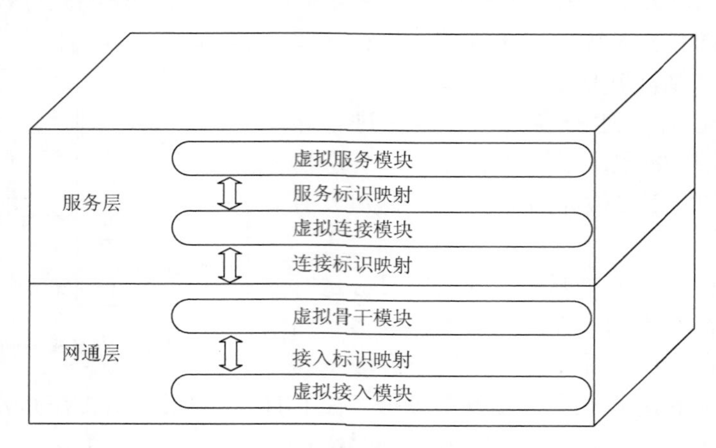

图 9.3　一体化网络架构[78]

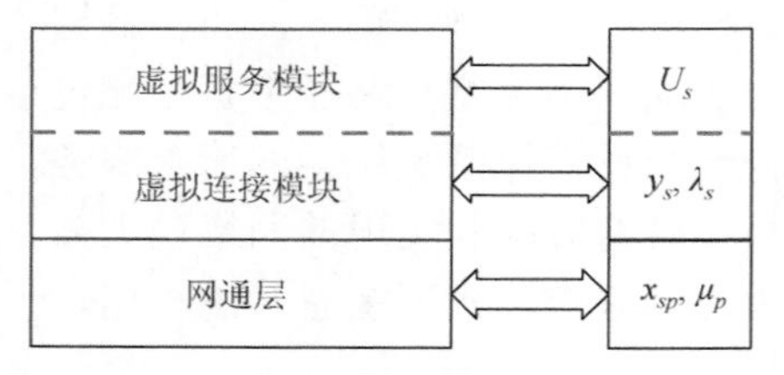

图 9.4　模块和映射参数

所以，该网络可以为同一个服务建立多个连接，并利用多条并行路径来传输数据。本章从网络效用最优的角度考虑和得到该架构中各个模块与映射参数之间的关系，如图 9.4 所示。

和图 9.1 类似，在映射的过程中，虚拟服务模块的目标是实现各个服务的聚合效用达到最优，虚拟连接模块的目标是利用标识映射建立多个连接，支持虚拟服务模块中各个服务的数据传输，然后网通层为服务层中的各个服务提供多条并行路径，在虚拟连接模块的配合下为各个服务最优地分配路径带宽，从而实现网络效用最优化。这对文献[78]提出的一体化网络架构如何为服务分配路径带宽，满足网络效用最优化，从而进一步优化该架构提供了一定的理论指导。

9.5　映射算法

9.5.1　分布式算法

9.4 节已经从效用最大化的角度得到了利用多连接多路径传输的网络跨层映射模型，并且得到了该映射模型的最优带宽分配。为了能够在分布式环境中实现该最优带宽分配，本节提出了下述的分布式算法：

$$\frac{\mathrm{d}}{\mathrm{d}t}x_{sp}(t)=\kappa x_{sp}(t)\left(\lambda_s(t)-\frac{\sum_{r:r\in S(p)}x_{rp}(t)\lambda_r(t)}{C_p}\right)^{+}_{x_{sp}(t)-\varepsilon} \tag{9.16}$$

$$\lambda_s(t)=\frac{w_s}{\max\left\{\eta,\sum_{p:p\in P(s)}x_{sp}(t)\right\}} \tag{9.17}$$

其中，$\kappa>0$ 是算法的迭代步长；$\varepsilon>0$，$\eta>0$ 是非常小的正数。所以，源端用户的传输速率不会低于界值 ε，而支付的价格也不会高于界值 w_s/η，这在用户探测可用带宽时非常重要，使传输速率不会一直停留在零点。

该算法中，$\sum_{r:r\in S(p)}x_{rp}(t)\lambda_r(t)\Big/C_p$ 可以理解为用户支付给路径 p 的平均价格，源端用户 s 通过调整自己的速率以接近于该价格。用户 s 在路径 p 上的传输速率 $x_{sp}(t)$ 与该用户的支付价格 $\lambda_s(t)$ 有关，还与使用该路径的其他用户的传输速率 $x_{rp}(t)$ 和支付价格 $\lambda_r(t)$ 有关。由于这些信息仅与该路径相关，而与其他路径无关，所以算法利用的仅是一些局部信息，而不是网络的全部信息，所以算法是分布式的。

9.5.2 稳定性分析

分析上述分布式算法（式（9.16）和式（9.17）），可以得到下列定理。

定理 9.3 式（9.16）和式（9.17）的平衡点 (y^*,λ^*) 就是映射模型的全局最优点（式（9.13）～式（9.15））。

证明：令式（9.16）为零并考虑式（9.17），则可以得到算法的平衡点：

$$\lambda_s^*=\sum_{r:r\in S(p)}x_{rp}^*\lambda_r^*\Big/C_p,\quad \lambda_s^*=w_s\Big/\sum_{p:p\in P(s)}x_{sp}^*$$

则 $C_p=\sum_{r:r\in S(p)}x_{rp}^*\lambda_r^*\Big/\lambda_s^*$。所以：

$$\sum_{p:p\in P}C_p=\sum_{p:p\in P}\frac{\sum_{r:r\in S(p)}x_{rp}^*\lambda_r^*}{\lambda_s^*}=\frac{y_s^*}{w_s}\sum_{r:r\in S}\sum_{p:\in P(r)}x_{rp}^*\lambda_r^*=\frac{y_s^*}{w_s}\sum_{r:r\in S}\lambda_r^*\sum_{p:\in P(r)}x_{rp}^*=\frac{y_s^*}{w_s}\sum_{r:r\in S}w_r^*$$

因此，$y_s^*=w_s\sum_p C_p\Big/\sum_r w_r$，而且 $\lambda_s^*=w_s/y_s^*=\sum_r w_r\Big/\sum_p C_p$。所以式（9.16）和式（9.17）的平衡点就是映射模型的最优点。定理得证。 □

因此，当算法达到平衡点时，就得到了映射模型的最优点，即各个源端用户的最优带宽分配。利用 Lyapunov 稳定性理论分析该算法所对应的动态系统及上述的平衡点，可以得到下列定理。

定理 9.4 对于式（9.16）和式（9.17）所对应的动态系统，平衡点(y^*,λ^*)是全局渐近稳定的。

证明：选取 Lyapunov 函数：

$$V(t)=V_1(t)+V_2(t)=\sum_{s:s\in S}\int_{y_s(t)}^{y_s^*}\left(\frac{w_s}{\upsilon}-\lambda^*\right)\mathrm{d}\upsilon+\sum_{p:p\in P}\lambda^*\left(C_p-\xi_p(t)\right)$$

其中，$\xi_p(t)=\sum_{s:s\in S(p)}x_{sp}(t)$。只要$y_s(t)$，$y_s^*>0$，则该函数的前半部分：

$$V_1(t)=\sum_{s:s\in S}w_s(\ln y_s^*-\ln(y_s(t)))-\lambda^*(y_s^*-y_s(t))$$

$$=\sum_{s:s\in S}-w_s\ln\left(\frac{y_s(t)}{y_s^*}\right)-w_s+\frac{y_s(t)}{y_s^*}w_s=\sum_{s:s\in S}w_s\left(\frac{y_s(t)}{y_s^*}-1-\ln\left(\frac{y_s(t)}{y_s^*}\right)\right)\geqslant 0$$

当且仅当$y_s(t)=y_s^*$时，$V_1(t)=0$；同时，由于$\xi_p(t)=\sum_{s:s\in S(p)}x_{sp}(t)\leqslant C_p$，则函数的后半部分$V_2(t)\geqslant 0$。所以，Lyapunov 函数$V(t)\geqslant 0$，当且仅当$y_s(t)=y_s^*$，$\xi_p(t)=\sum_{s:s\in S(p)}x_{sp}(t)=C_p$时，$V(t)=0$。

将 Lyapunov 函数$V(t)$沿着式（9.16）和式（9.17）代表的轨迹方程取导数，则有

$$\frac{\mathrm{d}V(t)}{\mathrm{d}t}=\sum_{s:s\in S}\frac{\partial V(t)}{\partial y_s(t)}\frac{\mathrm{d}y_s(t)}{\mathrm{d}t}+\sum_{p:p\in P}\frac{\partial V(t)}{\partial\xi_p(t)}\frac{\mathrm{d}\xi_p(t)}{\mathrm{d}t}$$

$$=\sum_{s:s\in S}-\left(\frac{w_s}{y_s(t)}-\lambda^*\right)\sum_{p:p\in P(s)}\frac{\mathrm{d}x_{sp}(t)}{\mathrm{d}t}-\sum_{p:p\in P}\lambda^*\sum_{s:s\in S(p)}\frac{\mathrm{d}x_{sp}(t)}{\mathrm{d}t}$$

$$=\sum_{s:s\in S}-(\lambda_s(t)-\lambda^*)\sum_{p:p\in P(s)}\frac{\mathrm{d}x_{sp}(t)}{\mathrm{d}t}-\sum_{s:s\in S}\sum_{p:p\in P(s)}\lambda^*\frac{\mathrm{d}x_{sp}(t)}{\mathrm{d}t}$$

$$=-\sum_{s:s\in S}\sum_{p:p\in P(s)}\kappa\lambda_s(t)x_{sp}(t)\left(\lambda_s(t)-\frac{\sum_{r:r\in S(p)}x_{rp}(t)\lambda_r(t)}{C_p}\right)$$

$$=-\kappa\sum_{s:s\in S}\sum_{p:p\in P(s)}\lambda_s^2(t)x_{sp}(t)\left(1-\frac{x_{sp}(t)}{C_p}\right)+\kappa\sum_{p:p\in P}\sum_{s:s\in S(p)}\frac{1}{C_p}\sum_{r:r\in S(p)\setminus\{s\}}\lambda_s(t)x_{sp}(t)\lambda_r(t)x_{rp}(t)$$

在上式的前半部分添加$\kappa\sum_{s:s\in S}\sum_{p:p\in P(s)}\lambda_s^2(t)x_{sp}(t)\frac{1}{C_p}\sum_{r:r\in S(p)\setminus\{s\}}x_{rp}(t)$，而在后半部分再减去该部分，则

$$
\begin{aligned}
\frac{\mathrm{d}V(t)}{\mathrm{d}t} &= -\kappa \sum_{s:s\in S}\sum_{p:p\in P(s)} \lambda_s^2(t)x_{sp}(t)\left(1-\frac{\sum\limits_{r:r\in S(p)} x_{rp}(t)}{C_p}\right) \\
&\quad + \kappa \sum_{p:p\in P}\sum_{s:s\in S(p)} \frac{1}{C_p}\sum_{r:r\in S(p)\setminus\{s\}} \left(\lambda_s(t)x_{sp}(t)\lambda_r(t)x_{rp}(t) - \lambda_s^2(t)x_{sp}(t)x_{rp}(t)\right) \\
&= -\kappa \sum_{s:s\in S}\sum_{p:p\in P(s)} \lambda_s^2(t)x_{sp}(t)\left(1-\frac{\sum\limits_{r:r\in S(p)} x_{rp}(t)}{C_p}\right) \\
&\quad - \kappa \sum_{p:p\in P}\sum_{s:s\in S(p)}\sum_{r:r\in S(p)\setminus\{s\}} \frac{x_{sp}(t)x_{rp}(t)}{2C_p}\left(\lambda_s(t)-\lambda_r(t)\right)^2
\end{aligned}
$$

由于 $\sum\limits_{r:r\in S(p)} x_{rp}(t)\leqslant C_p$，所以 $\mathrm{d}V(t)/\mathrm{d}t\leqslant 0$，当且仅当 $\sum\limits_{r:r\in S(p)} x_{rp}(t)=C_p$，$\lambda_s(t)=\lambda_r(t)$ 时，即在平衡点式（9.15）处，$\mathrm{d}V(t)/\mathrm{d}t=0$。因此，利用 Lyapunov 稳定性理论[114]，分布式算法式（9.16）和式（9.17）的平衡点是渐近稳定的。定理得证。 □

由该定理可以得到，给定任何初始条件后，算法代表的动态系统总能够稳定到平衡点，而该平衡点就是请求服务的各用户的最优带宽分配。因此，该分布式算法在任何初始条件下都是收敛的。

9.5.3　具体实现

上述给出的是算法的连续形式，实际上，在具体的网络实现中，算法的实现是以离散形式进行的。映射算法的具体实现步骤可以归结如下。

（1）源端用户请求服务时，利用多连接多路径技术，在通信双方之间建立多条并行路径。

（2）各个用户初始化各自的传输速率 $x_{sp}(t)$ 和支付给其所使用路径的价格 $\lambda_s(t)$。

（3）路径 p 上的路由器计算该路径的 $\sum\limits_{r:r\in S(p)} x_{rp}(t)\lambda_r(t)\Big/C_p$，并将结果反馈给使用该路径的各用户。

（4）各个用户根据式（9.16）调整各自的速率，得到新的传输速率 $x_{sp}(t+1)$。

（5）各个用户根据式（9.17）更新需要支付的价格 $\lambda_s(t+1)$。

（6）重复步骤（4）和步骤（5）直到得到平衡点。

通过各路径上路由器的配合，该算法实现了映射模型的最优带宽分配。该算法也可以作为端到端并行多路径的流量控制算法，实现并行多路径上的最优资源分配。

9.6　映射的性能分析

网络中请求服务的各用户经过映射后，利用多条并行路径来传输数据，从而完成其所需要的服务，可以说，路径的冗余在一定程度上提高了映射的安全性和可靠性。本节将分析这种从服务到路径的多对多映射的安全性和可靠性，并给出相应的安全性和可靠性模型。

9.6.1　安全性

安全性涉及面较广，这里仅考虑当网络中存在窃听或篡改等行为时，在多条路径上传输的某服务的数据信息受到的影响。各用户在获得服务时，源端和目的端利用数据分割技术，将数据分布到多条并行路径上，利用多路径传输技术完成该服务的数据传输。假设当侦听者仅侦听或截获了其中部分路径上的数据时，并不能完全获得该服务的完整数据信息，因为对该侦听者来说，通过局部数据信息来得到服务的全部相关信息的开销是很大的；而当侦听者同时侦听或截获了某用户使用的所有路径上同时传输的数据信息时，不妨假设它将能获得该服务的相关数据信息。

假设网络中可以为用户提供数据传输的路径共 n 条，某用户 s 使用多连接多路径进行数据传输，经过映射后该用户使用的路径数为 $m(\leqslant n)$ 条。网络中的窃听者窃听或截获了所有路径中的 $k(\leqslant n)$ 条，则窃听者能够成功获得该服务相关机密信息的概率为

$$P(n,k,m)=\begin{cases}\mathrm{C}_k^m/\mathrm{C}_n^m, & k\geqslant m\\ 0, & k<m\end{cases}\tag{9.18}$$

而用户在获得服务的过程中，信息不能被成功窃取的概率为 $P_s=1-P(n,k,m)$。

当 $k<m$ 时，窃听者不会得到用户使用的所有路径上的数据，因此成功获取完整信息的概率也就为零。

当 $k\geqslant m$ 时，由于 $n\geqslant k$，$P(n,k,m+1)/P(n,k,m)=(k-m)/(n-m)=1-(n-k)/(n-m)\leqslant 1$。因此，当用户使用的路径数增加时，侦听者获得完整信息的概率就要降低，也就是说，适当增加用户使用的路径数将会降低数据信息泄露的概率，提高数据传输的安全性。同时，$P(n,k,m)/P(n,k-1,m)=k/(k-m)=1+m/(k-m)>1$，则随着侦听者侦听到的路径数的增加，它获得完整数据信息的概率也将增加，或者说，若采取合理有效的手段，降低被侦听到的路径数目，则能增强数据传输的安全性。而且由于 $n\geqslant m$，$P(n,k,m)/P(n-1,k,m)=(n-m)/n=$

$1-m/n \leqslant 1$，所以，随着网络中可用路径数的增加，侦听者能够获取某服务完整数据信息的概率就要降低，也就是说，适当增加网络中可用的路径数将会降低数据信息泄露的概率，提高数据传输的安全性。

因此，经过从服务到路径的多对多映射后，各用户利用多条并行路径传输数据，这在一定程度上提高了数据传输的安全性。

9.6.2 可靠性

当网络中的一些核心设备受到网络攻击时，如分布式 DoS 攻击，源端用户使用的部分路径可能会断掉，本节分析部分路径出现故障时多路径传输的可靠性，得到服务能够成功完成的概率。假设路径发生故障而断掉后，暂时不能传输数据，但经过一定恢复时间后又可以继续为服务传输数据。

网络中可以为服务提供数据传输的路径共有 n 条，经过映射后某用户 s 使用的路径数为 $m(\leqslant n)$ 条。由于攻击（如 DDoS 攻击）等破坏因素的存在，网络所能提供的 n 条路径中可能会有 $k(\leqslant n)$ 条断掉。对于某条路径，破坏持续一段时间 D_a 后，该路径就断掉了，但是针对该路径的破坏停止一段时间 D_r 后，该路径又可以为服务提供数据传输，即该路径又恢复了可以传输数据的能力。针对 TCP 连接中存在的 DoS 攻击问题，文献[159]假设数据包的请求时间是一个指数型随机变量，正常和攻击数据包的到达过程都服从泊松分布。因此本章也假设破坏路径的攻击行为中，D_a 和 D_r 都是指数型随机变量，参数分别为 λ 和 μ 。令 $\pi_i = \Pr[A(t)=i]$，即时刻 t 正在遭受攻击而要发生故障的路径数为 $A(t)=i$ 条的概率，其状态转移图如图 9.5 所示。如果 m 条路径中恰好有 $l(\leqslant k)$ 条是为用户 s 服务的路径，则该用户将利用 $m(\leqslant n)$ 条中剩余的可用路径继续传输数据，直到完成该服务，而这些剩余的可用路径包括未断掉的路径，还可能包括受到攻击但刚刚恢复的部分路径。

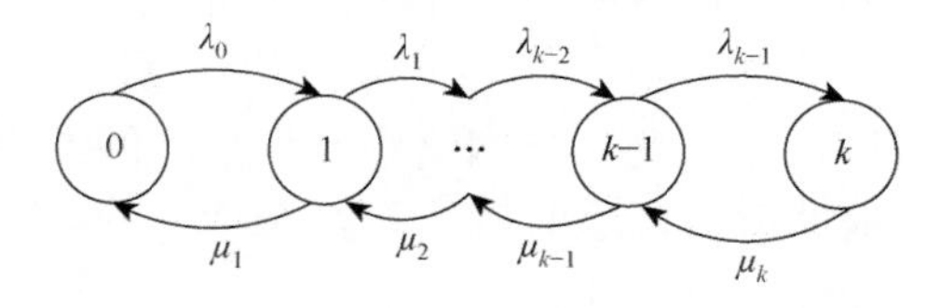

图 9.5 状态转移图

网络中攻击或者故障的发生大都是分布式的，如 DDoS 攻击；而路径的恢复可能是集中式的，即故障路径逐条恢复，也可能是分布式的，即现有各条故障路径均可能恢复。若故障的到达是分布式的，则从状态 i 到状态 $i+1$ 的故障到达率是 $\lambda_i = (k-i)\lambda$ ，即每一个现有可用路径都可能断掉。当路径恢复集中式完成时，从

状态 i 到状态 $i-1$ 的恢复到达率是 $\mu_i=\mu$；当路径恢复分布式完成时，恢复到达率是 $\mu_i=i\mu$。令 $\rho=\lambda/\mu$，分别考虑这两种情形，得到 $\pi_i=\Pr[A(t)=i]$ 的具体表达式，如表 9.2 所示。

表 9.2　概率 $\pi_i=\Pr[A(t)=i]$

$\pi_i=\Pr[A(t)=i]$	集中式恢复（$\mu_i=\mu$）	分布式恢复（$\mu_i=i\mu$）
分布式攻击（$\lambda_i=(k-i)\lambda$）	$\pi_i=\dfrac{\dfrac{k!}{(k-i)!}\rho^i}{\sum\limits_{j=0}^{k}\dfrac{k!}{(k-j)!}\rho^j}=\dfrac{\dfrac{\rho^i}{(k-i)!}}{\sum\limits_{j=0}^{k}\dfrac{\rho^j}{(k-j)!}}$	$\pi_i=\dfrac{\dfrac{k!}{i!(k-i)!}\rho^i}{\sum\limits_{j=0}^{k}\dfrac{k!}{j!(k-j)!}\rho^j}=\dfrac{\dfrac{\rho^i}{i!(k-i)!}}{\sum\limits_{j=0}^{k}\dfrac{\rho^j}{j!(k-j)!}}$

因此，当路径具有一定恢复能力时，服务能够成功完成的概率为

$$P_r=\sum_{i=0}^{k}\pi_i(1-P(n+i-k,i,m)) \tag{9.19}$$

其中

$$P(n+i-k,i,m)=\begin{cases}\mathrm{C}_i^m/\mathrm{C}_{n+i-k}^m, & i\geqslant m\\ 0, & i<m\end{cases} \tag{9.20}$$

由式（9.19）和式（9.20）可以看出，用户在获得服务时利用多路径进行数据传输，能够成功完成的概率 P_r 与该用户使用的路径数 m、网络中要发生故障的路径数 k、网络中攻击强度或者故障率 ρ 有关。

当 k 和 ρ 一定时，由于 $k\leqslant n$，即发生故障的路径数 k 不会超过总的可用路径数 n，则有

$$\frac{P(n+i-k,i,m+1)}{P(n+i-k,i,m)}=\frac{i-m}{n-k+i-m}=1-\frac{n-k}{n-k+i-m}\leqslant 1$$

所以，$P(n+i-k,i,m)$ 随着 m 的增加是递减的，这也就意味着 P_r 随着 m 的增加是递增的。因此，当源端用户使用的路径数目增加时，其数据传输的可靠性也就得到了提高。

类似地，理论分析还可以得到，当网络中发生故障的路径数 k 减少时，或者故障率 ρ 降低时，服务能够成功完成的概率 P_r 都是增加的。因此，多对多映射在一定程度上提高了服务完成的可靠性。

9.7　仿真与分析

9.7.1　分布式算法

考虑图 9.6 所示的网络，每个源端用户请求一个服务，映射后使用两条并行

的路径传输数据。在该网络中，共有三条可用的并行路径，每条路径的传输能力都受到该路径上瓶颈链路的制约。假设瓶颈链路 a、b、c 的带宽分别为 2Mbit/s、4Mbit/s、3Mbit/s，则路径 $A \to B$、$C \to D \to E$、$F \to G \to H$ 的传输能力分别为 $C_1 = 2\text{Mbit/s}$、$C_2 = 4\text{Mbit/s}$、$C_3 = 3\text{Mbit/s}$。用户的效用函数分别为 $U_1(y_1) = \ln y_1$，$U_2(y_2) = 3\ln y_2$，$U_3(y_3) = 2\ln y_3$。分布式算法中，$\kappa = 0.5$，$\varepsilon = 0.01$，$\eta = 0.02$。

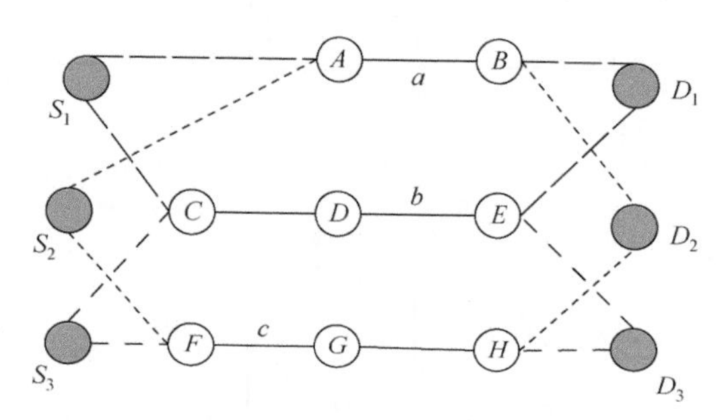

图 9.6　网络拓扑：三个用户，三条路径

利用算法（式（9.16）和式（9.17））得到的最优带宽分配如表 9.3 所示，由数学优化软件 LINGO 得到的该优化问题的最优解也列在表 9.3 中。由表 9.3 可以看出，该算法收敛到映射模型的最优解，而且各用户的总的最优带宽分配是唯一的，但在各条路径的具体带宽分配并不唯一，正如定理 9.1 阐述的一样。该算法的仿真结果如图 9.7 所示。

表 9.3　映射模型的最优带宽分配

变量	x_{11}^*	x_{12}^*	x_{21}^*	x_{23}^*	x_{32}^*	x_{33}^*
算法	0.0035	1.4965	1.9965	2.5035	2.5035	0.4965
LINGO	0.4463	1.0337	1.5337	2.9663	2.9663	0.0337
变量	y_1^*	y_2^*	y_3^*	λ_1^*	λ_2^*	λ_3^*
算法	1.5000	4.5000	3.0000	0.6667	0.6667	0.6667
LINGO	1.5000	4.5000	3.0000	0.6667	0.6667	0.6667

如图 9.7 所示，其中图 9.7（a）是用户 1 在路径 1 和 2 上的最优带宽分配，图 9.7（b）是用户 2 在路径 1 和 3 上的最优带宽分配，图 9.7（c）是用户 3 在路径 2 和 3 上的最优带宽分配，图 9.7（d）是各个用户支付的最优价格。可以看出，该算法是收敛的，并且当收敛到映射模型的最优点时，用户 1、2 和 3 支付给路径的最优价格是相等的，它们均等于用户使用的路径所收取的最优价格，这和理论分析结果是完全吻合的。

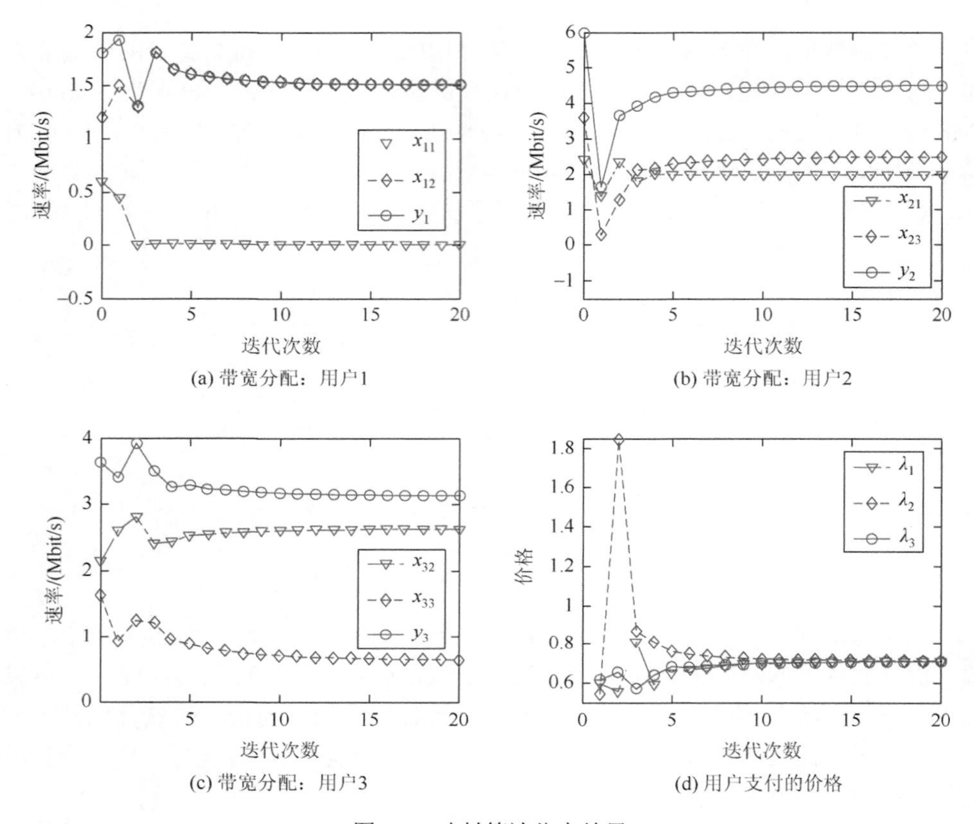

图 9.7　映射算法仿真结果

9.7.2　安全性

针对安全性，如图 9.8（a）所示，由于用户的数据在多路径上并行传输，当可用路径数 n 和被侦听路径数 k 一定，而增加用户实际使用的路径数 m 时，数据信息成功发送的概率就会增加，即数据信息的安全性就会提高。

如图 9.8（b）所示，当网络中可用的路径数 n 和用户使用的路径数 m 一定，而增加网络中被侦听的路径数 k 时，在路径上传输的数据信息的安全性就要降低。换句话说，如果能够采取有效手段降低网络中被侦听的路径数，那么信息被成功窃取破解的概率就会降低，数据信息的安全性就会提高。

类似地，如图 9.8（c）所示，当网络中用户实际使用的路径数 m 和被侦听的路径数 k 一定，而增加网络中的可用路径数 n 时，数据信息成功发送的概率就会增加，即数据信息的安全性就得到了提高。

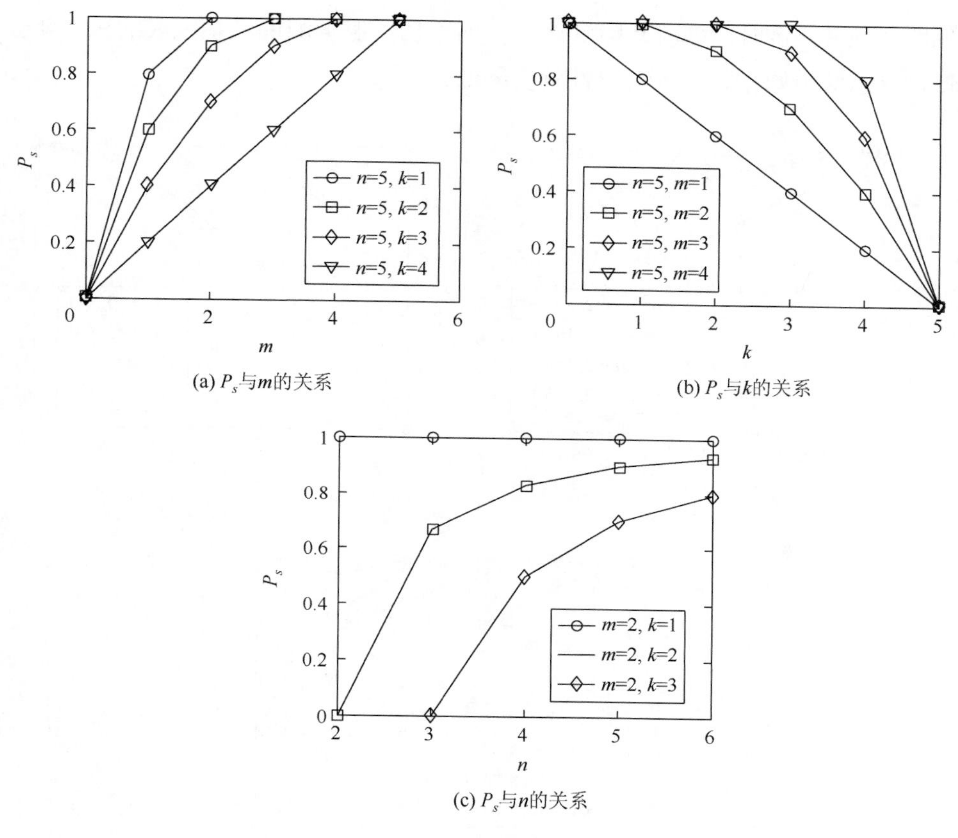

图 9.8　安全性分析

由上述分析可以得到，在从服务经连接到路径的映射过程中，如果增加源端用户使用的路径数 m ，或采取有效手段降低被侦听的路径数 k ，或增加网络可以提供的可用路径数 n ，那么数据信息的安全性都将会得到较大提高。

9.7.3　可靠性

当网络中的核心设备受到 DDoS 攻击时，路径断掉事件的到达就是分布式的，而源端用户探测到有路径不再可用，可能过一段时间后路径逐条恢复，也可能用户之间协同合作探测到有路径不再可用，过段时间后路径以分布式的形式恢复。首先分析路径以集中式的形式恢复时，并行多路径传输的可靠性。

1. 分布式攻击，集中式恢复

如图 9.9（a）所示，当网络中可用路径数 n 、用户使用的路径数 m 、发生故

障的路径数 k 一定时，随着故障到达率 ρ 的增加，服务能够成功完成的概率就会降低，这意味着数据传输的可靠性就会降低。

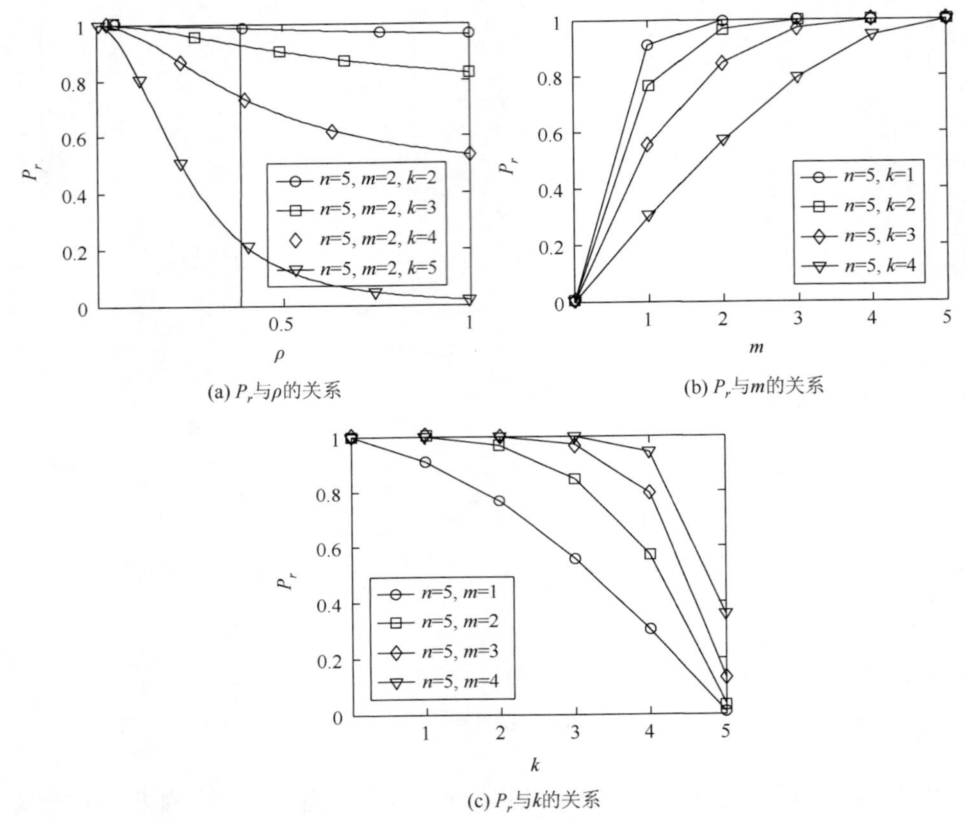

(a) P_r与ρ的关系

(b) P_r与m的关系

(c) P_r与k的关系

图 9.9　可靠性分析：分布式攻击，集中式恢复

假设路径故障到达率 $\rho = 0.8$，分析服务成功完成的概率与用户使用的路径数 m、发生故障的路径数 k 之间的关系。如图 9.9（b）所示，当故障到达率 ρ、网络中可用路径数 n、发生故障的路径数 k 一定时，随着用户使用的路径数 m 的增加，服务能够成功完成的概率就会增加，因此数据传输的可靠性得到了提高。

类似地，如图 9.9（c）所示，当故障到达率 ρ、网络中可用路径数 n、用户使用的路径数 m 一定时，随着发生故障的路径数 k 的增加，服务能够成功完成的概率就会降低，因此数据传输的可靠性就会降低。

所以，如果在网络中采取较好的安全措施，降低攻击或故障到达率 ρ，或尽量增加用户使用的路径数 m，或采取有效的故障诊断机制，及时发现发生故障的路径，从而降低发生故障的路径数 k，那么数据传输的可靠性都将会得到提高。

2. 分布式攻击，分布式恢复

下面分析发生故障的路径以分布式形式恢复时，服务利用并行多路径来传输数据的可靠性。

如图 9.10（a）所示，当 n 、 m 、 k 一定时，随着故障率 ρ 的增加，服务能够成功完成的概率就会下降，数据传输的可靠性就会降低。但与集中式恢复情形相比，分布式恢复情形在相同网络条件下的可靠性要明显高于前者，如当 $n=5$ ， $m=2$ ， $k=4$ ， $\rho=0.4$ 时，集中式恢复情形下服务能够成功完成的概率是 $P_r=0.7337$ ，而分布式恢复情形下的概率是 $P_r=0.8794$ 。

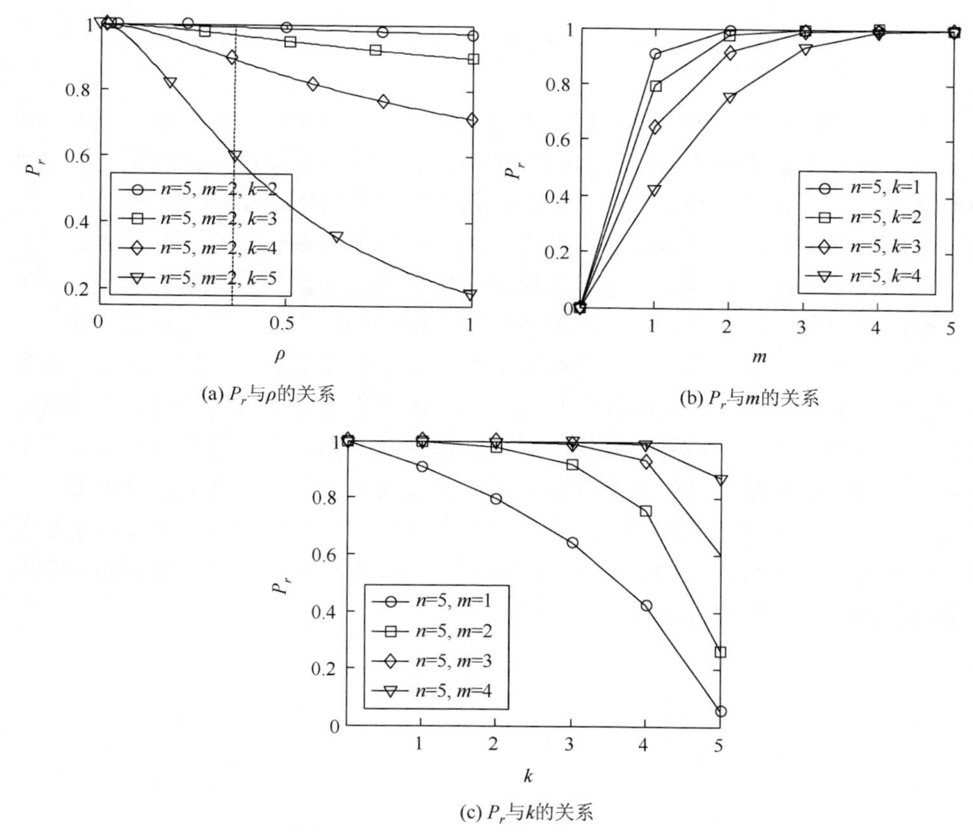

(a) P_r与ρ的关系

(b) P_r与m的关系

(c) P_r与k的关系

图 9.10　可靠性分析：分布式攻击，分布式恢复

假设故障到达率 $\rho=0.8$ ，分别分析 P_r 与 m 、 k 的关系。如图 9.10（b）所示，当 ρ 、 n 、 k 一定时，随着用户使用的路径数 m 的增加，服务能够成功完成的概率就会增加，数据传输的可靠性就会提高。类似地，在相同的条件下，故障路

径分布式恢复情形下的可靠性要明显高于集中式恢复情形下的可靠性。同时，如图 9.10（c）所示，当 ρ 、n 、m 均一定时，随着发生故障的路径数 k 的增加，服务能够成功完成的概率就会下降，数据传输的可靠性就会降低。

由上述分析和仿真结果可以得到，在相同的网络条件下，故障路径分布式恢复情形下的可靠性要明显好于集中式恢复情形下的可靠性。因此，如果在网络中采取较好的安全和故障诊断机制，源端用户之间协同合作，及时发现发生故障的路径，降低攻击或故障到达率，减少发生故障的路径数，同时网络以分布式形式恢复发生故障的路径，那么用户利用并行多路径传输数据时的可靠性都将会得到提高。

9.8　本 章 小 结

下一代互联网中，应用层数据分割、传输层多连接和网络层多路径技术的出现提高了数据传输的吞吐量和带宽的利用率，而且增强了网络数据传输的安全性和可靠性。本章首先回顾了多连接多路径技术，基于网络效用最大化的思想，给出了从服务到连接的多对多映射和从连接到路径的多对多映射的数学描述，得到了多路径网络跨层映射的数学模型。该映射模型的目标就是合理地为服务选择路径并分配路径带宽，从而使得请求服务的源端用户的聚合效用达到最优。对于该映射模型，得到了各个用户的最优带宽分配，该最优带宽分配和用户的支付费用与所有用户的支付费用之和的比例相关。为了能够在分布式环境中得到该最优带宽分配，本章设计了一种分布式算法，该算法的动态系统是全局渐近稳定的，且平衡点就是映射模型的最优带宽分配，仿真结果验证了算法的有效性和收敛性。针对这种多对多的网络跨层映射，分别从安全性和可靠性的角度分析了映射的性能，理论分析和仿真结果均表明经过映射后，用户利用多路径进行数据传输提高了数据传输的安全性和可靠性。

第 10 章　一体化网络服务层映射模型与资源分配

一体化网络是近年提出的一种标识网络架构，引入了标识的概念和标识之间的映射机制，通过标识之间的映射完成各种服务的获取、数据的传输与路由，并将主机的位置信息与身份信息进行分离，较好地支持了终端的移动性与安全性，更为重要的是，增强了路由可扩展性。

本章基于网络效用最大化的思想研究了一体化网络服务层的映射模型，建立了多类型服务的资源分配模型，得到了路径收取的价格与网络对非弹性服务的接入策略之间的关系。为了实现服务层的效用最大化目标，提出了一种可行的标识设计思路，实现了自顶向下的服务质量保证，并给出了各类服务的流量控制算法。详细内容也可参考文献[102]。

10.1　问题的提出

10.1.1　互联网体系架构研究

互联网经过几十年的快速发展，已经得到了大规模广泛应用，获得了巨大的成功，成为推动社会进步的巨大动力。但是随着网络规模的不断扩大、网络业务的不断丰富，互联网也暴露出了很多问题，例如，不能很好地满足未来互联网络多种服务的需求，不能很好地实现互联网的安全性、可靠性和可生存性等。为此，世界各国研究人员都积极开展了对未来互联网体系架构的研究。

美国自然科学基金委员会启动的“100×100”下一代网络研究项目[160]，建议在现有互联网中引入类似于传统电信网的面向连接特性的服务质量保证机制；英国电信提出的“21CN”下一代网络计划[161]，拟替代现有的电话交换网和互联网，形成多业务融合的网络；美国自然科学基金委员会提出的 GENI（Global Environment for Networking Innovations）计划[162]，拟从根本上重新设计下一代互联网，以解决现有互联网的多种问题，从而更加适合未来的网络环境；而针对互联网提出的 FIND（Future Internet Network Design）计划[163]，指出应该重新设计互联网的服务层面，实现服务的普适化，从而使网络服务更加贴近与满足用户需求；欧盟启动的 FIRE（Future Internet Research and Experimentation）计划[164]，专门成立了下一代互联网研究工作组，对下一代互联网络体系进行研究和实验。同时，日本、韩国、德国等国家也相继开展了对未来互联网体系架构的研究。

中国也积极开展了对未来互联网体系架构及关键技术的研究，启动了一系列与未来互联网体系结构紧密相关的科研工作，在未来互联网体系结构及相关技术方面取得了丰富的研究成果。其中，可信网络（trustworthy networks）的体系架构[165-167]将网络分成数据层面和可信控制平面，前者负责承载业务，并保障协议的可信性，后者包括一组可信协议，提供完备一致的控制信令，从而实现网络和业务的可信性。源地址验证体系结构（Source Address Validation Architecture，SAVA）[168-170]用以验证互联网中转发的每一个分组的 IP 地址的真实性，保证通信的真实性和合法性，从而提升了网络安全、管理和计费等功能。一体化网络的体系架构[78-80]是由服务层和网通层组成的两层网络架构，引入了标识的概念和标识之间的映射机制，将主机的位置信息和身份信息进行了分离，较好地支持了终端的移动性和安全性，增强了骨干网路由的可扩展性。

作为对下一代互联网体系架构研究的综述，文献[171]和文献[172]回顾了国际上在下一代互联网方面的研究进展，分析了多个网络体系架构的不同特点，对下一代互联网的发展具有很好的借鉴价值。

10.1.2 一体化网络体系架构

通过分析现有互联网四层体系架构和 OSI 七层体系架构，文献[78]发现各种网络体系架构其实都可以分成两个层面，即服务层面和网络层面，并在此基础上提出了一体化网络体系架构。图 10.1 说明了传统互联网体系架构与一体化网络的体系架构的比较。在一体化网络中，服务层完成各种服务的统一描述和管理，实现服务的普适化，并完成服务的数据传输；网通层为多元化的网络接入提供平台，为数据、语音、视频等服务提供一体化的网络通信平台，从而有效地支持了普适服务。

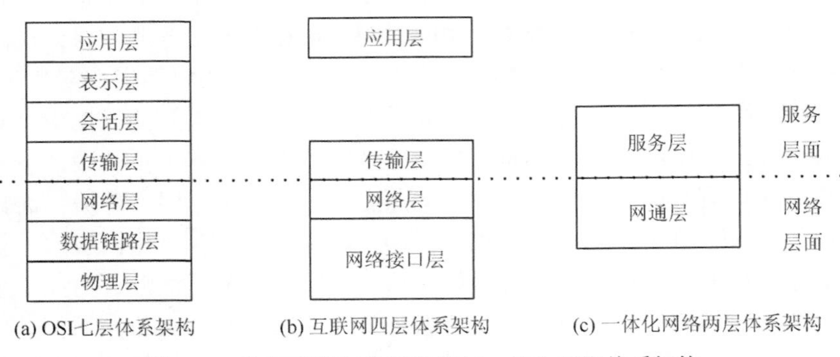

图 10.1 传统互联网体系架构与一体化网络体系架构

服务层定义了服务标识（Service Identifier，SID）和连接标识（Connection Identifier，CID），并引入了从服务到连接的服务标识解析映射，实现了从一个服务到多条连接的映射，提高了服务完成的效率；同时，引入了从连接到路径的连接标识解析映射，实现了多条连接到多条路径的映射，提高了路径的利用率，增强了数据传输的安全性和可靠性[80]。网通层定义了接入标识（Access Identifier，AID）和交换路由标识（Routing Identifier，RID），并引入了从接入到路由的接入标识解析映射，支持现有各种子网和终端的接入，从而实现了多元化的网络接入，支持了服务层的普适服务，而且接入标识解析映射还很好地支持了网络的安全性，增强了骨干网路由的可扩展性，提高了整个网络的性能[79]。

针对通过标识之间的映射机制而实现多路径传输的一体化网络，为了实现服务层普适服务的要求，满足各类服务均获得一定的服务质量，本节基于效用最大化的思想分析了服务层到网通层的映射，得到了一体化网络映射的资源分配模型。针对该资源分配模型，得到了最优接入控制策略与最优资源分配的关系，为映射时实现资源的最优分配提供了理论参考。根据各类服务在映射时应该满足的特性，提出了可行的标识设计方案。

10.2　一体化网络服务层映射模型

10.2.1　服务层映射关系

一体化网络服务层可以分成两个模块：虚拟服务模块和虚拟连接模块，如图 10.2 所示。在虚拟服务模块中引入了服务标识，实现服务的统一描述和管理。在虚拟连接模块中引入了连接标识，描述通信双方在完成服务过程中连接的建立和数据的传输。虚拟服务模块通过服务标识解析映射，完成从服务标识到连接标识的映射，实现服务层各个服务的数据传输，而虚拟连接模块通过连接标识解析映射，完成从服务层连接标识到网通层交换路由标识的映射，实现服务层各个服务的数据在网通层进行路由与转发。

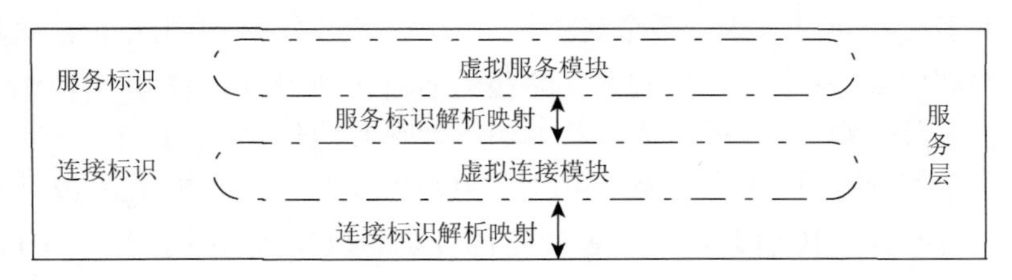

图 10.2　一体化网络服务层模型[80]

网络在完成一次服务时，若建立一个连接进行数据传输，那么实际上是从服务到连接的一对一简单映射关系。而下一代网络中随着服务数量的快速增长，服务分割技术的出现，端到端多连接和多路径技术的应用，各层之间交互的信息会比较多，所以各层之间的映射会更多地以多对一、一对多和多对多的复杂映射为主[80, 100]。例如，一个服务通过数据分割技术，成为几个独立的子服务，而每个子服务的数据均可以通过建立多个连接后利用多条路径进行传输，这样就提高了服务完成的效率和路径带宽的利用率，增强了传输的安全性和可靠性。这里将一次服务的成功完成看成两次映射过程：从服务到连接的多对多映射和从连接到路径的多对多映射。下面给出这两次映射的数学描述以及映射所要实现的目标。

1. 服务到连接的映射

下一代网络中，服务的形式将多样化，服务的内容也将复杂化。利用多连接多路径进行数据传输将满足用户不断增长的服务需求，提高请求服务的用户的满意度。假设服务层需要完成的服务的集合为 S，其元素是网络中的各个服务 $s \in S$ 。连接的集合为 C ，其元素是网络中可以为服务建立的各个连接 $c \in C$ 。令 $C(s)$ 为服务 s 所使用的所有连接的集合。从一个服务到多个连接的映射意味着服务需要由多个连接完成，即服务请求者和提供者之间建立多个连接来完成该服务；从多个服务到多个连接的多对多映射意味着每个服务需要由多个连接完成。假设服务 s 在时刻 t 的数据流大小为 $y_s(t)$，而该服务在连接 c 上的数据流大小为 $\xi_{sc}(t)$，那么一定满足 $\sum_{c:c \in C(s)} \xi_{sc}(t) = y_s(t)$ 。

2. 连接到路径的映射

每个连接可以选择一条或者多条路径进行路由，因此从连接到路径的映射也存在着多种映射关系。假设路径的集合是 P，其元素是网络中可以为连接提供路由支持的各条路径 $p \in P$ 。从一个连接到多条路径的一对多映射意味着某个连接 $c \in C$ 在多条路径 $p \in P$ 上路由，这样提高了数据传输速率和效率；从多个连接到一条路径的多对一映射意味着多个连接 $c \in C$ 在一条路径 $p \in P$ 上路由，这样提高了该路径的利用率；从多个连接到多条路径的多对多映射意味着多个连接 $c \in C$ 由多条路径 $p \in P$ 完成路由，可以认为是上述两种映射的综合。

连接到路径的映射可以用映射矩阵 $A = (a_{cp})_{C \times P}$ 表示，元素 $a_{cp} \in \{0,1\}$ 代表连接 c 是否利用路径 p 传输数据，或者说路径 p 是否支持连接 c 。若 $a_{cp} = 1$，则连接 c 利用路径 p 传输数据；若 $a_{cp} = 0$，则连接 c 不利用路径 p 传输数据。当从连接到路径的映射是一对多时，满足 $\sum_{p} a_{cp} \geqslant 1$；当从连接到路径的映射是多对一时，满足 $\sum_{c} a_{cp} \geqslant 1$。

经过从连接到路径的映射后，假设时刻 t 服务 s 在路径 p 上的数据流大小为 $x_{sp}(t)$。因此，当从连接到路径的映射是一对多时，满足 $\xi_{sc}(t) = \sum_{p} a_{cp} x_{sp}(t)$；而当从连接到路径的映射是多对一时，满足 $x_{sp}(t) = \sum_{c} a_{cp} \xi_{sc}(t)$。

因此，经过上述两次映射之后，服务层中的各个服务 s 均通过网通层建立的多条路径来传输数据，则服务 s 的速率满足 $\sum_{p} x_{sp}(t) = y_s(t)$。

10.2.2　基于效用最大化的映射模型

一体化网络的服务层主要是满足普适服务的要求，完成各种服务的统一描述与标识，满足用户对各种服务的满意度；而一体化网络的网通层为上层的服务进行选路，从而实现服务的数据能够在多条路径上进行传输。

用户在获取服务时，总是想使自己的满意度达到最大，但是从整个网络的角度考虑，映射的目标是使得网络的整体满意度达到最优。所以，从服务到连接的映射就是如何为服务合理选择多条连接的过程，同时从连接到路径的映射就是如何为服务选择多条路径，并最优分配路径带宽的过程，而最关键的映射目标是在带宽一定的前提下实现网络的整体满意度达到最优。

因此，利用上述的服务层中各个模块的关系，一体化网络中服务层到网通层的映射可以归结为如下的优化问题（P10.1）：

$$\text{(P10.1)}: \max \quad \sum_{s:s\in S} U_s(y_s(t)) \tag{10.1}$$

$$\text{subject to} \quad \sum_{p:p\in P(s)} x_{sp}(t) = y_s(t), \quad s \in S \tag{10.2}$$

$$\sum_{p:p\in P(l)} x_{sp}(t) \leqslant C_l, \quad l \in L \tag{10.3}$$

$$\text{over} \quad x_{sp} \geqslant 0, \quad s \in S,\ p \in P \tag{10.4}$$

其中，$U_s(y_s(t))$ 是服务 s 在速率为 $y_s(t)$ 时的满意度；$P(s)$ 是服务 s 在网通层使用的多路径集合；$P(l)$ 是经过链路 l 的路径集合。

映射模型（P10.1）的含义是：网通层为各个服务建立了多条用于数据传输的路径，在路径的每条链路带宽一定的前提下，最大限度地满足服务层所有服务的聚合效用。在映射的过程中，服务层的目标是实现网络中所有服务的聚合效用达到最优，其中虚拟服务模块根据服务的总速率得到各个服务的效用，而虚拟连接模块利用标识映射建立多个连接，支持虚拟服务模块中各个服务的数据传输，然后网通层为服务层中的各个服务提供多条路径，在虚拟连接模块的配合下为各个服务最优地分配链路带宽，从而实现网络效用最大化。

上述问题的 Lagrange 函数可以写为

$$\begin{aligned}
L(x;\mu) &= \sum_{s:s\in S} U_s\left(\sum_{p:p\in P(s)} x_{sp}(t)\right) + \sum_{l:l\in L} \mu_l\left(C_l - \sum_{p:p\in P(l)} x_{sp}(t)\right) \\
&= \sum_{s:s\in S} U_s\left(\sum_{p:p\in P(s)} x_{sp}(t)\right) + \sum_{l:l\in L} \mu_l C_l - \sum_{s\in S}\sum_{p:p\in P(s)}\sum_{l:l\in L(p)} \mu_l x_{sp}(t) \\
&= \sum_{s:s\in S}\left(U_s\left(\sum_{p:p\in P(s)} x_{sp}(t)\right) - \sum_{p:p\in P(s)}\sum_{l:l\in L(p)} \mu_l x_{sp}(t)\right) + \sum_{l:l\in L} \mu_l C_l \\
&= \sum_{s:s\in S}\left(U_s\left(\sum_{p:p\in P(s)} x_{sp}(t)\right) - \sum_{p:p\in P(s)} q_{sp} x_{sp}(t)\right) + \sum_{l:l\in L} \mu_l C_l
\end{aligned} \tag{10.5}$$

其中，μ_l 是链路 l 的价格；$q_{sp} = \sum_{l:l\in L(p)} \mu_l$ 是服务 s 所使用的路径 p 的端到端价格。

基于效用最大化的映射模型（P10.1）的对偶问题的目标函数为

$$\begin{aligned}
D(\mu) &= \max_x L(x;\mu) \\
&= \max_x \sum_{s:s\in S}\left(U_s\left(\sum_{p:p\in P(s)} x_{sp}(t)\right) - \sum_{p:p\in P(s)} q_{sp} x_{sp}(t)\right) + \sum_{l:l\in L} \mu_l C_l
\end{aligned} \tag{10.6}$$

因此，映射模型（P10.1）的对偶问题为

$$\text{(D10.1)}: \quad \min \ D(\mu) \tag{10.7}$$

$$\text{over } \mu_l \geqslant 0, \quad l\in L \tag{10.8}$$

上述对偶问题可以理解为，在满足服务层所有服务一定服务质量的前提下，最小化网通层所有链路的总价格。

映射模型（P10.1）与其对偶问题（D10.1）从不同的角度建立了一体化网络服务层和网通层之间的映射关系，以及通过映射应该满足的目标，这为一体化网络标识的设计提供了一定的理论指导。

一体化网络从设计之初就瞄准了要支持普适服务，而下一代网络中不仅有诸多的数据服务，即弹性服务，而且将会有越来越多的实时多媒体视频、音频服务，即非弹性服务。由于一体化网络是通过标识之间的映射满足普适服务的满意度的，从而实现网络效用最大化的目标，所以如何在一体化网络中保证非弹性服务的 QoS 成为映射过程中需要考虑的重要内容。

10.2.3　各类服务的资源分配

通过借鉴多路径网络中各类服务的资源分配模型，尤其是非弹性服务的资源分配模型与流量控制机制，可以为一体化网络的标识设计与各类服务的 QoS 保证提供一定的参考。

1. 弹性服务

当网络中的服务均是弹性服务时，此时的映射模型与第 6 章中讨论的弹性服务的资源分配模型类似。因此，各个服务均存在最优的带宽分配 $y=(y_s^*, s\in S)$，并且同一个服务所使用的多条路径上的价格都是相等的。利用第 6 章提出的流量控制算法，就可以实现映射模型的最优带宽分配。

2. 具有 S 型效用的软实时非弹性服务

考虑具有 S 型效用的软实时非弹性服务，如多媒体视频服务等，此时映射模型与第 7 章中讨论的非弹性服务的资源分配模型类似。由于非弹性服务对带宽比较敏感，所以只有当该类非弹性服务使用的每条路径上的瓶颈链路满足一定的带宽要求时，如充分性条件式（7.18）～式（7.20）时，从而使非弹性服务获得的总带宽不低于阈值 y_r^0 后，非弹性服务才能获得较好的 QoS 保证。此时非弹性服务具有一定 QoS 保证的资源分配模型为

$$\text{(P10.2)}: \quad \max \sum_{s:s\in S} U_s\left(\sum_{p:p\in P(s)} x_{sp}(t)\right)+\sum_{r:r\in R} U_r\left(\sum_{p:p\in P(r)} x_{rp}(t)\right) \tag{10.9}$$

$$\text{subject to} \quad \sum_{p:p\in P(r)} x_{rp}(t)\geqslant y_r^0, \quad r\in R \tag{10.10}$$

$$\sum_{p:p\in P_s(l)} x_{sp}(t)+\sum_{p:p\in P_r(l)} x_{rp}(t)\leqslant C_l, \quad l\in L \tag{10.11}$$

$$\text{over} \quad x_{sp}(t)\geqslant 0, \quad x_{rp}(t)\geqslant 0, \quad s\in S,\ r\in R,\ p\in P \tag{10.12}$$

由第 7 章中软实时非弹性服务的资源分配模型可以得到，当请求该非弹性服务的用户支付的价格小于 λ_r^0 时，该非弹性服务才能获得非零的最优带宽分配。同时，当模型实现最优带宽分配时，路径收取的价格与服务支付的价格是相等的，这其实就是两者之间的一个博弈。由此可以得到下列结论。

注 10.1　对于路径收取的价格 q_{rp}^* 和用户支付的价格 λ_r^0，若满足 $q_{rp}^*<\lambda_r^0$，则该非弹性服务可以被网络成功接入，将获得非零的最优带宽分配，服务质量得到一定程度的保证，而若满足 $q_{rp}^*\geqslant\lambda_r^0$，则该服务被网络拒绝，服务质量得不到保证。

上述结论中，λ_r^0 可以认为是服务所能够接受的目标价格，如果服务使用的路径的价格 q_{rp}^* 高于 λ_r^0，超过了服务所能接受的阈值，那么该类服务就被网络拒绝，而若路径使用的价格 q_{rp}^* 低于 λ_r^0，在服务可以接受的范围内，那么该类服务就可以被接入。

3. 具有不连续型效用的硬实时非弹性服务

考虑具有不连续型效用的硬实时非弹性服务，如 VoIP 服务，当获得的带宽小于一个阈值时，服务的效用为零，而当大于该阈值时，服务的效用为一个正常数。为了能够区分弹性服务和非弹性服务，用 $s\in S$ 表示弹性服务，$r\in R$ 表示非弹性服务。由于该类服务对带宽要求比较敏感，所以当该类非弹性服务使用的每条路径上的链路满足一定的带宽要求时，如式（7.54）～式（7.56）时，各类服务才能获得非零的最优带宽分配，非弹性服务的 QoS 才能得到一定保证。

当网络中的资源不一定满足上述的充分性条件时，对于该类非弹性服务，可以采取一定的接入控制策略 a_r，根据网络中的资源情况判断是否对其进行接入。当 $a_r=1$ 时，非弹性服务允许接入，此时服务的效用为 U_r；当 $a_r=0$ 时，非弹性服务被拒绝，此时服务的效用为 0。因此，此时模型为

$$\text{(P10.3)：}\max \quad \sum_{s:s\in S}U_s\left(\sum_{p:p\in P(s)}x_{sp}(t)\right)+\sum_{r:r\in R}a_rU_r \tag{10.13}$$

$$\text{subject to} \quad \sum_{p:p\in P(r)}a_rx_{rp}(t)=a_rm_r,\quad r\in R \tag{10.14}$$

$$\sum_{p:p\in P_s(l)}x_{sp}(t)+\sum_{p:p\in P_r(l)}x_{rp}(t)\leqslant C_l,\quad l\in L^B \tag{10.15}$$

$$\text{over} \quad x_{sp}(t)\geqslant 0,\quad x_{rp}(t)\geqslant 0,\quad a_r\in\{0,1\},\ s\in S,\ r\in R,\ p\in P \tag{10.16}$$

其中，$s\in S$ 是弹性服务；$r\in R$ 是具有不连续型效用的硬实时非弹性服务。

由于非弹性服务具有不连续的效用，此时映射模型（P10.3）是一个比较难以处理的整数规划问题。为此，对模型的约束条件进行适当的扩展，令接入控制策略选择参数 $a_r\in[0,1]$，分析如下的扩展模型：

$$\text{(P10.4)：}\max \quad \sum_{s:s\in S}U_s\left(\sum_{p:p\in P(s)}x_{sp}(t)\right)+\sum_{r:r\in R}a_rU_r \tag{10.17}$$

$$\text{subject to} \quad \sum_{p:p\in P(r)}a_rx_{rp}(t)=a_rm_r,\quad r\in R \tag{10.18}$$

$$\sum_{p:p\in P_s(l)}x_{sp}(t)+\sum_{p:p\in P_r(l)}x_{rp}(t)\leqslant C_l,\quad l\in L^B \tag{10.19}$$

$$\text{over} \quad x_{sp}(t)\geqslant 0,\quad x_{rp}(t)\geqslant 0,\quad a_r\in[0,1],\ s\in S,\ r\in R,\ p\in P \tag{10.20}$$

此时的扩展模型（P10.4）是一个凸规划问题，类似于第 6 章中资源分配模

型的讨论，该模型存在非零的最优带宽分配，并且当得到最优点时，各个服务使用的多条路径的价格均是相等的，即若 $x_{rp_1}^* > 0$，$x_{rp_2}^* > 0$，其中 p_1，$p_2 \in P(r)$，则 $\sum_{l:l\in L(p_1)} \mu_l^* = \sum_{l:l\in L(p_2)} \mu_l^*$。

由于资源分配模型（P10.4）的约束域包含模型（P10.3）的约束域，所以模型(P10.3)的最优效用以模型(P10.4)的最优效用为上界。这意味着若模型(P10.4)在 $\{a_r = 0, a_r = 1\}$ 取得最优效用，则此时最优带宽分配正好就是模型（P10.3）的最优解。

注 10.2　对于该类非弹性服务，U_r/m_r 可以理解为服务所能接受的目标价格，q_{rp}^* 是该服务使用的路径收取的价格，因此该定理说明了服务能接受的目标价格和路径收取价格的大小关系直接影响了该服务是否被接入或者拒绝。例如，当路径价格 q_{rp}^* 低于服务的目标价格时，该价格在服务可以接受的范围内，因此服务可以被接入；反之，当路径价格 q_{rp}^* 高于服务的目标价格时，超过了服务可以接受的阈值，因此服务被拒绝。

10.3　标识的设计与服务的 QoS 保证

本节根据上述的基于网络效用最大化的映射目标和服务层与网通层之间的映射关系，提出一种可行的标识设计形式，为服务提供自顶向下的 QoS 保证。

10.3.1　标识的设计

服务标识定义了一种统一的服务描述形式，实现了对服务的统一管理。文献[80]根据用户可感知 QoS 和服务本身 QoS 提出了服务标识的一种构思和设计原则。这里基于网络效用最大化的思想给出服务标识的一种设计形式。假设服务标识的集合为 $\text{SID}=\{\text{SID}_1,\text{SID}_2,\cdots,\text{SID}_s\}$，其中 SID_s 是服务 s 的服务标识。定义服务标识 $\text{SID}_s = \phi(a_1(s), a_2(s), \cdots, a_k(s))$，其中 $a_i(s)$ 是服务 s 的第 i 个属性，$\phi(\cdot)$ 是服务标识生成函数。例如，可以定义下列形式的服务标识：$\text{SID}_s = \phi(s, \text{QoS}, \text{rate}, \cdots)$。该服务标识的前三个参数分别是服务类别 s、服务应满足的 QoS 级别、服务应满足的数据流大小 rate。其中，服务类别 s 是弹性服务或者非弹性服务，QoS 等级说明了根据服务类别来判断是否需要一定的 QoS 保证，弹性服务可以不用 QoS 保证，而非弹性服务需要一定的 QoS 保证，而服务应该满足的速率大小 rate 说明了具有一定 QoS 保证的非弹性服务应该满足的速率阈值。当然，该服务可能还有其他的一些属性，如服务应满足的最低时延等。

连接标识用于为服务建立连接与传输数据。文献[80]给出了连接标识的一种设计思路。这里基于网络效用最大化的思想给出连接标识的一种设计形式。假设连接标识的集合为$\mathrm{CID}=\{\mathrm{CID}_1,\mathrm{CID}_2,\cdots,\mathrm{CID}_c\}$，其中$\mathrm{CID}_c$是连接$c$的连接标识。定义$\mathrm{CID}_c=\varphi(b_1(c),b_2(c),\cdots,b_m(c))$，其中$b_m(c)$是连接$c$的第$m$个属性，$\varphi$是连接标识生成函数。例如，可以定义下列形式的一种连接标识：$\mathrm{CID}_c=\varphi(h,l,\mathrm{SID}_i,k,\cdots)$。该连接标识的前四个参数分别是源端$h$、目的端$l$、服务标识$\mathrm{SID}_i$、可以建立的连接数目$k$。该连接标识意味着要完成服务标识为$\mathrm{SID}_i$的服务$i$，而在源端$h$和目的端$l$之间建立$k$条连接。服务$i$的属性信息可以通过服务标识$\mathrm{SID}_i$传递给连接标识$\mathrm{CID}_c$，如非弹性服务应该保证的 QoS 等级、需要满足的最小速率阈值等，从而在建立的多条连接上保证服务的总速率不低于该阈值。当然该连接标识的定义还可以包括一些其他属性。

交换路由标识用于在网通层进行选路和路由，形成用于通信的路径。这里给出交换路由标识的一种设计形式。假设交换路由标识集合为$\mathrm{RID}=\{\mathrm{RID}_1,\mathrm{RID}_2,\cdots,\mathrm{RID}_r\}$，其中$\mathrm{RID}_r$是路由$r$的交换路由标识。定义$\mathrm{RID}_r=\theta(d_1(r),d_2(r),\cdots,d_n(r))$，其中$d_n(r)$是路由$r$的第$n$个属性，$\theta$是交换路由标识生成函数。例如，可以定义下列形式的交换路由标识：$\mathrm{RID}_r=\theta(a_h,a_l,\mathrm{CID}_j,\cdots)$。该路由标识的前三个参数分别是源端的接入方式$a_h$、目的端的接入方式$a_l$、要完成连接标识为$\mathrm{CID}_j$的连接$j$。源端$h$（目的端$l$）由于接入方式$a_h$（$a_l$）的不同可以在源端和目的端之间形成多条并行路径，从而实现并行多路径传输。当然该交换路由标识的定义也可以包括一些其他的属性。由交换路由标识的定义可以得出，当接入方式a_h和a_l代表的是主机时，该路由标识可以完成由连接到路由的映射，而当接入方式a_h和a_l代表的是子网时，该路由标识可以完成由子网到骨干网路由的映射。因此，网通层可以为多元化的网络接入提供统一的平台，实现一体化的网络接入环境。本章仅研究接入方式均是主机的情形，经过连接标识到交换路由标识的连接标识解析映射后，在通信主机之间形成了多条并行路径。

10.3.2 服务的 QoS 保证

这里考虑两种解析映射：服务标识解析映射和连接标识解析映射。服务标识解析映射完成从服务到连接的映射，可以将一个服务映射到多条连接上，提高服务完成的效率。在服务标识SID_s和连接标识CID_c的定义中，服务s可以通过从服务标识SID_s到连接标识CID_c的映射，将服务需要满足的一些属性信息映射到连接上，使建立的连接支持该服务所要求的属性。例如，对于硬实时非弹性服务，为了满足该类服务的服务质量，需要保证该类服务的速率不低于m_r，通过在服务标

识中将服务类别 s 设置为非弹性服务，若服务需要一定的 QoS 保证，那么就将该服务应满足的 rate 设置为 m_r。在服务标识到连接标识的映射中，该服务的参数映射到建立的多条连接上，从而保证该服务所需要的传输速率不低于 m_r。

连接标识解析映射完成从连接到路由的映射，可以将多个连接映射到多个路由上，在网通层形成多条并行路径，增强数据传输的安全性和可靠性。在连接标识 CID_c 和交换路由标识 RID_r 的定义中，连接 c 可以通过从连接标识 CID_c 到交换路由标识 RID_r 的映射，将连接需要满足的一些属性映射到建立的路由上，从而将服务层某服务需要满足的属性信息映射到网通层的路由上，如服务类别、应该保证的最低带宽等，这样在数据传输过程中，网通层就支持了服务层的普适服务。例如，对于上述的具有不连续型效用的硬实时非弹性服务，在连接标识到路由标识的映射过程中，将该服务需要满足的速率阈值 m_r 映射到路由上，从而在路由的每条链路上均预留出一定的带宽，保证该服务在多条路径上的总速率不低于阈值 m_r，从而保证该服务获得一定的服务质量。

10.4　流量控制算法

一体化网络的网通层在组网上分成了接入网和骨干网两部分，并引入了接入标识和交换路由标识，接入标识只出现在接入网，代表了源端在接入网的身份，交换路由标识只出现在骨干网，代表了源端接入到骨干网的位置，同时接入标识与交换路由标识之间的接入标识解析映射完成了数据流的认证与接入。

网通层在功能上可以分成两个层面：管理层面和交换路由层面。管理层面包含认证中心、映射服务器等。认证中心实现了各个服务的数据在进入骨干网时的认证和接入，映射服务器保存了接入标识和交换路由标识之间的映射关系。

一体化网络的服务层实现了服务的统一标识和描述，若从网络效用最大化的角度考虑，该层的目标就是使得服务的效用达到最优，而网通层实现了为服务层各个服务的数据进行选路和路由，该层的目标是在路径各条链路带宽一定的前提下，满足服务层的效用最大化目标。为了使服务层的效用达到最优，本节分别针对弹性服务和非弹性服务提出了相应的流量控制算法。

10.4.1　弹性服务的流量控制算法

若网络中仅有弹性服务，由于该类服务可以不需要服务质量保证，所以可以利用第 6 章中提出的流量控制算法，实现资源分配模型的最优分配。

以图 10.3 为例说明弹性服务的流量控制算法在网络中的实现。在源端 S 与目的端 D 之间的每条可用路径 p 上，源端首先初始化传输速率 $x_{sp}(t)$。当数据流到达接入网与骨干网边缘的接入交换路由器 ASR_1 时，该接入交换路由器向认证中心确认该流的合法性，若该流是合法的数据流，则可以通过认证中心的认证，然后在骨干网中进行路由，而若是非法的数据流，则该流就会被拒绝。若该接入交换路由器没有保存该数据流的 AID 和 RID 之间的映射关系，则通过向映射服务器查询得到上述映射关系，然后数据流在骨干网中利用广义交换路由器 GSR_1 和 GSR_2 进行路由，直至到达目的端的接入交换路由器 ASR_2，再经过 RID 到 AID 的映射后，将数据转发给目的端。

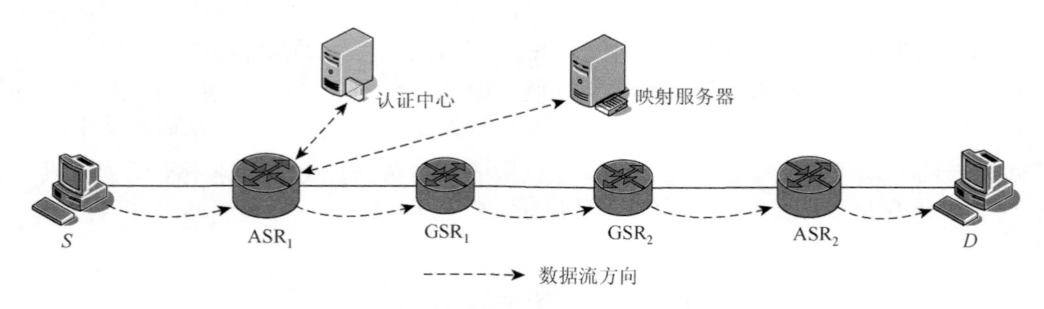

图 10.3　一体化网络弹性服务的流量控制

若服务的数据流已经通过认证，并且完成了接入标识到交换路由标识的映射，则源端和目的端之间就建立了一条路径。网络中每条链路根据链路端算法，即式（6.31）和式（6.32）更新链路价格 $\mu_l(t)$，并利用式（6.30）将端到端的路径价格 $q_{sp}(t)$ 发送给目的端。源端利用式（6.28）得到目前的支付价格 $\lambda_s(t)$，再利用式（6.26）和式（6.27）调整在该路径上的速率 $x_{sp}(t+1)$，并最终得到最优的传输速率，完成数据传输。

若有新服务的数据流加入网络中，那么重复上述的算法，直至得到最优传输速率，以最优传输速率完成服务的数据传输。

10.4.2　非弹性服务的流量控制算法

当网络中既有弹性服务，又有非弹性服务时，映射模型是一个非凸规划问题，可以借鉴第 7 章提出的基于 PSO 的非凸优化算法实现资源的最优分配。同时，当网络中的资源不能满足非弹性服务所要求的最低带宽阈值时，非弹性服务的服务质量就得不到保证，为此有必要根据网络中的资源状况实施一定的接入策略。

以图 10.4 为例说明非弹性服务的资源分配算法在网络中的实现，此时数据包在接入交换路由器处的认证过程与弹性服务是类似的，此处省略。在源端 S 与目的端 D 之间的每条可用路径 p 上，源端沿着路径上的每一条链路发送资源探测包，包括用户期望支付的价格阈值 λ_r^0 或 U_r/m_r 等信息，用以获取网络中的资源状况。根据探测返回的路径资源状况，包括路径收取的价格 q_{rp}^* 等信息，路由器作出是否接入该服务的策略。若路径收取的价格低于用户期望的价格，那么说明网络中的资源能够满足该服务的需求，则该非弹性服务可以被接入；否则若路径收取的价格高于用户期望的价格，说明网络中的资源不能满足该服务的需求，则该非弹性服务被拒绝。

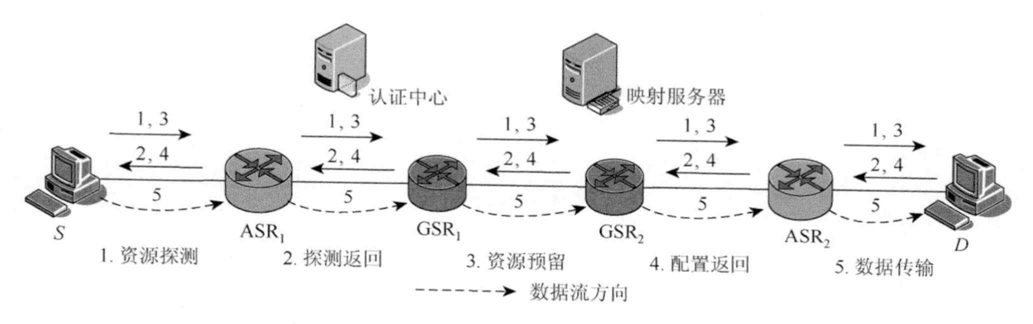

图 10.4　一体化网络非弹性服务的流量控制

当探测完毕后，若网络中的资源满足该非弹性服务的需求，那么源端根据该服务所要求的速率阈值在路径上逐跳进行资源预留。此时服务可以初始化传输速率，并利用第 7 章提出的基于 PSO 的非凸优化算法得到最优的资源分配，完成该服务的数据传输过程。若网络中的资源不能满足该非弹性服务的需求，那么路径上的各个路由器拒绝该次服务。

当服务完成后，目的端向源端提出服务完成消息，并提出撤销资源的请求。路径上的每个路由器根据撤销请求回收网络资源，并将成功撤销的消息通知给源端和目的端。

10.5　本 章 小 结

由于现有互联网存在着诸多不足，如不能满足未来网络普适服务的要求，存在安全性、可靠性和可生存性差等问题，国内外诸多学者开展了对下一代互联网体系架构的研究，并已经取得了一定的研究成果。

作为近年提出的一种标识网络，一体化网络利用服务标识统一描述了多种服务，并通过服务标识解析映射完成了服务的获取，通过连接标识解析映射完成了数据的多路径传输，通过接入标识解析映射完成了数据在骨干网中的路由。该网络利用接入标识和交换路由标识分离了终端的身份信息与位置信息，较好地支持终端的移动性与安全性，增强了骨干网路由的可扩展性。

为了更好地理解一体化网络对普适服务的支持，本章基于网络效用最大化的思想研究了一体化网络服务层的映射模型，建立了多服务的资源分配模型，得到了路径收取的价格与网络对非弹性服务的接入策略之间的关系。为了实现服务层的效用最大化目标，提出了一种可行的标识设计思路，实现了自顶向下的服务质量保证，并给出了各类服务的流量控制算法。

参 考 文 献

[1] Personick S D. Evolving toward the next-generation Internet: Challenges in the path forward. IEEE Communications Magazine, 2002, 40(7): 72-76.

[2] Jeong S H, Owen H, Copeland J, et al. QoS support for UDP/TCP based networks. Computer Communications, 2001, 24(1): 64-77.

[3] Shenker S. Fundamental design issues for the future Internet. IEEE Journal on Selected Areas in Communications, 1995, 13(7): 1176-1188.

[4] Xu D, Li Y, Chiang M, et al. Optimal provisioning of elastic service availability. Proceedings of IEEE International Conference on Computer Communications(IEEE INFOCOM 2007), Anchorage, 2007: 1505-1513.

[5] Jacobson V. Congestion avoidance and control. ACM SIGCOMM Computer Communication Review, 1988, 18(4): 314-329.

[6] Chiu D M, Jain R. Analysis of the increase and decrease algorithms for congestion avoidance in computer networks. Computer Networks and ISDN, 1989, 17(1): 1-14.

[7] Fall K, Floyd S. Simulation-based comparisons of Tahoe, Reno, and SACK TCP. Computer Communication Review, 1996, 26(3): 5-21.

[8] Floyd S, Henderson T. The NewReno modification to TCP's fast recovery algorithm, RFC 2582, IETF, 1999.

[9] Mathis M, Mahdavi J, Floyd S. TCP selective acknowledgment options, RFC 2018, IETF, 1996.

[10] Braden R. T/TCP-TCP extensions for transactions functional specification, RFC 1644, IETF, 1994.

[11] Floyd S. HighSpeed TCP for large congestion windows, RFC 3649, IETF, 2003.

[12] Kelly T. Scalable TCP: Improving performance in high-speed wide area networks. ACM SIGCOMM Computer Communication Review, 2003, 33(2): 83-91.

[13] Leith D J, Shorten K N. H-TCP protocol for high-speed long-distance networks. Presented at the 2nd Workshop Protocols Fast Long Distance Networks, Argonne, 2004: 1-16.

[14] Gerla M, Ng B K F, Sanadidi M Y, et al. TCP Westwood with adaptive bandwidth estimation to improve efficiency/friendliness tradeoffs. Computer Communications, 2004, 27(1): 41-58.

[15] Wei D X, Jin C, Low S H, et al. FAST TCP: Motivation, architecture, algorithms, performance. IEEE/ACM Transactions on Networking, 2006, 14(6): 1246-1259.

[16] Jacobsson K, Andrew L L, Tang A, et al. An improved link model for window flow control and its application to FAST TCP. IEEE Transactions on Automatic Control, 2009, 54(3): 551-564.

[17] Xu L, Harfoush K, Rhee I. Binary increase congestion control(BIC)for fast long-distance networks. Proceedings of IEEE INFOCOM 2004, Hong Kong, 2004: 2514-2524.

[18] Raina G, Manjunath S, Prasad S, et al. Stability and performance analysis of compound TCP with REM and drop-tail queue management. IEEE/ACM Transactions on Networking, 2016, 24(4): 1961-1974.

[19] 龙承念, 杨会龙, 李欣, 等. EHSTCP: 改进的高速 TCP 算法. 计算机学报, 2008, 31(3): 440-449.

[20] Zhang M, Lai J, Krishnamurthy A, et al. A transport layer approach for improving end-to-end performance and robustness using redundant paths. Proceedings of USENIX Annual Technical Conference, Boston, 2004: 99-112.

[21] Ford A, Raiciu C, Barre S, et al. Architectural guidelines for multipath TCP development, RFC 6182, IETF, 2011.

[22] Stewart R, Xie Q, Morneault K, et al. Stream Control Transmission Protocol(SCTP), RFC 2960, IETF, 2000.

[23] Stewart R, Arias-Rodriguez I, Poon K, et al. Stream Control Transmission Protocol(SCTP) specification errata and issues, RFC 4460, IETF, 2006.

[24] Iyengar J R, Amer P D, Stewart R. Concurrent multipath transfer using SCTP multihoming over independent end-to-end paths. IEEE/ACM Transactions on Networking, 2006, 14(5): 951-964.

[25] Al A A E, Saadawi T, Lee M. LS-SCTP: A bandwidth aggregation technique for stream control transmission protocol. Computer Communications, 2004, 27(10): 1012-1024.

[26] Liao J, Wang J, Zhu X. cmpSCTP: An extension of SCTP to support concurrent multi-path transfer. Proceedings of IEEE International Conference on Communications(ICC 2008), Beijing, 2008: 5762-5766.

[27] Braden B. Recommendations on queue management and congestion avoidance in the Internet, RFC 2309, IETF, 1998.

[28] Floyd S, Jacobson V. Random early detection gateways for congestion avoidance. IEEE/ACM Transactions on Networking, 1993, 1(4): 397-413.

[29] Athuraliya S, Low S H, Li V H, et al. REM: Active queue management. IEEE Network, 2001, 15(3): 48-53.

[30] Pan R, Prabhakar B, Psounis K. CHOKe: A stateless AQM scheme for approximating fair bandwidth allocation. Proceedings of IEEE INFOCOM 2000, Tel Aviv, 2000: 942-951.

[31] Kunniyur S, Srikant R. An adaptive virtual queue(AVQ)algorithm for active queue management. IEEE/ACM Transactions on Networking, 2004, 12(2): 286-299.

[32] Hollot C V, Misra V, Towsley D, et al. Analysis and design of controllers for AQM routers supporting TCP flows. IEEE Transactions on Automatic Control, 2002, 47(6): 945-959.

[33] Feng W, Shin K G, Kandlur D D. The BLUE active queue management algorithms. IEEE/ACM Transactions on Networking, 2002, 10(4): 513-528.

[34] Wydrowski B, Zukerman M. GREEN: An active queue management algorithm for a self managed Internet. Proceedings of ICC 2002, New York, 2002, 4: 2368-2372.

[35] Long C, Zhao B, Guan X, et al. The YELLOW active queue management algorithm. Computer Networks, 2005, 47(4): 525-550.

[36] Varian H R. Intermediate Microeconomics: A Modern Approach. 7th ed. New York: W. W.

North & Company, 2005.

[37] Kelly F P, Maulloo A, Tan D K H. Rate control for communication networks: Shadow prices proportional fairness and stability. Journal of Operations Research Society, 1998, 49(3): 237-252.

[38] Low S H, Lapsley D E. Optimization flow control, I: Basic algorithm and convergence. IEEE/ACM Transactions on Networking, 1999, 7(6): 861-874.

[39] Boyd S, Vandenberghe L. Convex Optimization. New York: Cambridge University Press, 2004.

[40] Low S H. A duality model of TCP and queue management algorithms. IEEE/ACM Transactions on Networking, 2003, 11(4): 525-536.

[41] Low S H, Peterson L, Wang L. Understanding Vegas: A duality model. Journal of the ACM, 2002, 49(2): 207-235.

[42] Wang J, Li L, Low S H, et al. Cross-layer optimization in TCP/IP networks. IEEE/ACM Transactions on Networking, 2005, 13(3): 582-595.

[43] Tang A, Wang J, Low S H, et al. Equilibrium of heterogeneous congestion control: Existence and uniqueness. IEEE/ACM Transactions on Networking, 2007, 15(4): 824-837.

[44] Tang A, Wei X, Low S H, et al. Equilibrium of heterogeneous congestion control: Optimality and stability. IEEE/ACM Transactions on Networking, 2010, 18(3): 844-857.

[45] He J, Chiang M, Rexford J. TCP/IP interaction based on congestion price: Stability and optimality. Proceedings of ICC 2006, Istanbul, 2006, 3: 1032-1039.

[46] Pongsajapan J, Low S H. Reverse engineering TCP/IP-like networks using delay-sensitive utility functions. Proceedings of IEEE INFOCOM 2007, Anchorage, 2007: 418-426.

[47] Andrew L H, Low S H, Wydrowski B P. Understanding XCP: Equilibrium and fairness. IEEE/ACM Transactions on Networking, 2009, 17(6): 1697-1710.

[48] Katabi D, Handley M, Rohrs C. Congestion control for high bandwidth delay product networks. Computer Communication Review, 2002, 32(4): 89-102.

[49] Falk A, Katabi D, Pryadkin Y. Specification for the explicit control protocol(XCP). Network Working Group, 2007.

[50] Low S H. Equilibrium bandwidth and buffer allocations for elastic traffics. IEEE/ACM Transactions on Networking, 2000, 8(3): 373-383.

[51] Wang W H, Palaniswami M, Low S H. Application-oriented flow control: Fundamentals, algorithms and fairness. IEEE/ACM Transactions on Networking, 2006, 14(6): 1282-1291.

[52] He J, Bresler M, Chiang M, et al. Towards robust multi-layer traffic engineering: Optimization of congestion control and routing. IEEE Journal on Selected Areas in Communications, 2007, 25(5): 868-880.

[53] Hande P, Zhang S, Chiang M. Distributed rate allocation for inelastic flows. IEEE/ACM Transactions on Networking, 2007, 15(6): 1240-1253.

[54] Lee J W, Mazumdar R R, Shroff N B. Non-convex optimization and rate control for multi-class services in the Internet. IEEE/ACM Transactions on Networking, 2005, 13(4): 827-840.

[55] Shi L, Liu C, Liu B. Network utility maximization for triple-play services. Computer Communications, 2008, 31(10): 2257-2269.

[56] Palomar D P, Chiang M. A tutorial on decomposition methods for network utility maximization. IEEE Journal on Selected Areas in Communications, 2006, 24(8): 1439-1451.

[57] Palomar D P, Chiang M. Alternative decompositions for distributed maximization of network utility: Framework and applications. Proceedings of IEEE INFOCOM 2006, Barcelona, 2006: 2036-2048.

[58] Palomar D P, Chiang M. Alternative distributed algorithms for network utility maximization: Framework and applications. IEEE Transactions on Automatic Control, 2007, 52(12): 2254-2269.

[59] Chiang M, Low S H, Calderbank A R, et al. Layering as optimization decomposition: A mathematical theory of network architectures. Proceedings of the IEEE, 2007, 95(1): 255-312.

[60] Chiang M. Balancing transport and physical layers in wireless multihop networks: Jointly optimal congestion control and power control. IEEE Journal on Selected Areas in Communications, 2005, 23(1): 104-116.

[61] Chen L, Low S H, Chiang M, et al. Cross-layer congestion control, routing and scheduling design in ad hoc wireless networks. Proceedings of IEEE INFOCOM 2006, Barcelona, 2006: 676-688.

[62] Long C, Li B, Zhang Q, et al. The end-to-end rate control in multiple-hop wireless networks: Cross-layer formulation and optimal allocation. IEEE Journal on Selected Areas in Communications, 2008, 26(4): 719-731.

[63] Lee J W, Chiang M, Calderbank A R. Utility-optimal random-access control. IEEE Transactions on Wireless Communications, 2007, 6(7): 2741-2750.

[64] Mohsenian-Rad A H M, Huang J, Chiang M, et al. Utility-optimal random access: Reduced complexity, fast convergence, and robust performance. IEEE Transactions on Wireless Communications, 2009, 8(2): 898-911.

[65] Mohsenian-Rad A H M, Huang J, Chiang M, et al. Utility-optimal random access without message passing. IEEE Transactions on Wireless Communications, 2009, 8(3): 1073-1079.

[66] Chiang M, Tan C W, Palomar D P, et al. Power control by geometric programming. IEEE Transactions on Wireless Communications, 2007, 6(7): 2640-2650.

[67] Tan C W, Chiang M, Srikant R. Fast algorithms and performance bounds for sum rate maximization in wireless networks. Proceedings of IEEE INFOCOM 2009, Rio de Janeiro, 2009: 1350-1358.

[68] Yi Y, Chiang M. Stochastic network utility maximisation-A tribute to Kelly's paper published in this journal a decade ago. European Transactions on Telecommunications, 2008, 19(4): 421-442.

[69] He J, Rexford J. Toward Internet-wide multipath routing. IEEE Network, 2008, 22(2): 16-21.

[70] Key P, Massoulie L, Towsley D. Combining multipath routing and congestion control for robustness. Proceedings of IEEE Conference on Information Sciences and Systems(CISS 2006), Princeton, 2006: 345-350.

[71] Massoulié L, Key P. Schedulable regions and equilibrium cost for multipath flow control: The benefits of coordination. Proceedings of IEEE Conference on Information Sciences and

Systems(CISS 2006), Princeton, 2006: 668-673.

[72] Key P, Massoulié L, Towsley D. Path selection and multipath congestion control. Proceedings of IEEE INFOCOM 2007, Anchorage, 2007: 143-151.

[73] Andersen D, Balakrishnan H, Morris R, et al. Resilient overlay networks. Proceedings of 18th ACM Symposium Operating System Principles(SOSP). Banff: ACM Press, 2001: 131-145.

[74] Rojviboonchai K, Aida H. An evaluation of multi-path transmission control protocol (M/TCP) with robust acknowledgement schemes. IEICE Transactions on Communications, 2004, E87-B(9): 2699-2707.

[75] Hsieh H Y, Sivakumar R. A transport layer approach for achieving aggregate bandwidths on multi-homed mobile hosts. Wireless Networks, 2005, 11(1-2): 99-114.

[76] Al A E, Saadawi T, Lee M. A transport layer load-sharing mechanism for mobile wireless hosts. Proceedings of the IEEE Annual Conference on Pervasive Computing and Communications Workshops (PERCOMW). Orlando: IEEE Press, 2004: 87-91.

[77] Fiore M, Casetti C, Galante G. Concurrent multipath communication for real-time traffic. Computer Communications, 2007, 30(17): 3307-3320.

[78] 张宏科, 苏伟. 新网络体系基础研究——一体化网络与普适服务. 电子学报, 2007, 35(4): 593-598.

[79] 董平, 秦雅娟, 张宏科. 支持普适服务的一体化网络研究. 电子学报, 2007, 35(4): 599-606.

[80] 杨冬, 周华春, 张宏科. 基于一体化网络的普适服务研究. 电子学报, 2007, 35(4): 607-613.

[81] 杨冬, 李世勇, 王博, 等. 支持普适服务的新一代网络传输层架构. 计算机学报, 2009, 32(3): 359-370.

[82] Wang W H, Palaniswami M, Low S H. Optimal flow control and routing in multi-path networks. Performance Evaluation, 2003, 52(2-3): 119-132.

[83] Lin X, Shroff N B. Utility maximization for communication networks with multipath routing. IEEE Transactions on Automatic Control, 2006, 51(5): 766-781.

[84] Bertsekas D P, Tsitsiklis J N. Parallel and Distributed Computation: Numerical Methods. Englewood Cliffs: Prentice-Hall, 1989.

[85] Han H, Shakkottai S, Hollot C V, et al. Multi-path TCP: A joint congestion control and routing scheme to exploit path diversity in the Internet. IEEE/ACM Transactions on Networking, 2006, 14(6): 1260-1271.

[86] Voice T. Stability of multi-path dual congestion control algorithms. IEEE/ACM Transactions on Networking, 2007, 15(6): 1231-1239.

[87] Jin J, Wang W H, Palaniswami M. Utility max-min fair resource allocation for communication networks with multipath routing. Computer Communications, 2009, 32(17): 1802-1809.

[88] Key P, Massoulié L. Control of communication networks: Welfare maximization and multipath transfers. Philosophical Transactions of the Royal Society A: Mathematical, Physical and Engineering Sciences, 2008, 366(1872): 1955-1971.

[89] Li S, Sun W, Zhang Y, et al. An optimal rate control and routing scheme for multipath networks. International Journal of Computers, Communication & Control, 2011, 6(4): 657-668.

[90] 李世勇, 宋飞, 孙微, 等. 基于效用最优化的多路径网络资源公平分配. 计算机学报, 2014,

37(2): 423-433.
[91] Li S, Sun W, Zhang H. Fair rate allocation for flows in concurrent multipath communications. Telecommunication Systems, 2014, 57(3): 271-285.
[92] Li S, Qin Y, Zhang H. Distributed rate allocation for flows in best path transfer using SCTP multihoming. Telecommunication Systems, 2011, 46(1): 81-94.
[93] Li S, Sun W, Hua C. Fair resource allocation and stability for communication networks with multipath routing. International Journal of Systems Science, 2014, 45(11): 2342-2353.
[94] Li S, Sun W, Zhang Y, et al. Optimal congestion control and routing for multipath networks with random losses. Informatica, 2015, 26(2): 313-334.
[95] Li S, Zhang H, Qin Y. Network utility maximization for mapping from services to paths. Chinese Journal of Electronics, 2010, 19(3): 532-537.
[96] Li S, Qin Y, Zhang H. Distributed rate allocation for elastic flows in concurrent multipath transfer. Journal of Systems Engineering and Electronics, 2010, 21(5): 892-899.
[97] Li S, Sun W, Tian N. Resource allocation for multi-class services in multipath networks. Performance Evaluation, 2015, 92: 1-23.
[98] Li S, Sun W, Hua C. Optimal resource allocation for heterogeneous traffic in multipath networks. International Journal of Communication Systems, 2016, 29(1): 84-98.
[99] 杨冬，张宏科，宋飞，等．网络分层优先映射理论．中国科学：信息科学，2010，40(5): 653-667.
[100] Yang D, Zhang H, Song F, et al. Network layered priority mapping theory. Science China: Information Sciences, 2010, 53(9): 1713-1726.
[101] 李世勇，杨冬，秦雅娟，等．基于网络效用最大化的跨层映射研究．软件学报，2011，22(8): 1855-1871.
[102] 李世勇，秦雅娟，张宏科．基于网络效用最大化的一体化网络服务层映射模型．电子学报，2010, 38(2): 282-289.
[103] 李世勇．基于效用最优化的多路径网络资源分配研究．北京：北京交通大学, 2010.
[104] Kelly F P. Fairness and stability of end-to-end congestion control. European Journal of Control, 2003, 9(2-3): 159-176.
[105] Mo J, Walrand J. Fair end-to-end window-based congestion control. IEEE/ACM Transactions on Networking, 2000, 8(5): 556-567.
[106] Marbach P. Priority service and max-min fairness. IEEE/ACM Transactions on Networking, 2003, 11(10): 733-746.
[107] Bertsekas D, Gallager R. Data Networks. Englewood Cliffs: Prentice-Hall, 1992.
[108] Bonald T, Masoulie L, Proutiere A, et al. A queueing analysis of max-min fairness, proportional fairness and balanced fairness. Queueing Systems, 2006, 53(1-2): 65-84.
[109] Jaffe J. Bottleneck flow control. IEEE Transactions on Communication, 1981, 29: 954-962.
[110] Hayden H. Voice Flow Control in Integrated Packet Networks. Cambridge: Massachusetts Institute of Technology, 1981.
[111] Bertsekas D P. Nonlinear Programming. 2nd ed. Belmont: Athena Scientific, 1999.
[112] Kunniyur S, Srikant R. End-to-end congestion control schemes: Utility functions, random

losses and ECN marks. IEEE/ACM Transactions on Networking, 2003, 11(5): 689-702.

[113] Lakshman T V, Madhow U. The performance of TCP/IP for networks with high bandwidth-delay products and random loss. IEEE/ACM Transactions on Networking, 1997, 5(3): 336-350.

[114] Boyce W E, DiPrima R C. Elementary Differential Equations and Boundary Value Problems. 8th ed. Hoboken: John Wiley & Sons, 2005: 536-546.

[115] Guo Y C, Kuipers F A, van Mieghem P. A link disjoint paths algorithm for reliable QoS routing. International Journal of Communication Systems, 2003, 16(9): 779-798.

[116] Ribeiro E P, Leung V C M. Minimum delay path selection in multihomed systems with path asymmetry. IEEE Communications Letters, 2006, 10(3): 135-137.

[117] Song F, Zhang H K, Zhang S D, et al. Relative delay estimator for SCTP-based concurrent multipath transfer. Proceedings of IEEE Global Telecommunications Conference(GLOBECOM 2010), Miami, 2010: 1-6.

[118] Argyriou A, Madisetti V. Bandwidth aggregation with SCTP. Proceedings of IEEE Global Telecommunications Conference(GLOBECOM 2003), San Francisco, 2003: 3716-3721.

[119] Ishida T, Yakoh T. Fault tolerant multipath routing with overlap-aware path selection and dynamic packet distribution on overlay network for real-time streaming applications. Proceedings of IEEE International Workshop on Factory Communication Systems, Dresden, 2008: 287-294.

[120] Jain M, Dovrolis C. Path selection using available bandwidth estimation in overlay-based video streaming. Computer Networks, 2008, 52(12): 2411-2418.

[121] Voice T. A global stability result for primal-dual congestion control algorithms with routing. Computer Communication Review, 2004, 34(3): 35-41.

[122] Srinivasan V, Chiasserini C, Nuggehalli P, et al. Optimal rate allocation for energy-efficient multipath routing in wireless ad hoc networks. IEEE Transactions on Wireless Communications, 2005, 3: 891-899.

[123] Kelly F P, Voice T. Stability of end-to-end algorithms for joint routing and rate control. Computer Communication Review, 2005, 35(2): 5-12.

[124] Voice T. Stability of Congestion Control Algorithms with Multi-path Routing and Linear Stochastic Modelling of Congestion Control. Cambridge: University of Cambridge, 2006.

[125] Srikant R. The Mathematics of Internet Congestion Control. Boston: Birkhauser, 2004.

[126] Paganini F, Wang Z, Doyle J C, et al. Congestion control for high performance, stability and fairness in general networks. IEEE/ACM Transactions on Networking, 2005, 13: 43-56.

[127] Desoer C A, Yang Y T. On the generalized Nyquist stability criterion. IEEE Transactions on Automatic Control, 1980, 25: 187-196.

[128] Tian Y, Yang H. Stability of the Internet congestion control with diverse delays. Automatica, 2004, 40: 1533-1541.

[129] Johari R, Tan D K H. End-to-end congestion control for the Internet: Delays and stability. IEEE/ACM Transactions on Networking, 2001, 9: 818-832.

[130] Kelly F P. Charging and rate control for elastic traffic. European Transactions on Telecommunications, 1997, 8(1): 33-37.

[131] Dharwadkar P, Siegel H J, Chong E K P. A heuristic for dynamic bandwidth allocation with preemption and degradation for prioritized requests. International Conference on Distributed Computing Systems(ICDCS 2001), Mesa, 2001: 547-556.

[132] Zimmermann S, Killat U. Resource marking and fair rate allocation. Proceedings of IEEE ICC 2002, New York, 2002: 1310-1314.

[133] Chang C S, Liu Z. A bandwidth sharing theory for a large number of HTTP-like connections. IEEE/ACM Transactions on Networking, 2004, 12(5): 952-962.

[134] Massoulie L, Roberts J. Bandwidth sharing: Objectives and algorithms. IEEE/ACM Transactions on Networking, 2002, 10(3): 320-328.

[135] Chiang M, Zhang S Y, Hande P. Distributed rate allocation for inelastic flows: Optimization frameworks, optimality conditions and optimal algorithms. Proceedings of IEEE INFOCOM 2005, Miami, 2005, 4: 2679-2690.

[136] Fazel M, Chiang M. Nonconcave utility maximization through sum-of-squares method. Proceedings of the 44th IEEE Conference on Decision and Control, and the European Control Conference(CDC-ECC 2005), Seville, 2005: 1867-1874.

[137] Abbas G, Nagar A K, Tawfik H, et al. Extended adaptive rate allocation for distributed flow control of multiclass services in the next generation networks. Proceedings of 3rd International Conference on Next Generation Mobile Applications, Services and Technologies(NGMAST 2009), Cardiff, 2009: 285-291.

[138] Tang M, Long C, Guan X. Nonconvex maximization for communication systems based on particle swarm optimization. Computer Communications, 2010, 33(7): 841-847.

[139] Kennedy J, Eberhart R C. Particle swarm optimization. Proceedings of IEEE International Conference on Neutral Networks, Perth, 1995: 1942-1948.

[140] Erwie Z, Fan S S, Tsai D M. Optimal multi-thresholding using a hybrid optimization approach. Pattern Recognition Letters, 2005, 26(8): 1082-1095.

[141] Omran M, Engelbrecht A P. Particle swarm optimization method for image clustering. International Journal of Pattern Recognition and Artificial Intelligence, 2005, 19(3): 297-321.

[142] Juang C F. A hybrid of genetic algorithm and particle swarm optimization for recurrent network design. IEEE Transaction on Systems, Man and Cybernetics-B: Cybernetics, 2004, 34(2): 997-1006.

[143] Yang F, Sun T, Zhang C. An efficient hybrid data clustering method based on K-harmonic means and particle swarm optimization. Expert Systems with Applications, 2009, 36(6): 9847-9852.

[144] Wang Y, Li B, Yuan B. Hybrid of comprehensive learning particle swarm optimization and SQP algorithm for large scale economic load dispatch optimization of power system. Science China: Information Sciences, 2010, 53(8): 1566-1573.

[145] Yang J M, Chen Y P, Horng J T, et al. Applying family competition to evolution strategies for constrained optimization. Lecture Notes in Computer Science. Berlin Heidelberg: Springer-Verlag, 1997, 1213: 201-211.

[146] Xu K, Liu H, Liu J, et al. LBMP: A logarithm-barrier-based multipath protocol for Internet

traffic management. IEEE Transactions on Parallel and Distributed Systems, 2011, 22(3): 476-488.

[147] Li R, Eryilmaz A, Ying L, et al. A unified approach to optimizing performance in networks serving heterogeneous flows. IEEE/ACM Transactions on Networking, 2011, 19(1): 223-236.

[148] Peng Q, Walid A, Low S H. Multipath TCP algorithms: Theory and design. Performance Evaluation Review, 2013, 41(1): 305-316.

[149] Vo P L, Le T A, Lee S, et al. Multi-path utility maximization and multi-path TCP design. Journal of Parallel and Distributed Computing, 2014, 74(1): 1848-1857.

[150] Marks B R, Wright G P. A general inner approximation algorithm for nonconvex mathematical programs. Operations Research, 1978, 26(4): 681-683.

[151] Cohen E, Kaplan H, Oldham J. Managing TCP connections under persistent HTTP. Computer Networks, 1999, 31(11): 1709-1723.

[152] Baru C, Moore R, Rajasekar A, et al. The SDSC storage resource broker. Proceedings of the Conference on the IBM Centre for Advanced Studies on Collaborative Research(CASCON). Toronto: IBM Press, 1998: 5-16.

[153] Simco G. Internet 2 distributed storage infrastructure. The Internet and Higher Education, 2003, 6(1): 91-95.

[154] Sivakumar H, Bailey S, Grossman R L. PSockets: The case for application-level network striping for data intensive applications using high speed wide area networks. Proceedings of ACM/IEEE Super Computing. Dallas: IEEE Press, 2000: 38-43.

[155] Eggert L, Heidemann J, Touch J. Effects of ensemble-TCP. ACM Computer Communication Review, 2000, 30(1): 15-29.

[156] Hacker T, Athey B. The end-to-end performance effects of parallel TCP sockets on a lossy wide-area network. Proceedings of Int'l Parallel and Distributed Processing Symposium. Fort Lauderdale: IEEE Press, 2002: 434-443.

[157] Lee J, Gunter D, Tierney B. Applied techniques for high bandwidth data transfers across wide area networks. Proceedings of the International Conference on Computing in High Energy and Nuclear Physics(CHEP). Beijing: Science Press, 2001: 428-431.

[158] Floyd S, Fall K. Promoting the use of end-to-end congestion control in the Internet. IEEE/ACM Transactions on Networking, 1999, 7(4): 458-472.

[159] Wang Y, Lin C, Li Q L, et al. A queueing analysis for the denial of service(DoS)attacks in computer networks. Computer Networks, 2007, 51(12): 3564-3573.

[160] 100×100 Project. http: //100xl00network.org, 2003.

[161] 21CN Project. http: //www.btplc.com/21cn, 2004.

[162] GENI: Global environment for network innovations. http: //www.geni.net, 2005.

[163] FIND: Future Internet network design. http: //find.isi.edu, 2005.

[164] FIRE. http: //cordis.europa.eu/fp7/ict/fire, 2007.

[165] 林闯, 彭雪海. 可信网络研究. 计算机学报, 2005, 28(5): 751-758.

[166] Lin C, Peng X H. Research on network architecture with trustworthiness and controllability. Journal of Computer Science and Technology, 2006, 21(5): 732-739.

[167] 林闯, 雷蕾. 下一代互联网体系结构研究. 计算机学报, 2007, 30(5): 693-711.

[168] 吴建平, 刘莹, 吴茜. 新一代互联网体系结构理论研究进展. 中国科学: 信息科学, 2008, 38(10): 1540-1564.

[169] 吴建平, 任罡, 李星. 构建基于真实IPv6源地址验证体系结构的下一代互联网. 中国科学: 信息科学, 2008, 38(10): 1583-1593.

[170] Wu J P, Xu K. Next generation Internet architecture. Journal of Computer Science and Technology, 2006, 21(5): 726-734.

[171] Tutschku K, Tran-Gia P, Andersen F U. Trends in network and service operation for the emerging future Internet. AEU-International Journal of Electronics and Communications, 2008, 62(9): 705-714.

[172] Paul S, Pan J, Jain R. Architectures for the future networks and the next generation Internet: A survey. Computer Communications, 2011, 34(1): 2-42.